이해와 활용

박상배 · 변선준 · 김상원 · 임호 공저

일진사

머리말

인공 지능은 삼성전자의 빅스비, KT의 기가지니 등 다양한 스마트 기기에 적용되어 상용화되고 있으며, 네이버와 카카오의 경우에도 웨이브와 카카오미니를 출시하여 국내외 인공 지능 시장에 참여하고 있다. 인공 지능이 주도하는 디지털 전환 및 4차 산업 혁명의 완성은 'AI+x'에 대한 세부적이고 효과적인 정책 수립이 필수적이다. 이러한 측면에서 인공 지능 융합 실태 조사, 인공 지능 국가 경쟁력 지수, 경제적 파급 효과 추정 등은 모든 산업 분야에 인공 지능을 기반으로 한 디지털 전환 및 인공 지능 활용 수준을 파악함으로써 인공 지능 국가 전략을 실현하기 위한 데이터 기반의 세부 정책을 효과적으로 지원하게 될 것이다.

이 교재는 다양한 인공 지능 플랫폼을 소개하고 파이썬(Python) 프로그래밍을 통해 데이터를 시각화하고 분석할 수 있는 방법을 소개하고 있다. 이를 기반으로 예제를 통해 머신 러닝(machine learning) 기법을 필요로 하는 다양한 산업 환경에서 인공 지능 프로그래밍의 개념을 보다 쉽게 이해할 수 있도록 초점을 맞추었다.

1부와 2부 : 인공 지능에 대한 정의와 데이터의 관계를 살펴보고 인공 지능 교육 플랫폼에 대해 설명하였다.

3부와 4부 : 프로그램이 무엇인지 살펴보고 파이썬 관련 기본 프로그래밍을 초급과 중급으로 나누어 학습할 수 있도록 구성하였다.

5부와 6부 : 인공 지능 모델 구현을 위한 데이터 시각화 및 데이터를 분석할 수 있는 단원으로, 데이터의 시각화 방법과 분석 기법 그리고 예제로 배우는 머신 러닝 학습 방법에 대해 실습을 통하여 이해할 수 있도록 하였다.

본 교재를 통해 인공 지능 플랫폼들을 이해하고, 인공 지능 기법들을 활용하여 애플리케이션을 개발할 수 있는 능력을 키우는 데 도움이 되길 바란다. 그리고 현재의 나를 생각하기보다는 미래의 자신을 생각하며 세상을 변화시킬 수 있는 엔지니어 전문가로 거듭나길 기원하겠다.

저자 일동

차례

제1부 인공 지능(Artificial Intelligence)

제2부 인공 지능 플랫폼 소개

제3부 소프트웨어 활용 및 코딩

차례

제 1 부

인공 지능
(Artificial Intelligence)

〈그림자료 : Live LG https://live.lge.co.kr/curation-live-with-ai/〉

현재 제조 산업에서 가장 혁신적인 기술은 인공 지능(AI)의 도입과 데이터 활용이며, 인공 지능은 기계 관리와 서비스, 품질 향상에 큰 도움을 주고 있다. 제조업에서 AI 구현 및 적용의 약 20~30%는 기계 설비의 고장 예측 및 생산, 자산 관리에 있다. 즉, 기계와 설비가 고장날 가능성이 높은 시기를 예측하고, 선별적 정비를 실시하기에 최적의 시기를 권고하는 것이 오늘날의 제조 산업에서 가장 많이 사용되는 AI 활용 사례이다.

이번 단원에서는 전 세계적으로 이슈가 되고 있는 제조 산업에 대한 인공 지능의 개념과 특성에 대해 이해하고, 기술 발전 현황 및 적용 사례에 대해 살펴본다.

제 1 장

인공 지능의 개념과 이해

학습 목표
1. 인공 지능의 역사를 이해하고 4차 산업과 인공 지능의 관계를 설명할 수 있다.
2. 인공 지능의 개념을 이해하고 설명할 수 있다.
3. 인공 지능의 기술 발전 현황을 설명할 수 있다.

1-1 인공 지능이란?

인공 지능(AI : Artificial Intelligence)이라는 용어는 다음 그림 1-1에서 보는 것과 같이, 1956년 다트머스 회의(Dartmouth Conference)에서 처음 나온 것으로, 다트머스대학교 수학자이며 컴퓨터 과학자인 존 맥카시(John McCarthy)가 '인공 지능 하계 연구 프로젝트'를 기획하면서 알려졌다.

2012년 이전만 해도 인공 지능은 많은 개발자들에게 인기가 없었다. 그리고 2000년대까지만 하더라도 인공 지능 연구자들은 주로 인간이 만들어 놓은 지식을 기계에게 학습시키는 방법으로 인공 지능을 구현해 왔다. 즉, 각 분야의 전문가들이 정교하게 모델링한 규칙들을 기계가 학습하면서 특정 분야의 인공 지능이 만들어졌다.

이러한 방법으로 만들어진 인공 지능은 일반적인 상황에서는 물론이고 다소 예외적인 상황들에서도 적절히 대응하며 꽤 높은 수준의 성능으로 구현될 수 있었다. 그러나 전문가의 역량과 상당한 시간 투자가 수반되어야 했고 인간의 언어, 기호학적 표현의 한계, 데이터의 한계, 계산 능력의 제약 등으로 적용 가능한 분야가 제한적이었다.

하지만 그림 1-1에서 보는 것과 같이, 2012년부터 인공 지능 학계에서는 혁신적인 연구 결과가 나오게 된다. 2012년도 국제 이미지 인식 경진 대회에서 딥 러닝(deep learning)을 활용한 팀이 우승하면서 인공 지능 분야에 획기적인 전환점을 가지고 오게 되었다.

1943년
워렌 맥클록과 월터 피츠. 전기 스위치처럼 켜고 끄는 기초 기능의 인공 신경을 그물망 형태로 연결하면 사람의 뇌에서 동작하는 아주 간단한 기능을 흉내낼 수 있음을 증명

1950년
앨런 튜링. 기계가 인간과 얼마나 비슷하게 대화할 수 있는지를 기준으로 기계에 지능이 있는지를 판별하는 튜링 테스트 제안

1956년

다트머스 회의에서 인공 지능 용어 처음 사용.
"학습의 모든 면 또는 지능의 다른 모든 특성을 기계로 정밀하게 기술할 수 있고 이를 시뮬레이션 할 수 있다."

1958년
프랭크 로젠블라트. 뇌신경을 모사한 인공 신경 뉴런 '퍼셉트론' 제시

1970년대
AI 연구가 기대했던 결과를 보여주지 못하자 대규모 투자가 중단되며 암흑기 도래

1980년대
전문가들의 지식과 경험을 데이터베이스화해 의사 결정 과정을 프로그래밍화한 '전문가 시스템' 도입. 그러나 관리의 비효율성과 유지 · 보수의 어려움으로 한계에 부딪힘

1997년
IBM 딥블루. 체스 챔피언 가리 카스파로프와의 체스 대결에서 승리

2006년
제프리 힌턴 토론토대 교수. 딥 러닝 알고리즘 발표

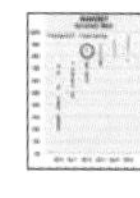

2012년
국제이미지 인식 경진대회 '이미지넷'에서 딥 러닝을 활용한 팀이 우승하며 획기적 전환점을 맞음

2014년
구글. 딥마인드 인수

2016년

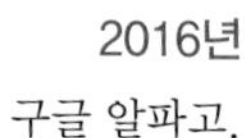

구글 알파고. 이세돌에게 승리

그림 1-1 인공 지능의 역사

인간의 사전 작업이 없이도 기계가 데이터를 분석해 이미지 속의 사물을 구별해 내고[1], 고양이가 무엇인지 사전적 정보가 전혀 없이 천만 개의 동영상을 스스로 학습해 영상 속에서 고양이를 구분해 낼 수 있게 되었다[2].

딥 러닝이라 불리는 새로운 기법을 활용해 구현된 이들 인공 지능은 기존의 방법론에 비해 압도적인 성능을 나타내기 시작했다. 게다가 오랜 시간과 비용이 들었던 인간의 개입 과정도 획기적으로 줄어들었다. 물론 이러한 혁신적인 인공 지능 이론[3]은 2000년대 중반 혹은 그 이전부터 제안되어 왔지만 최근의 IT, 전자 기술의 기하

1 A. Krizhevsky, et al., ImageNet Classification with Deep Convolutional Neural Networks, Advances in Neural Information Processing Systems, 2012

2 Q. Le, et al., Building High-level Features Using Large Scale Unsupervised Learning, ICML 2012

3 G. Hinton, et al., A fast learning algorithm for deep belief nets, Neural Computation, 2006

급수적 발전에 힘입어 비로소 실제 구현되기 시작했다.

그 결과, 2016년 구글의 알파고가 사람과 바둑을 두어 승리하였다. 그리고 인간과 체스 대결에서 승리하거나, 퀴즈 대결[4]에서 승리하며 TV쇼에서만 존재해 왔던 인공 지능은 이제 인간을 대신하여 운전을 하거나(사례 : Google의 자율 주행 자동차), 월스트리트의 금융 전문가보다 월등한 수익을 내며 투자를 하기도 하고(사례 : Kensho는 연봉 $30~$50만에 이르는 퀀트 애널리스트 15명이 4주 걸렸던 분석을 5분 만에 해결), 전문의보다 더욱 정확한 진단을 내리기까지 한다(예시 : IBM의 Watson Health). 즉, '인공 지능'이라는 단어가 처음 사용된 1956년부터 약 60년의 시간에 걸쳐 제대로 된 구현 방법을 모색해 오던 인공 지능이 이제 그 방법을 깨닫기 시작하면서 엄청난 속도로 발전할 수 있는 토대를 마련하게 된 것이다.

인공 지능 기술의 발전 배경에는 다양한 이유가 있다. 하지만 **그림 1-2**에서 보는 것과 같이, 크게 3가지 측면에서 살펴볼 수 있다. 첫 번째는 인공 지능 알고리즘의 등장이다. 그리고 두 번째는 컴퓨팅 성능의 향상이고 세 번째는 빅데이터의 증가이다.

- 알고리즘의 진화 : 딥 러닝과 같은 기계 학습 알고리즘 기술의 진화로 정확도가 급격히 향상되었다.

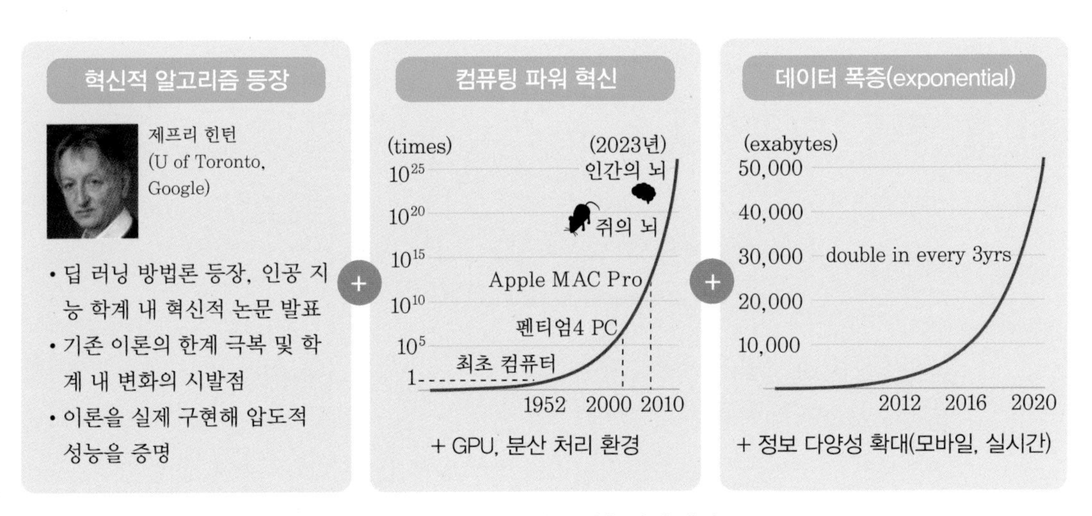

그림 1-2 인공 지능 기술 발전 배경

---

4 IBM DeepBlue(세계 체스 챔피언 카스파로프와 체스 대결 승리, 1997), IBM Watson(제퍼디 퀴즈쇼 인간과 대결 승리, 2011)

- 컴퓨팅 성능의 향상 : GPU(Graphic Processing Unit) 등 데이터 처리를 위한 컴퓨팅 성능이 향상됨에 따라 과거 수개월 소요되었던 기계 학습 처리 시간이 단 몇 분, 몇 시간 만에 가능하게 되었다.
- 빅데이터의 증가 : 인터넷, 스마트폰을 통한 데이터 양이 급격히 증가하고 이를 수집 · 분석하기 위한 빅데이터 처리 환경이 발전하였다.

컴퓨터의 성능 향상에서 주목해 볼 내용은 GPU와 분산처리 환경의 발전이다. 그리고 산업화가 고도화되고 다양화되면서 정밀도 및 정확도가 향상된 센서들의 사용이 증가하였다. 이로 인해 학습할 수 있는 데이터의 수가 증가하였고, 이런 환경적 변화를 처리할 수 있는 컴퓨팅 환경에 변화가 왔다.

컴퓨팅 환경은 과거와 다르게 에지 컴퓨팅(edge computing)과 클라우드 컴퓨팅(cloud computing)으로 나누어 연산, 학습, 실행 시 필요한 자원을 분배하고 효과적인 컴퓨팅 파워를 관리하며 사용되고 있다. 이러한 3가지 이유로 산업적 활용에도 가속화를 가져왔다. 그리고 싱귤래리티 대학[5]의 미래학자 레이 커즈와일은 "2040년에 인공 지능은 인간 두뇌를 뛰어 넘을 것"이라며 '싱귤래리티' 시대의 개막을 예고하였으며, 공동 설립자인 피터 디아만디스는 그 시기가 2035년으로 단축될 것이라고 전망[6]하고 있다.

1-2 인공 지능의 이해

인공 지능 알고리즘에는 다음 표 1-1에서 보는 것과 같이, 기계 학습, 지식 추론, 시각 지능, 언어 지능으로 나눌 수 있다.

인공 지능은 그림 1-3에서 보는 것과 같이, 빅데이터와 머신 러닝, 인공 신경망(딥 러닝)을 모두 포함한 기술이다. 인공 지능이란 인간이 가지고 있는 지적 능력을 컴퓨터에서 구현하는 다양한 기술이나 소프트웨어, 컴퓨터 시스템 등을 가리킨다.

---

5 싱귤래리티 대학(Singularity University): 2008년 Google과 NASA의 후원으로 미국 실리콘밸리에 설립된 대학으로 미래학, 인공 지능/로봇, 나노 기술, 우주 공학 등 세계 최고 전문가들의 교수진으로 포진해 있는 창업대학

6 조선비즈(2018.08.23), "기계가 인간 뛰어넘는 특이점, 2035년이면 온다"

표 1-1 인공 지능 소프트웨어 기술 분류별 주요 키워드

기술 분류	주요 알고리즘
기계 학습	딥 러닝, 클러스터링, 강화 학습, 재귀분석, 신경망, 베이징안 학습, 인공 신경망, 앙상블 러닝
지식 추론	지식 발견, 지식 큐레이션, 정보 추천, 대용량 지식 처리, 전문가 시스템, 질의응답(Q/A), 대화 의미 분석, 의미 분석, 자동 추론, 추론 엔진, 정리 증명, 논리적 추론, 확률적 추론, 불확실성 추론, 시간적 추론, 공간적 추론, 상식적 추론, 묵시적 추론
시각 지능	객체 인식, 컴퓨터 비전, 행동 이해, 영상 지식 처리, 동영상 검색, 사물 이해, 장소/장면 이해, 비디오 분석 및 예측, 공간 영상 이해, 비디오 요약, 영상기반 표정/감정 인식
언어 지능	자연어 처리, 텍스트 마이닝, 온톨로지, 언어 분석, 대화 이해 및 생성, 자동통·번역, 텍스트 요약, 음성 분석, 음성 인식, 화자 인식·적응, 비디오 색인 및 검색, 잡음 처리 및 음원 분리, 음향 인식, 텍스트 기반 감성 인식

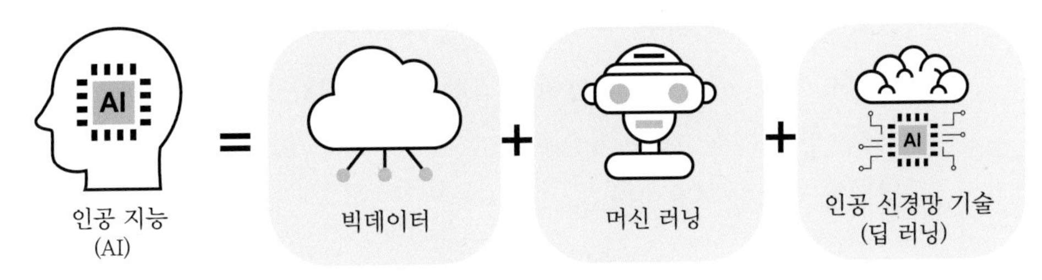

그림 1-3 인공 지능 구성

2000년대까지 인공 지능은 주로 인간이 미리 수집하여 만들어 놓은 지식을 기계가 학습하는 방식으로 구현되어 왔다. 즉, 각 분야에서 필요한 지식을 미리 수집하여 그것을 전문가가 정교하게 모델링하고, 그 결과를 기계에 학습시키는 것으로 특정 분야의 인공 지능을 만들 수 있었다. 이렇게 인간이 직접 기계가 학습할 지식을 미리 준비하는 방식은 전문가의 역량에 따라 상당한 시간과 비용이 수반되어야 하며, 인간의 언어 및 표현의 한계, 계산 능력 등의 제약으로 적용할 수 있는 분야가 매우 정적이었다.

하지만 엄청난 양의 데이터를 활용할 수 있게 해주는 빅데이터 기술과 컴퓨터가 스스로 학습하는 방식인 머신 러닝을 통해 조금씩 발전해 왔다. 여기서 빅데이터란 관계형 또는 모놀리식 데이터베이스 시스템으로 저장, 관리, 분석하는 데 많은 비

용이 소요되는 데이터들을 의미한다. 즉, 빅데이터 기술은 기존 데이터베이스 관리 도구의 능력을 넘어서는 대량(수십 테라바이트)의 정형 또는 데이터베이스 형태가 아닌 비정형의 데이터 집합을 포함한 데이터로부터 가치를 추출하고 결과를 분석하는 기술이다. 그리고 머신 러닝(machine learning)은 인공 지능의 한 분야로, 컴퓨터가 스스로 학습할 수 있도록 도와주는 알고리즘이나 기술을 개발하는 분야이다. 인공 지능은 인간의 뇌를 모방한 신경망 네트워크 구조로 이루진 딥 러닝 알고리즘의 등장으로 기존보다 압도적인 성능을 보여주는 인공 지능 모델을 생산해내기 시작했다.

이에 따라 과거 수개월 또는 수년이 소요되던 머신 러닝 과정이 이제는 단 수시간 또는 수분으로 처리될 수 있게 되었으며, 현실 세계의 정보를 담고 있는 빅데이터라는 공간 속에서 마치 실제 세상 속 인간처럼 컴퓨터가 스스로 정보를 인지하고 학습해 나감으로써 지식을 습득해 나갈 수 있는 바탕을 마련하게 되었다.

1 인공 지능 소프트웨어(SW : software) 기술 범위

인공 지능 SW 기술은 앞서 언급했던 내용처럼 크게 기계 학습 기술, 지식 추론 기술, 인지 기술, 응용 기술로 분류 될 수 있다. 그림 1-4는 인공 지능 SW의 기술 범위를 요약한 내용이다.

기계 학습	• 인간이 경험을 통해 학습하는 방식을 컴퓨터로 구현하는 기술 • 데이터 기반의 학습 모델을 형성하거나 최적의 모델을 찾기 위한 암고리즘 기술
지식 추론	• 정보에 대한 가정과 전제로부터 결론(지식)을 이끌어 내거나 도출해내는 기술 • 개별적 정보를 이해하는 단계를 넘어 정보 간 복잡한 관계를 파악하여 표현하는 기술
시각 지능	• 이미지 · 영상 등 시각 정보로부터 객체(사람, 사물 등)를 인식하고 감정이나 상황 등을 이해하는 기술
언어 지능	• 인간의 언어(텍스트, 음성 등)를 컴퓨터가 인식하고 이해하며 지식화하는 기술

그림 1-4 인공 지능 SW의 기술 범위

표 1-2 정보통신기획평가원에서 제시한 인공 지능 기술 분류

대분류	중분류	소분류	정의
성장하는 AI	깊이 성장 AI	자기 지도 학습	소량의 데이터 학습을 위해 사전 지도 없이 확보된 데이터에 대해 스스로 규칙을 만들고 검증 · 보완
		메타 학습	소량의 데이터 학습을 위해 효율적인 학습 방법을 학습
		강화 학습	이미 학습된 지능을 다양한 제한 조건과 반응 · 작용하며 최적화
	범위 확장 AI	지식 기반 추론	학습된 지식에 들어있는 개념과 인과 관계를 학습 · 추론하여 확장
		상식 기반 추론	학습이 필요치 않은 실세계 상식을 이용해 추론하여 확장
		실세계 변화 적응 기술	학습되지 않은 실세계 환경에서 발생한 새로운 문제 적응을 통한 확장
		절차식 지식	일련의 절차를 수행하여 업무 목표를 달성 가능할 때 필요한 지식
	지속 성장 AI	학습 역량 진단 및 개선	역량과 전략을 스스로 평가 · 진단하는 방안을 마련하고 역량이 부족하다고 판단되는 경우 부족한 지능을 개선
		평생 학습	새로운 데이터가 발생할 때마다 이를 자동으로 학습함으로써 지속적으로 지식을 축적 · 성장
		뇌인지 발달 모사	인간의 뇌인지 발달 과정 모사를 통해 끊임없이 학습하고 성장 · 진화하는 기술을 개발
		연합 학습	중앙 서버 지능과 로컬 디바이스 지능이 상호 협업, 학습하여 문제를 해결
		모델 경량화	컴퓨팅 자원과 데이터를 효율적으로 활용하기 위해 학습 모델을 최적의 조건으로 경량화 추진
사회 친화적 AI	신뢰성 있는 AI	설명 가능한 AI	모델의 예측 결과, 의사 결정의 근거에 대해 사용자가 납득할 수 있는 수준의 설명이 가능한 지능
		견고한 AI	외부의 공격 또는 AI 모델 자체의 각종 잠재적 취약성에 견고한 지능
		공정한 AI	법 · 윤리적으로 특정 이해 당사자에 편향적 · 차별적이지 않고 공정한 판단이 가능한 지능
	소통하는 AI	단일 감각 지능 고도화	단일 감각 지능(언어, 청각, 시각)의 고도화
		복합 대화 기술	음성, 표정, 동작, 제스처 등을 종합적으로 인지하여 상대방의 의도를 이해 · 표현
		에이전트 간 협업 기술	에이전트 간 학습 경험을 공유하거나 협력하여 주어진 문제를 빠르고 효율적으로 해결
	공감하는 AI	다중 감각 인지	주변 환경, 분위기, 손짓발짓 등 다중 입력을 표현 · 학습하고 상황을 종합적으로 이해 · 판단
		교감형 AI	표정, 의도 등 정서적 교감을 위해 필요한 감성 인지 · 표현
		행동 지능	복합 지능의 표현 순서나 로봇의 동작 등 의사 결정된 임무를 실행하기 위한 일련의 절차를 수행하는 지능

2006년 '딥 러닝(deep learning)' 방법론이 등장하면서 기존 기계 학습 방법론에 비해 압도적인 성능을 나타내기 시작하였으며 인간의 개입도 획기적으로 줄어들었다. 과거 오랜 시간 소요되었던 기계 학습 과정은 컴퓨팅 성능, 알고리즘 진화 등을 통해 단기간 처리가 가능해졌으며, 방대한 데이터를 통해 기계는 마치 실제 세상 속에서 인간처럼 정보를 인지하고 학습해 지식으로 발전 시켜 나가기 시작했다. 딥 러닝으로 인한 인공 지능의 발전은 인지, 학습, 추론과 같은 인간 지능 영역의 전 과정에 걸쳐 혁신적인 진화를 가져 왔으며, 인지(시각/언어) 영역에서는 이미 인간 능력 이상의 수준으로 구현되고 있다.

2 인공 지능 기술 트렌드

인공 지능의 발전은 인지, 학습, 추론, 행동과 같은 인간 지능 영역의 전 과정에 걸쳐 혁신적인 진화를 만들어 내고 있다. 시각, 청각과 같은 감각 기관에 해당하는 인지 지능에서부터 인공 지능이 스스로 지능을 발전시키는 학습, 새로운 상황을 추론하고 행동하는 단계에 이르기까지 다양한 분야의 연구가 동시 다발적으로 빠르게 발전되고 있다.

그림 1-5에서 보는 것과 같이, 2012년을 기점으로 본격적으로 발전하고 있는 인지 분야의 지능은 이미 인간 능력 이상의 수준으로 구현되고 있다. 지능 발전의 가장 큰 걸림돌이었던 인지 분야의 해결은 인공 지능이 현실 세계를 인간처럼 인식하는 것을 가능하게 하였고 이에 기반한 학습 · 추론 · 행동 분야의 연구가 매우 활발하게 진행되고 있다.

애널리티컬 인사이트츠 매체는 미래 AI 기술에 관한 10가지 트렌드를 발표하였다. 이 매체는 AI를 지원하는 칩의 엄청난 성장, 하이브리드 인력의 출현, 양자 AI의 부상, 대화형 AI의 등장, 스마트 홈의 일반화 그리고 지능형 프로세스 자동화(IPA : Intelligent Process Automation)가 길을 열게 될 것이라고 전망하였다.[7] 시장 조사 기관인 가트너(Gartner)가 확인한 IT 업계의 큰 트렌드인 초자동화[8]는 자동화할 수 있는 조직 내 대부분의 모든 것들을 자동화해야 한다는 개념이다. 이 개념에서 AI 및 머신 러닝은 이러한 초자동화에 있어 필수적이라고 설명하고 있다.

7 AI 타임스, http://www.aitimes.com/news/articleView.html?idxno=132016

8 Hyperautomation : 다수의 머신 러닝과 자동화 툴을 결합시켜 업무를 수행하는 것

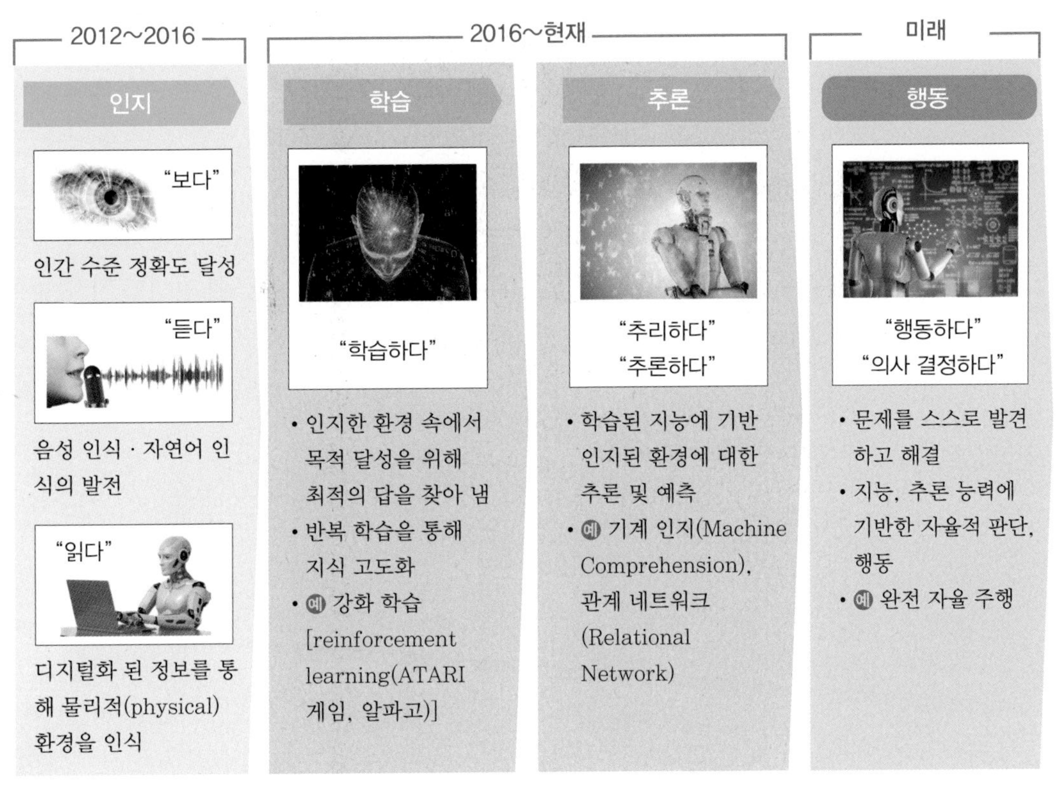

그림 1-5 인공 지능 SW 기술 트렌드

또한, 인공 지능(AI) 컴퓨팅 기술 분야의 선두주자인 엔비디아[9]는 인공 지능(AI) 트렌드와 글로벌 산업에 대한 전망을 발표했다.

AI는 현 시대의 가장 거대한 기술이며, 산업을 변화시킬 최고의 잠재력을 가지고 있다. AI는 헬스 케어, 교육, 오토모티브, 소매, 금융업계 등에 새로운 인텔리전스를 전달하며 수조 달러의 경제 효과를 창출해낼 것으로 예측되고 있다. 월마트(Walmart)와 테스코(Tesco) 등의 소매업체들은 제품 예측, 공급망 관리, 지능형 스토어 설비, 소비자 구매 동향 예상 등에 AI를 적용할 기회들을 모색하고 있다. 헬스 케어 부문 관계자들은 AI를 통해 과학 연구와 백신 개발의 속도를 가속화하기 위해 노력하고 있다. 교육자들 또한 AI를 활용해 데이터에 능통한 인력들을 배출하고 있다.

9 www.nvidia.co.kr

여러 기업들은 원격 업무와 원거리 협업에 AI를 적용할 방법을 시험하고 있다. 그리고 글로벌 컨설팅 그룹 맥킨지가 2019년에 2천여 개의 조직을 대상으로 진행한 조사에 따르면 AI 도입 전반을 주도하는 오토모티브와 소매업 분야의 거대 기술 기업들은 혁신적인 소규모 프로젝트에 투자하는 대신 자사 조직 전반에 AI를 확대하는 데 보다 집중하고 있다. 기업들이 빅데이터를 분석하여 새로운 수익 창출의 기회를 모색하는 가운데, 엔비디아의 최고 전문가들은 AI 부문에 발생할 차세대 혁신에 대해 전망했다. 엔비디아는 AI 스타트업, 독립 소프트웨어 벤더(ISV), 하드웨어 벤더, 클라우드 기업과 더불어 전 세계 기업 및 연구 기관 수천 곳과 협력하고 있다.[10]

10 Global Auto News, http://global-autonews.com/bbs/board.php?bo_table=bd_002&wr_id=6617

인공 지능의 활용

학습 목표
1. 서비스 산업과 제조 산업의 데이터 차이를 이해하고 설명할 수 있다.
2. 분야별 제조 데이터의 적용 사례를 이해하고 설명할 수 있다.
3. 인공 지능 기술 발전 현황을 이해하고 설명할 수 있다.

2-1 데이터와 인공 지능

제조업의 미래를 살펴보면, 그림 2-1에서 보는 것과 같이 4차 산업 혁명 시대에 들어서면서 복잡도가 증가한 현상을 볼 수 있다. 이처럼 과거와 다르게 미래의 제조 산업은 사물 인터넷(IoT), 인공 지능(AI), 빅데이터, 로봇 등의 신기술이 융합되면서 제조 산업의 형태가 크게 변화할 것으로 예측되고 있다. 그리고 소비자의 트랜드가 빠르게 변화하면서 제조 생산 속도가 빨라질 것이며 소비자의 다양성을 만족 시킬 수 있는 방향으로 발전할 것이다.

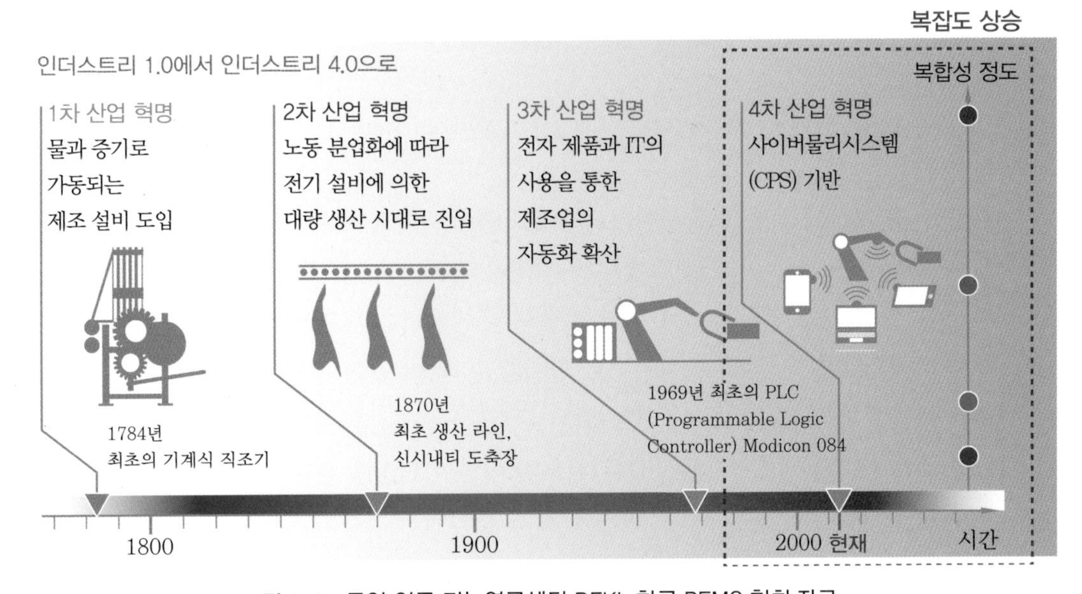

그림 2-1 독일 인공 지능연구센터 DFKI, 한국 BEMS 협회 자료

4차 산업 혁명 시대에 접어들면서 제조 산업에 혁신을 불러오는 원인을 구체적으로 살펴보면, 인구 구조의 변화, 지속 발전 가능성, 글로벌화, 도시화 진행, 글로벌 안전 위협 증가, 제품 수명 주기 단축, 소비 패턴 변화 등이 있다. 또한, 기후 변화, 자원 고갈, 환경 오염이라는 글로벌 이슈와 함께 제조업의 글로벌 리더십 변화 등도 포함될 것이다.

1 서비스 산업과 제조 산업의 데이터 차이와 이해

빅데이터(big data) 시장은 그림 2-2에서 보는 것과 같이, 큰 폭으로 증가하는 것을 볼 수 있다. 본 그래프의 결과는 한국 IDC(International Data Corporation Korea)에서 분석한 내용이다. 한국 IDC에서는 국내 빅데이터 및 분석 시장은 연평균 11.2% 성장해 2023년 2조 5,692억원 규모로 성장할 것으로 전망하고 있다.

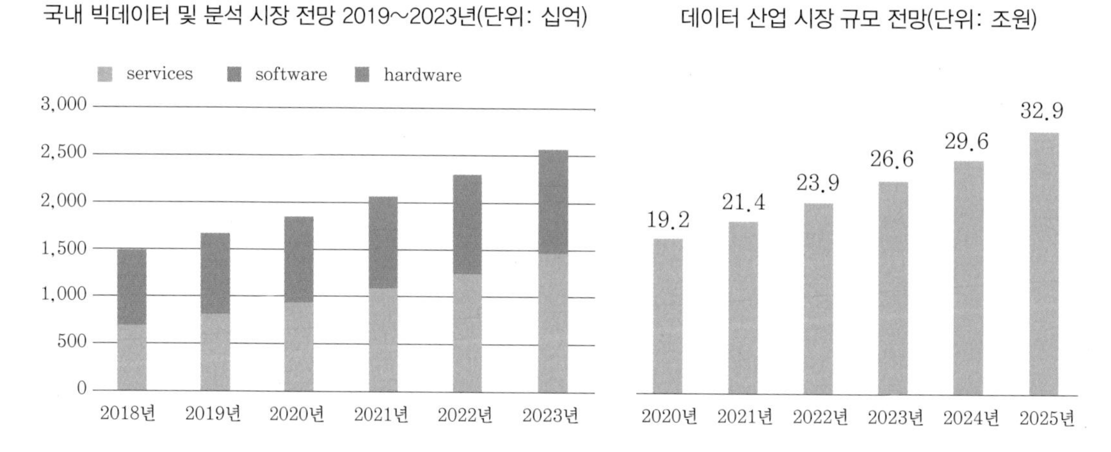

그림 2-2 IT 시장 분석 및 컨설팅 기관인 인터내셔널 데이터 코퍼레이션 코리아

AI 기술에 사용되는 데이터 및 AI 학습에 필요한 데이터는 표 2-1에서 보는 것과 같이, 서비스 분야와 제조 분야에서 조금 차이가 있다. 정확하게 두 분야를 나눌 수는 없지만 소비자 기반 AI에서 사용되는 데이터는 직관적 해석이 가능한 데이터들이 많다. 즉, 사람이 직관적으로 판단했을 때 어느 정도 답을 찾아 낼 수 있는 데이터들은 AI 기술을 도입할 수 있다. 주로 사용되는 데이터로는 이미지, 동영상, 텍스트, 음성, 프로필, 행동 등이 있으며 이 데이터들을 활용하여 학습을 진행하고 학습 모델을 생성하게 된다. 반면에 제조 산업에서 사용되는 데이터는 제조 공정에서 생성되는 데이터로 비직관적인 데이터가 많다. 그 예로 센서에서 측정된 측정값,

작업자에 의한 설비 설정값, 상품 품질 계측값, 고장 및 유지 보수 등의 업무 일지 등이 제조 공정에서 생성되는 데이터이다. 그런데 제조 현장에서 측정된 데이터들은 사람이 쉽게 인지할 수 없는 데이터로 주로 이루어져 있기 때문에 제조 현장에서 측정된 데이터를 AI 기술에서 사용하기 위해 신호 처리(signal processing) 또는 영상 처리(image processing) 등의 알고리즘을 활용하여 신호나 이미지의 전처리 과정을 수행한 후, 수행된 데이터를 학습하는 경우가 많다. 이 전처리 과정을 수행하여 데이터의 통계적 규칙이나 패턴을 분석하고 가치 있는 정보를 추출하는 과정을 데이터 마이닝(data mining)이라고 한다.

표 2-1 시대별 제조업에서의 데이터와 인공 지능 활용 단계 분석

구분	소비자 기반 (B2C) AI	산업 특화 (B2B) AI
목적	• 인간의 지능을 모망하여 인간이 하는 일을 대체할 수 있는 기술 개발	• 인간의 인지 능력으로 이해하거나 해결할 수 없던 문제를 풀기 위한 기계 지능 기술 개발
데이터	• 직관적 해석이 가능한 데이터 – 이미지, 동영상 – 텍스트, 음성 – 고객 프로필, 행동	• 제조 공정 중 생성되는 데이터(비직관적인 데이터) – 센서에 의한 측정값 – 작업자에 의한 설비 설정값 – 상품 품질 계측값 – 고장, 유지 · 보수, 수리 등의 업무 일지
응용	• 개인화 광고, 개인화 콘텐츠 · 상품 추천 – 영상 처리 기반 의료 진단 – 기계 번역, 감성 번역	• 고복잡도(high complexity) 제조업에서의 – 장비 고장 예측, 원인 인자 분석 – 공정 최적화, 제품 품질 관리 – 전기 설계 분석(electrical design analysis)
평가	• 인간이 해석 가능한 데이터이기 때문에 직관적인 전처리 및 결과 평가가 가능	• 인간이 해석하기 어려운 데이터이기 때문에 전문 지식 기반의 정량적 전처리 및 결과 평가 기술이 필요

2 데이터 마이닝(data mining, 정형 데이터와 비정형 데이터)

데이터 마이닝의 사전적 의미는 대규모 저장된 데이터 안에서 체계적이고 자동적으로 통계적 규칙이나 패턴을 분석하여 가치 있는 정보를 추출하는 과정이다. 마이닝(mining)이 채굴, 채광이라는 뜻이므로 많은 양의 데이터 안에서 무언가 의미 있고 유용한 지식을 발견한다는 내용을 담고 있다.

데이터 마이닝의 분석 방법에는 아래와 같이 5가지 방법이 있다.

[방법 1] 연관성 분석 : 데이터 간에 얼마나 유사한지를 살펴보는 것이다.

[방법 2] 분류 분석 : 데이터를 특정 기준으로 나누어 분류하는 것이다.

[방법 3] 군집 분석 : 분류 분석과 같이 데이터를 나누는 기법이다. 다만 차이가 있다면 군집 분석은 특정 기준을 미리 설정하지 않는다.

[방법 4] 예측 분석 : 기존의 데이터 패턴을 기반으로 미래에도 특정 사건이 일어날 것을 예측한다.

[방법 5] 인공 신경망 분석 : 사람이 내리는 의사 결정과 유사한 알고리즘을 사용하여 대용량 데이터에서 패턴을 찾도록 하는 기계 학습 알고리즘을 사용한다.

데이터 마이닝 과정은 유의할 사항이 있다. 데이터 마이닝은 이미 데이터가 있는 상황에서 분석해서 패턴을 찾는 것이다. 따라서 데이터 마이닝은 데이터를 구하고, 그것을 정제하는 과정이 필수적이다. 데이터 전처리가 제대로 이루어지지 않은 경우, 분석 결과가 엉망이 될 수 있다.

인공 지능에 사용되는 데이터는 정형 데이터와 비정형 데이터, 반정형 데이터로 나눌 수 있다.

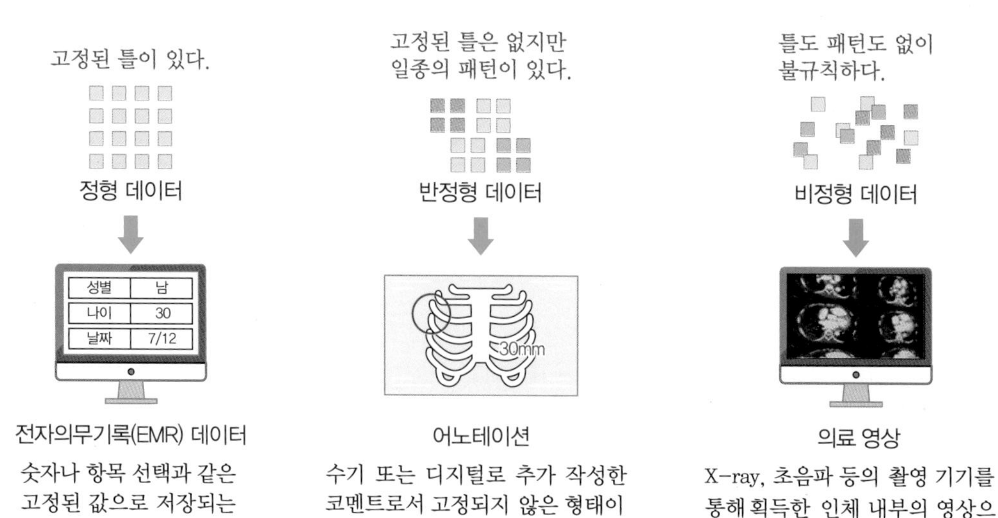

그림 2-3 정형화 정도에 따른 데이터의 종류

정형 데이터(structured data)는 데이터베이스의 정해진 규칙(rule)에 맞게 들어간 데이터 중에 수치만으로 의미 파악이 쉬운 데이터들을 말한다. 즉, 그 값이 의미를 파악하기 쉽고, 규칙적인 값으로 데이터가 들어갈 경우 정형 데이터라고 인식하면 된다. 비정형 데이터(unstructured data)는 정형 데이터와 반대되는 단어이다. 즉, 정해진 규칙이 없어서 값의 의미를 쉽게 파악하기 힘든 경우이다. 흔히, 텍스트, 음성, 영상과 같은 데이터가 비정형 데이터 범위에 속해 있다. 반정형 데이터(semi-structured data)는 완전한 정형이 아니라 약한 정형 데이터이다. 대표적으로 HTML이나 XML과 같은 포맷을 반정형 데이터의 범위에 넣을 수 있다. 일반적인 데이터베이스는 아니지만 스키마를 가지고 있는 형태이다. 그런데 사실 반정형이라는 말이 참 까다로운 것이 데이터베이스의 데이터를 폐기하여 JSON이나 XML형태의 포맷으로 변경하면 이 순간 반정형 데이터가 된다.

2-2 인공 지능 적용 사례 및 기술 발전 현황

제조 기업들이 사물 인터넷 및 빅데이터 기술을 도입하는 과정과 도입 결과를 살펴보면 표 2-2에서 보는 것과 같이, 제조 기업들은 2010년 초기부터 제조 관련 이슈를 해결하기 위해 사물 인터넷, 빅데이터 기술을 도입해 왔다. 그 과정에서 기업들은 사물 인터넷 기반의 센서 사용을 증가시켰고, 빅데이터 처리 인프라 구축을 통해 다양하고 방대한 데이터를 축적해 왔다. 최근에는 많은 제조 기업들이 이 축적된 데이터를 AI 기술에 활용하여 데이터를 분석하고 예측 결과를 추정하여 생산성을 향상시키고 생산 비용을 절감시키는 등에 다양한 시도를 하고 있다.

본 과정의 흐름을 조금 더 쉽게 설명하면 그림 2-4에서 보는 것과 같이, IoT 데이터 분석만 가능했을 때에는 공장 내에 화재가 "발생했다" 또는 "발생하지 않았다"의 On & Off 기능만 가능한 모니터링 수준이었다. 빅데이터 분석 시대에 들어서면서부터는 공장에 화재가 발생하게 되면 공장 내에 설치된 센서 등에서 수집한 데이터 분석을 통해 화재의 원인을 분석할 수 있게 되었다. 원인을 분석한다는 말은 화재가 발생한 후의 처리이다. 하지만 AI 기술 기반 데이터 분석 시대에서는 AI 기반 기술을 통해 실시간으로 센서에서 측정된 데이터를 분석하여 불이 언제 발생할지 예측하여 대응할 수 있게 되었다.

표 2-2 시대별 제조업에서의 데이터와 인공 지능 활용 단계 분석

구분	사물 인터넷(2010~)	빅데이터(2014~)	AI(2016~)
주요 특징	생산 설비, 환경 안전 시설 등에 센서를 장착하고 연결하여 데이터 수집	기존 데이터베이스 시스템(DB system)에서 처리할 수 없었던 다양하고 방대한 데이터를 저장 · 처리하는 인트라 구축	인간의 학습, 이해, 추론 능력을 컴퓨터 기술로 구현하여 매우 정밀한 데이터 분석
데이터	실시간 모니터링 시스템 구축	빅데이터를 통해 기업 경영 개선과 마케팅 효율화를 도모하고 있으며, 시스템 효율성을 높이고 있음	기존 통계 방법으로 처리하기 어려워진 공정 최적화, 장비 고장 예측에 활용
추세	사물 인터넷(IoT) 가입 회선수 추이 346만 5679 (2014.12), 389만 607 (2015.6), 427만 5972 (2015.12), 482만 6248 (2016.6), 538만 6982 (2016.12), 603만 6910 (2017.6), 653만 3582 (2017.11) 자료: 과학기술정보통신부	연도별 전 세계 데이터 생산량 zettabytes; 2010–2025; 175 ZB	스마트 팩토리 국내 시장 규모 (단위: 억 달러) 2015년 32.1, 2016년 35.7, 2017년 39.8, 2018년 44.3, 2019년 49.2, 2020년 54.7 성장률 11.2% (자료: Markets and Markets Analysis, 2013 기반으로 추정, NH투자증권 리서치본부)

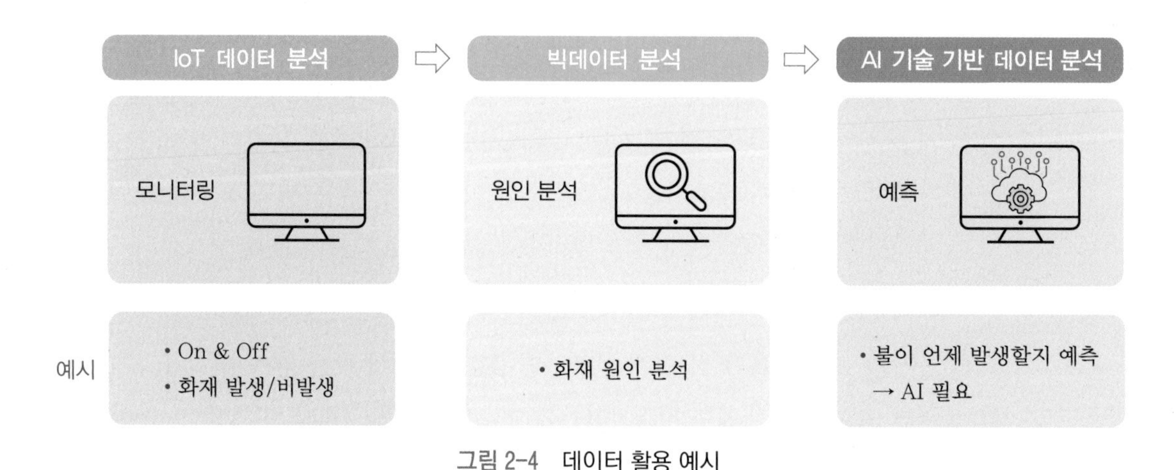

그림 2-4 데이터 활용 예시

1 제조 산업에서의 인공 지능 도입 사례 및 성과

인공 지능(AI)은 이미 우리 곁에서 다양한 산업 전반에서 광범위한 영향을 미치고 있다. 다양한 산업 분야에서 인공 지능과 딥 러닝(deep learning)이 새로운 가치 창출을 위해 활발하게 활용되기 시작했다. 이러한 다양한 활용에도 불구하고 자

신의 산업에 인공 지능을 도입하기는 쉽지 않은 현실이다. 많은 엔지니어들이 어떻게 시작해야 할지 어려움을 겪고 있기도 하다. 인공 지능 프로젝트 수행을 위해서는 데이터 준비부터, 모델링, 시뮬레이션, 최적화 및 최종 배포까지의 전체 워크 플로우를 심도 있게 고려하고 추진해야 한다. 그림 2-5는 AI 기술을 도입한 회사들의 사례이다. POSCO의 경우 불량률 감소를 위해 2017년도 아연도금 공정에 AI 기술을 도입하여 값을 탐색하고 수율을 향상시키는 등의 성과를 거두었다.

posco

- 불량률 감소를 위해, 2017년 아연도금 공정에 도입
- 빅데이터와 딥 러닝 기법을 통해 도금 최적 설정
- 값 탐색, 수율 향상

CATERPILLAR

- 선박 운용 비용 감소를 위해, 2015년 선체 외벽 청소
- 최적화 도입
- 빅데이터와 기계 학습 기법을 통해 선체 유지 비용
- 절감 효과를 얻음

- LNG 공정 전반의 제조 비용 감소를 위해 2015년 도입
- 공정 최적화, 예지 정비 시스템 개발
- 빅데이터와 기계 학습 기법을 통해 생산성 향상

그림 2-5 AI 기술 도입 효과

또한 선박 운용 회사인 CATERPILLAR 회사의 경우 선박 운용 비용 감소를 위해 2015년에 선체 외벽 청소에 AI 기술을 도입하여 선체 유지 비용을 절감하는 효과를 거두었다. WOODSIDE 회사의 경우는 제조 비용 감소를 위해 LNG 공정 전반에 AI 기술을 도입하여 공정 최적화 및 예지 정비 시스템을 개발하여 생산성을 향상시켰다. 이처럼 AI 기술을 제조업에 도입하면 불량률 감소, 비용 절감, 생산성 향상의 효과를 얻을 수 있다. 지금까지 제시한 사례 외에도 다양한 제조업 관계자들은 인공 지능을 통해 자사의 제품을 차별화하면서도 생산 원가를 낮추어 제품 마진을 지키려고 노력 중이다.

그림 2-6은 제조업 관계자들이 생각하는 제조 분야의 가장 큰 이슈와 자사의 경쟁력을 높일 수 있는 기술 분야에 대한 설문 조사 내용이다. 그 내용을 살펴보면, 제조업 관계자의 대다수가 AI와 빅데이터 기술을 자사의 경쟁력을 높일 수 있는 기술 분야로 판단하고 있으며 스마트 팩토리 보급 및 고도화를 위하여 AI와 빅데이터 구축 사업에 많은 투자를 할 것으로 판단된다.

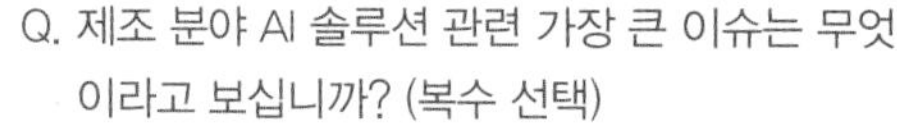

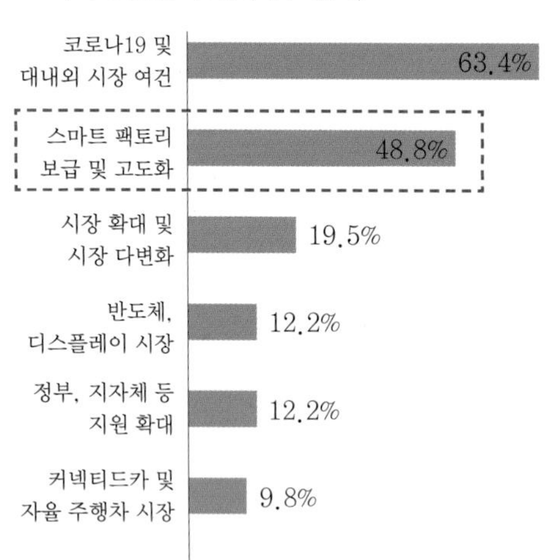

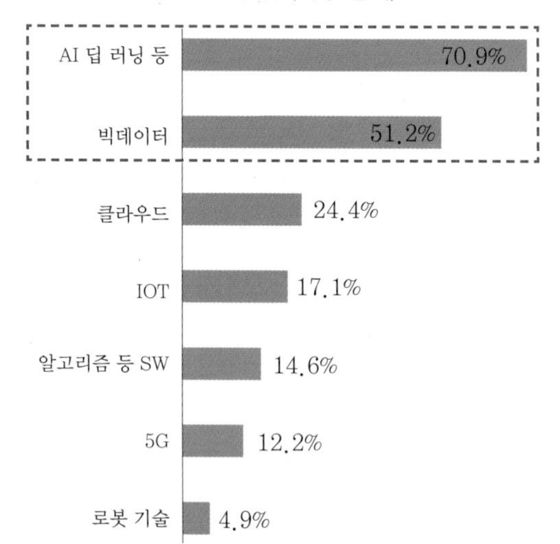

그림 2-6 스마트 제조 분야 AI 솔루션 관련 설문 조사

그림 2-7에서 보는 것과 같이, 최근 3년 내 기업들의 AI 프로젝트 건수는 10배 이상 증가하였으며, 이는 기업 대부분의 엔지니어와 관리자들이 체감할 수 있는 수치이다. 시장 조사업체 가트너(Gartner)의 발표에 따르면, 기업들의 AI 프로젝트 건수가 2019년 4건에서 2022년 35건으로 약 10배 성장할 것으로 예상되며, '시스템으로의 AI 통합'이 기업의 최우선 과제가 될 것으로 이야기기 하고 있다. 한편, 성공적인 AI 도입의 장애물로 '낮은 AI 기술 숙련도(56%)' 및 '데이터 품질 문제(34%)'가 지목되고 있어 이를 해결할 수 있는 솔루션이 각광받을 것으로 예상하고 있다.

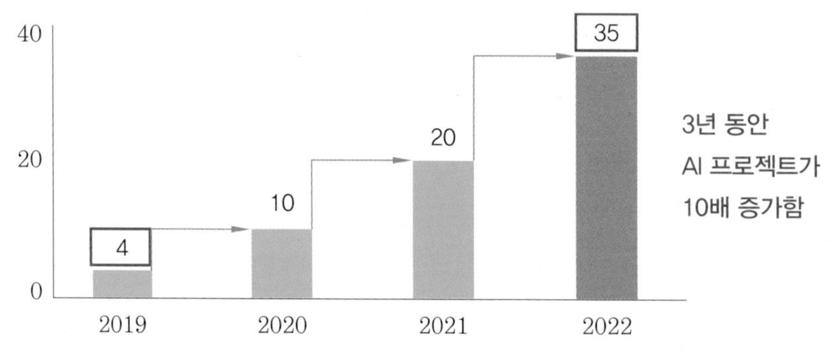

n=57–63 Research Circle Members with AI or MIL projects deployed/in use today: excluding 'unsure' responses
Q. How many projects are deployed/in use today? How many projects do you esimate in ... 0–12 months, 12–24months, 24–36 months?
Source: Gartner AI and ML Development Strategies Survey

그림 2-7 Average Number of AI Projects Expexted

표 2-3 AI 기술 도입 사례

AI 기술 도입 회사	세부 내용
제너럴 모터스(General Motors)의 장비 관리 솔루션	• 조립 로봇에 탑재된 카메라를 이용해 로봇 부품 고장 사전 징후를 탐지함 • 해당 시스템의 파일럿 테스트 결과, 7천 개가 넘는 로봇 중에서 72건의 부품 고장 사례를 탐지했고 사전 감지를 통해서 작업 다운타임을 최소화함
제너럴 모터스(General Motors)와 오토데스크(Autodesk) 솔루션	• 제너럴 모터스의 디자이너들이 다양한 제약 조건(재질, 생산 방법, 탑재 기능)을 제시하면, 오토데스크의 디자인 소프트웨어가 무게 및 다양한 제품 규격에 맞춘 설계를 출력함 • 자동차의 안전벨트 브래킷 부품을 해당 소프트웨어로 설계해 본 결과, 기존의 설계보다 40% 가볍고 20% 더 견고한 디자인이 완성됨
노키아(Nokia)의 영상 기반 작업 오류 탐지 시스템	• 자사 생산 설비를 모니터하는 머신 러닝 기반 영상 어플리케이션을 출시함 • 공정 담당자에게 생산 설비 과정에서 생긴 특이사항을 알려줌으로써 실시간으로 이상 상황에 대처할 수 있음
아우디(Audi)의 이미지 분석 솔루션	• 이미지 분석 관련 AI 기술의 발달과 고화질 카메라의 가격 하락으로 기업들이 이미지 기반 인공 지능 솔루션을 부담 없이 도입할 수 있음 • 아우디는 딥 러닝 기술을 활용한 영상 인식 시스템을 자사의 프레스 공장에 도입함
다논(Danone)의 수요 예측 프로그램	• 머신 러닝을 이용해서 다양한 부서(마케팅, 공급사슬, 재무, 판매 등) 간의 협업 효율을 올려주고, 나아가 수요 예측 정확도를 향상시키고 있음 • 머신 러닝 솔루션을 도입한 이후, 수요 예측 실패 사례는 20% 감소하였으며, 매출 감소는 30%가 줄었으며, 제품 노후화를 30% 줄이고, 수요 예측 관계자의 업무 부담량을 50% 줄였음
탈레스 에스에이(Thales SA)의 고속철로 예지보전 솔루션	• 센서로 수집한 데이터를 가지고 높은 정확도로 고속철로 수명 예측 및 예방적 유지 보수를 돕는 인공 지능 알고리즘을 개발함 • 해당 알고리즘의 도입으로 철도회사들은 예측하지 못한 철로 폐쇄를 사전에 막을 수 있게 되었음
BMW의 생산 설비 모니터링 솔루션	• BMW는 인공 지능을 이용하여 생산 설비에서 실시간으로 불량품을 감지하는 솔루션을 개발하고 이를 도입했음 • BMW의 공장에서 AI 솔루션이 방금 생산된 차량 데이터를 주문 내역과 비교하고, 미리 서버에 저장된 이미지 데이터베이스와 생산된 제품을 비교함으로써 차량이 기준에 부합하는지 확인함
슈나이더 일렉트릭(Schneider Electric) IoT 애널리틱스 솔루션	• 마이크로소프트의 머신 러닝 서비스를 이용하여 근로자 안전 개선, 가격 절감, 및 안전성 개선을 하고 있음 • 마이크로소프트의 Azure의 머신 러닝 서비스를 배포한 후, 작업 효율이 10~20% 향상되었음

이처럼, 가트너 및 컨설팅 업체 맥킨지의 발표에 따르면, 많은 기업들이 '팀의 AI 능력', '데이터 품질' 및 '기능적 사일로(Silo)'를 성공적인 AI 도입의 장애물로 꼽았다.

2 인공 지능 기술 발전 현황

현재 인공 지능 기술은 아직까지 일상생활 및 다양한 분야에서 신속 용이하게 활용되지 못하고 있다. 이러한 한계를 극복하기 위하여 미래의 인공 지능 기술은 다양한 방식으로 변화하고 적용될 것이다. 앞으로의 AI 지능 기술은 학습 데이터의 구축 등 전문가의 개입 없이도 다양한 타겟 응용에 적용 가능하게 변화하여 다양한 업무 처리가 가능할 수 있는 지능 기술로 발전할 것이다.

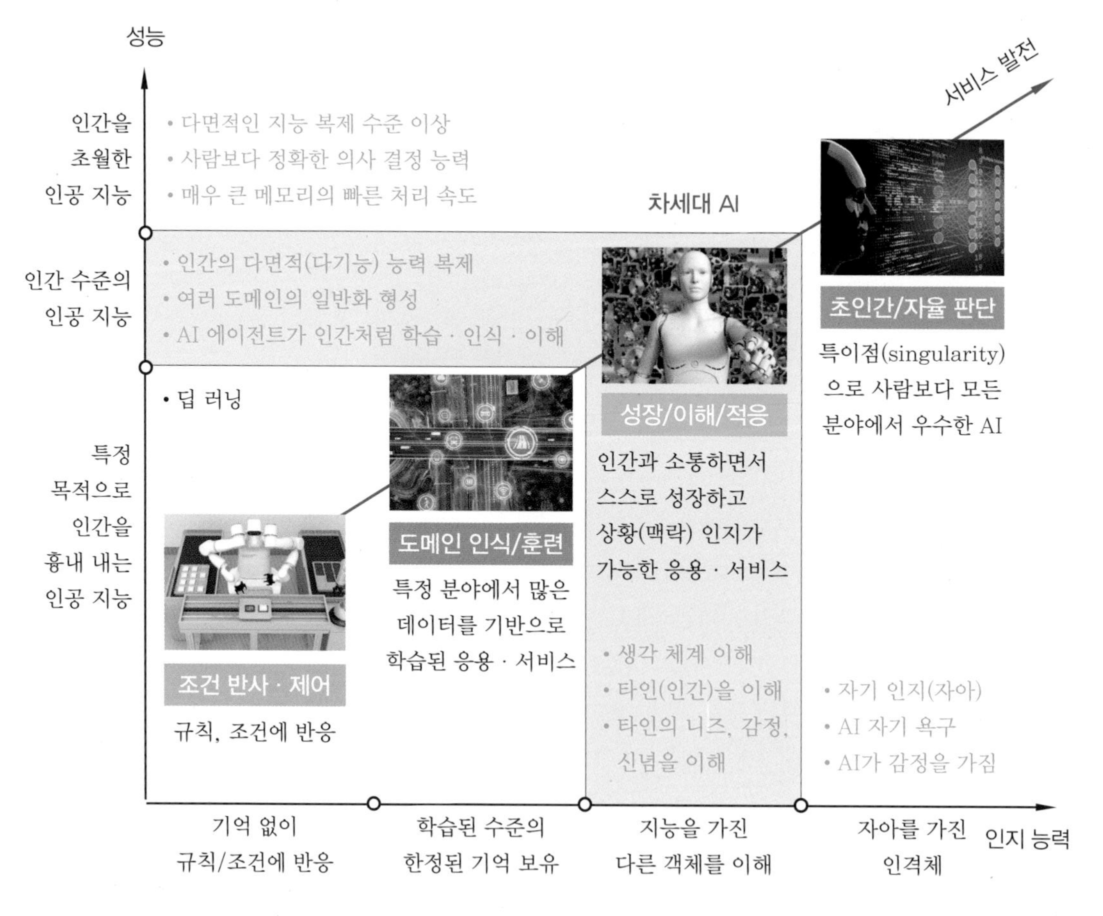

그림 2-8 인공 지능 발전 방향

그리고 초기에 설정한 목표 수치 또는 학습된 환경이 불분명하게 수시로 변화하는 복잡한 문제의 경우에도 유연하게 적용할 수 있는 지능으로 변화하여 인간과 협업하여 문제를 해결할 수 있는 형태로 변화할 것이다. 또한, 인공 지능 기술의 광범위한 도입으로 인해 야기될 소지가 큰 부작용에 대한 법적인 규제에 대비한 편향성, 공정성 등의 문제 인식과 자가 통제 지능 기술이 도입될 것으로 판단되며 활성화될 것으로 예측된다.

(1) 자기 지도 학습이 가능한 AI 기술의 발전

자기 지도 학습(self-supervised learning)이 가능한 AI 기술이란 데이터 자체에서 스스로 레이블(label)을 생성하여 학습에 이용하는 방법을 의미한다. 즉, 다량의 레이블이 없는 원시 데이터(raw data)로부터 데이터 부분들의 관계를 통해 레이블을 자동으로 생성하여 지도 학습에 이용하는 비지도 학습 기법이다. 자기 지도 학습 방법은 머신 러닝 분야에서 비지도 학습 분류에 속하는 내용이다.

그림 2-9는 지도 학습과 자기 지도 학습을 비교한 내용이다. 지도 학습은 정답이 있는 데이터를 활용해 데이터를 학습시키는 방법을 말한다. 자기 지도 학습을 이용하면 지도 학습에 비해 데이터 세트를 구축하기 위하여 레이블링(labeling)하는 비용과 시간을 줄일 수 있다.

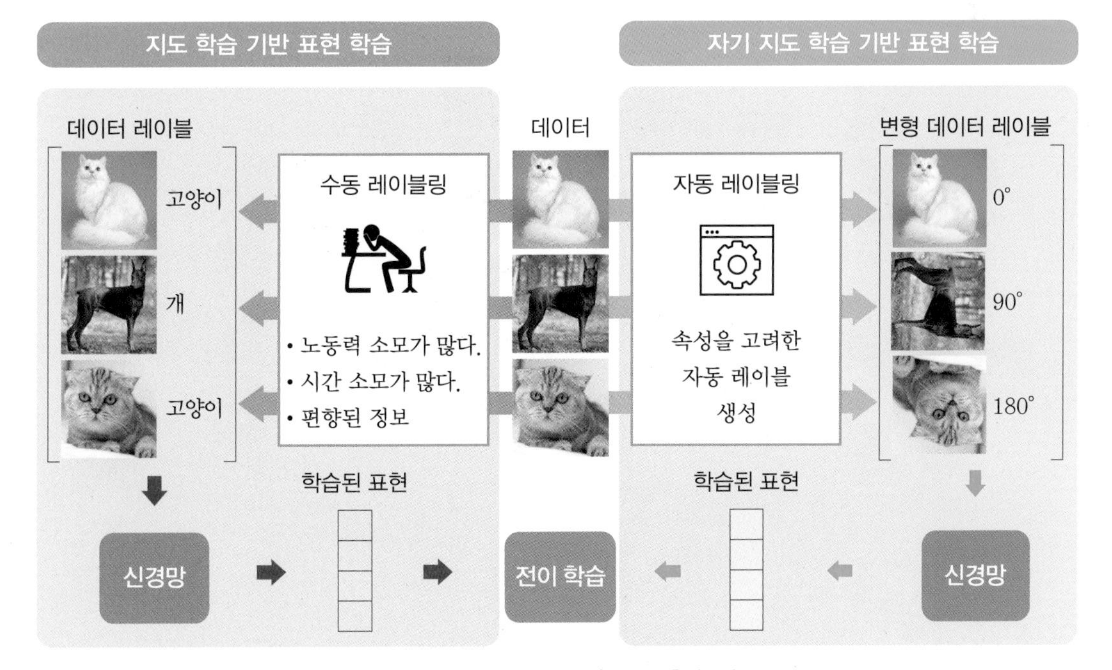

그림 2-9 지도 학습과 자기 지도 학습 비교

(2) 메타 러닝(meta learning) 기술의 발전

강화 학습(RL : Reinforcement Learning)의 목표는 단일 범용 학습 알고리즘을 설계하는 것이다. 그러나 RL 알고리즘 분류법은 상당히 크고, 새로운 RL 알고리즘을 설계하려면 광범위한 조정과 검증이 필요하기 때문에 여전히 어려운 과제이다. 그래서 인간처럼 해결하는 인공 지능 메타 러닝(meta learning)이 이상적인 대안으로 떠오르고 있다.

메타 러닝은 다양한 작업에 자동으로 일반화하는 새로운 RL 알고리즘을 설계할 수 있고, 자신이 무엇을 알고 있는지, 모르고 있는지 추정할 수 있다. 또한 자신의 행동이 어떤 결과를 초래할지에 대해 인지하고 주어진 데이터와 환경만으로 기존에 학습했던 정보와 알고리즘을 새로운 문제에 적용할 수 있다. 즉, 메타 학습은 학습하는 법을 학습한다는 "learning to learn"의 개념으로, 관련된 많은 수의 태스크들을 학습하면서 얻게 되는 경험을 이용하여 새로운 태스크 학습 시 모델의 학습이 빠르게 이루어질 수 있게 하는 것이다. 메타 학습은 현재 적은 양의 데이터를 이용하여 학습을 가능케 하는 퓨샷 러닝(few-shot learning), 데이터 전처리, 학습 알고리즘 선택, 하이퍼 파라미터 최적화 등 사용자의 개입을 최소화하는 Auto ML 등에 적용되고 있다.

기존 AI를 통한 학습 방식

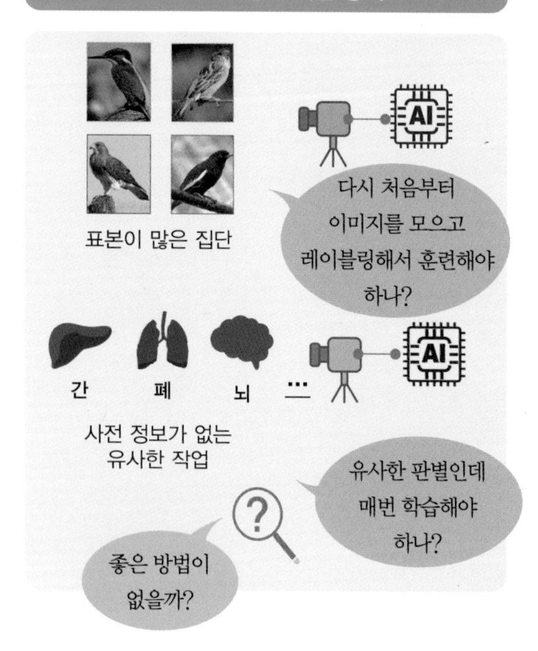

메타 학습 AI를 통한 학습 방식

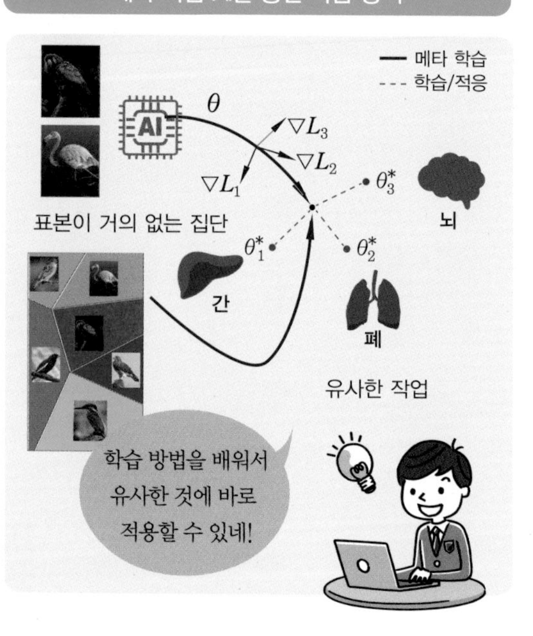

그림 2-10 메타 학습 개념도

(3) 복합 지능 기술로의 발전

『Neural-symbolic Cognitive Reasoning』이라는 책을 쓴 컴퓨터 과학자 루이스 램(Luis Lamb)은 기계 학습 기능에 논리적 형식화(logical formalization) 기능을 추가해 이 두 축을 기반으로 하는 '뉴럴 심볼릭 AI(neural-symbolic AI)'을 제안했다. 논리적 형식화 기능이란 철학에서 논리학을 전개하는 것처럼 인공 지능에 맞는 논리학을 전개해나가자는 것이다. 논리를 확대하면서 인공 지능의 참여 영역을 확대해나갈 수 있다고 말했다.

전 구글 클라우드의 최고 AI 과학자를 맡았던 페이-페이 리(Fei-Fei Li) 스탠퍼드대 교수는 "현재 인공 지능 시스템은 주변 세계와의 적극적인 상호 인식 작용에서 사람과 달리 매우 부족하고 결핍된 모습을 보이고 있다."라고 지적했다. 리 교수는 "이런 단점을 보완하기 위해 인공 지능의 사회화가 필요하다."라며, "현재 스탠퍼드대 연구소에서는 주변 세상을 이해하면서 스스로 행동해나갈 수 있는 대화형 에이전트(interactive agents)를 구축하고 있다."라고 밝혔다. 이처럼, 지금까지의 인공 지능 기술은 시각이면 시각, 언어면 언어, 음성이면 음성, 이렇게 한 분야에 초점을 맞춰왔다. 하지만, 앞으로의 인공 지능 기술은 복합 지능(integrated intelligence) 기술로 발전할 것이다.

복합 지능 기술은 음성 인식 기술 , 자동 통역 기술, 엑소브레인 기술 등이 이에 속하며 시각, 언어, 음성을 모두 포함하는 기술이다. 또한, 감정과 동작을 표현하는 멀티 모달 대화를 위한 상호 작용 표현 기술, 몰입감을 높이고 정확한 의미 파악을 지원하는 복합 데이터 기반 정보 추출 및 추론 기술 등이 이에 속한다.

연습 문제

1. 인공 지능의 정의를 서술하시오.

2. 인공 지능이 발전할 수 있었던 3가지 요소를 서술하시오.

3. 인공 지능의 구성 요소를 설명하고 각 요소에 대해 서술하시오.

4. 성장하는 AI와 사회 친화적인 AI의 개념을 서술하시오.

5. 시각 지능, 언어 지능에 대한 정의를 서술하시오.

6. 기존 AI를 통한 학습 방식과 메타 학습 AI를 통한 학습 방식의 차이를 설명하시오.

인공 지능 플랫폼 소개

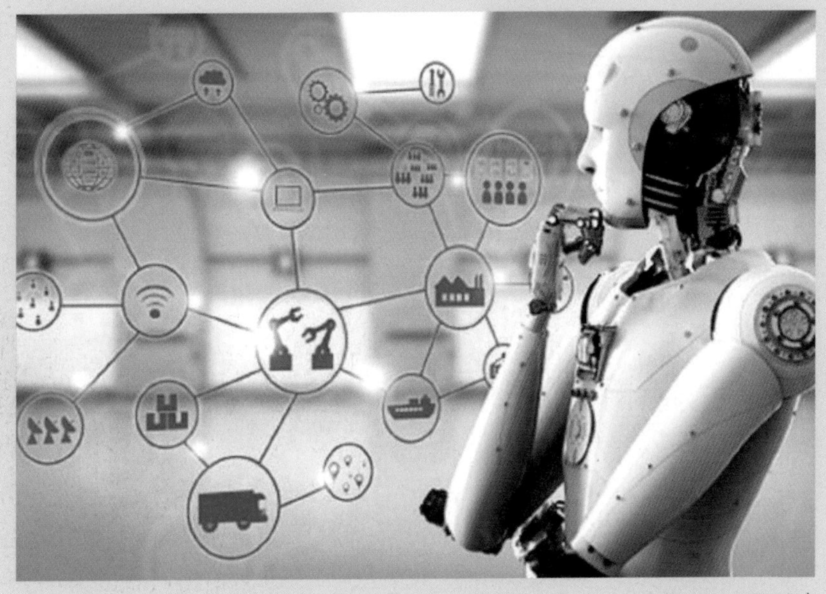

〈그림자료 : https://www.hankyung.com/news/article/2019061481501〉

인공 지능은 시간이 흐를수록 새로운 기술이 개발되고 많은 이점이 발견되는 영역인 만큼 최신 기술과 알고리즘을 어떻게 적용하느냐도 큰 숙제이다. 엄청나게 빠른 속도와 성능으로 최신 인공 지능 기술이 개발되고 있기 때문이다. 최신 기술 개발이 활발하게 이루어지는 데도 이를 산업 현장에 반영하지 못하면 결국 인공 지능 서비스의 품질에 문제가 생기고 서비스의 질적 저하로 이어진다. 하지만 산업 시스템마다 매번 최신 기술을 이해하고 테스트하여 다시 이를 시스템에 적용하기 위해서는 엄청난 인적 · 물적 자원이 필요하다. 결국, 인공 지능 플랫폼은 가장 효율적이고 가장 빠르게 최신의 서비스를 구현할 수 있는 유일한 해법인 셈이다. 이번 단원에서는 전 세계적으로 많이 사용하고 있는 인공 지능 플랫폼을 소개하고 각각의 특징 살펴본다.

제 3 장

인공 지능 교육 플랫폼들

학습 목표

1. 인공 지능 플랫폼의 특징을 파악하고 각각의 플랫폼에 대해 설명할 수 있다.
2. 인공 지능 플랫폼을 사용하여 데이터 학습을 진행할 수 있다.
3. 인공 지능 프레임 워크를 활용하여 관련 라이브러리들을 이해할 수 있다.

3-1 GUI(Graphical User Interface) 기반 인공 지능 플랫폼들

1 티처블 머신(teachable machine)

(1) 개발사 : 구글에서 만든 대표적인 GUI 기반 인공 지능 플랫폼이다.

(2) 제공하는 학습 방법

이미지 인식, 음성 인식, 제스처 인식의 학습 과정이 지원된다.

(3) 특징

① 전문 지식이나 코딩 능력이 없어도 웹사이트를 통해서 기계 학습 모델을 빠르고 쉽게 생성한다.

② 본 플랫폼을 통해서 빠르게 자신의 이미지, 소리 및 포즈를 인식하도록 학습 모델을 훈련한다.

(4) 장점

① 데이터 수집 시간 절약 : 웹 캠으로 바로 수집하거나 이미지를 업로드하면 자동 크기 조절이 가능하다.

② 학습 시간 및 검증 시간 절약 : 구글 클라우드의 GPU(Graphics Processing Unit) 등의 하드웨어를 이용해서 학습(별도장비 구축 불필요)한다.

③ 학습 · 검증 데이터 분류 비율만 설정해 주면 자동으로 모델을 생성하고 검증한다.

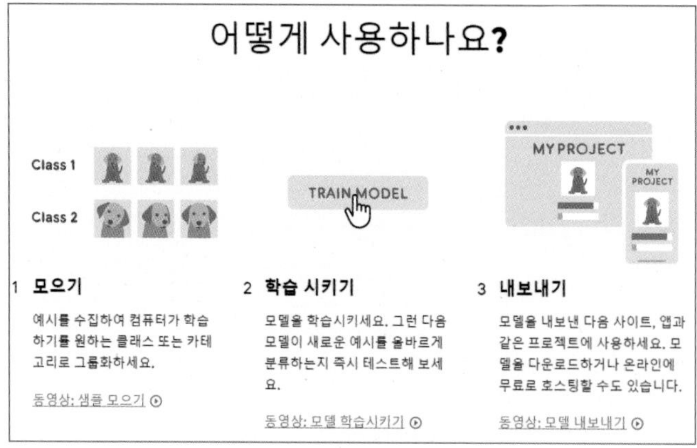

그림 3-1 티처블 머신 플랫폼

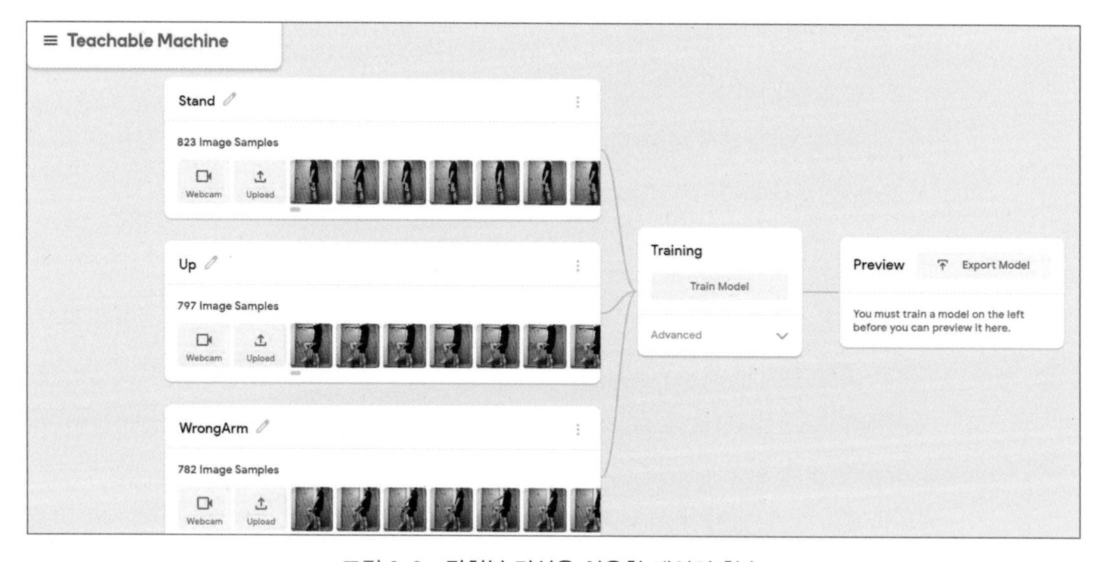

그림 3-2 티처블 머신을 이용한 데이터 학습

④ 학습결과를 웹 서비스, 서버 장비, 스마트 폰, 에지 장비 등 다양한 장비에 올릴 수 있는 모델과 예시 프로그램을 생성해 준다.

(5) 단점

① 인공 지능 학습 플랫폼이기 때문에 서비스를 직접 제공하지 못한다.
② 상세 파라미터 수정이 불가능하며 딥 러닝의 일부 학습 기능만 제공한다.

2 오렌지3(Orange3)

(1) 개발사

구글에서 만든 대표적인 GUI 기반 인공 지능 플랫폼이다.

(2) 제공하는 학습 방법

이미지 인식, 음성 인식, 제스처 인식의 학습 과정이 제공된다.

(3) 특징

① 데이터 수집 기능을 통해서 오픈 소스 기계 학습 및 데이터 시각화를 할 수 있고, 다양한 도구 상자를 사용하여 데이터 분석 워크 플로우를 시각적으로 구축 가능하다.
② 통계 분포, 박스 플롯 및 산점도를 탐색하거나 의사 결정 트리, 계층적 클러스터링, 히트 맵, 다차원 척도법(MDS : Multi-Dimensional Scaling) 및 선형 프로젝션을 사용하여 심층 분석이 가능하다.

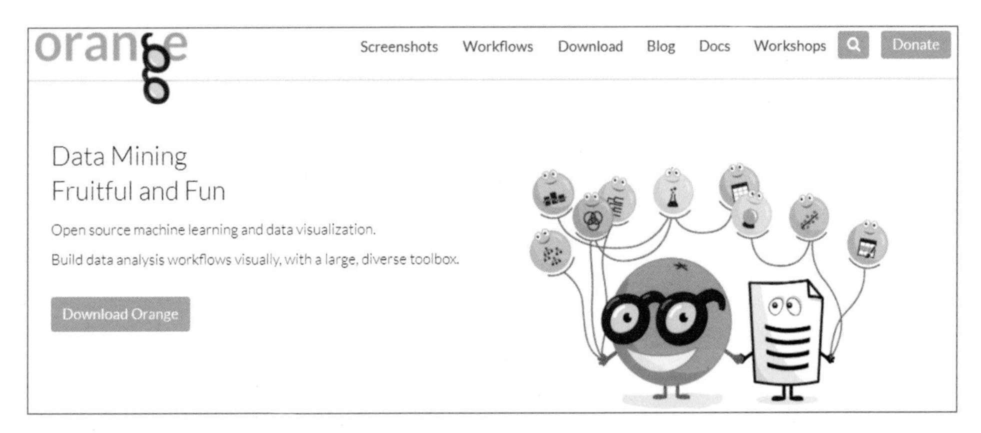

그림 3-3 오렌지3 플랫폼

③ 자동으로 속성 순위 및 선택을 통해 다차원 데이터를 2D에 적합하게 처리한다.

④ 사용자는 캔버스에 위젯을 배치하고 연결한 후, 데이터 세트를 로드하면, 데이터의 시각화가 쉽게 이루어진다.

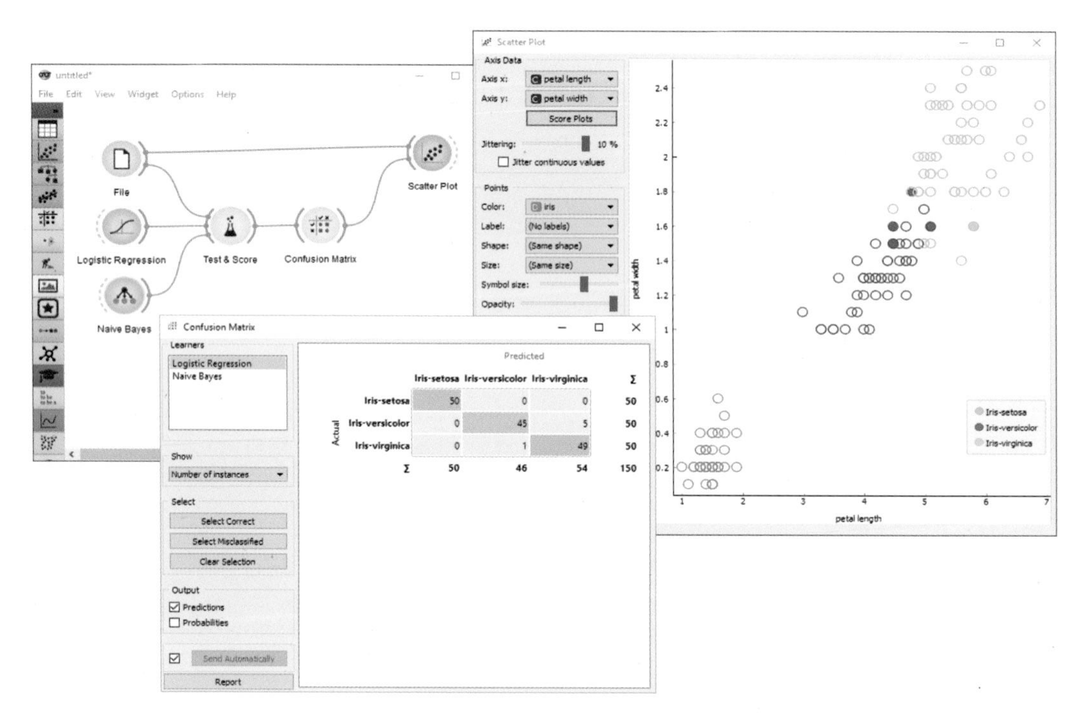

그림 3-4 오렌지3를 활용한 데이터 분류 및 학습

3 KAMP(인공 지능 중소 벤처 제조 플랫폼)

(1) 개발사

중소 벤처 기업부에서 주관하는 세계 최초 민관 협력 제조 특화 AI 플랫폼이다.

(2) 제공하는 학습 방법

기술 통계, 상관 분석, 회귀 분석, 계층적 군집 분석, K-평균 군집 분석, 랜덤 포레스트, 합성곱 신경망, 다중 퍼셉트론 알고리즘을 지원(개발자가 알고리즘을 선택하여 데이터에 적용)한다.

(3) 특징

① 제조 데이터 세트 제공 : 각각 다른 12종류의 데이터 그룹 안에 1개의 원시 데이터가 있다.

② 데이터 분석 결과 제공 : Confusion Matrix, ROC 곡선 등을 지원한다.

ⓐ Confusion Matrix : 모델의 성능을 평가할 때 사용되는 지표 · 예측값이 실제 관측값을 얼마나 정확히 예측했는지 보여주는 행렬이다.

ⓑ ROC(Receive Operation Characteristic) 곡선 : 검사 수치의 민감도, 특이도로 그려주는 곡선이다.

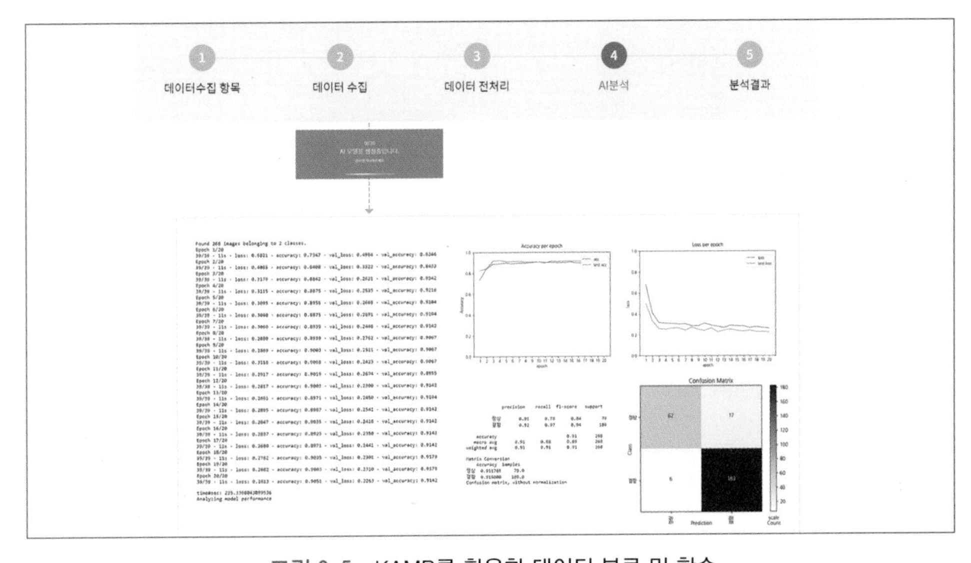

그림 3-5 KAMP를 활용한 데이터 분류 및 학습

그림 3-6 KAMP 플랫폼

4 그 외 GUI 기반 인공 지능 플랫폼

(1) 코뎀(Codap)

① 특징

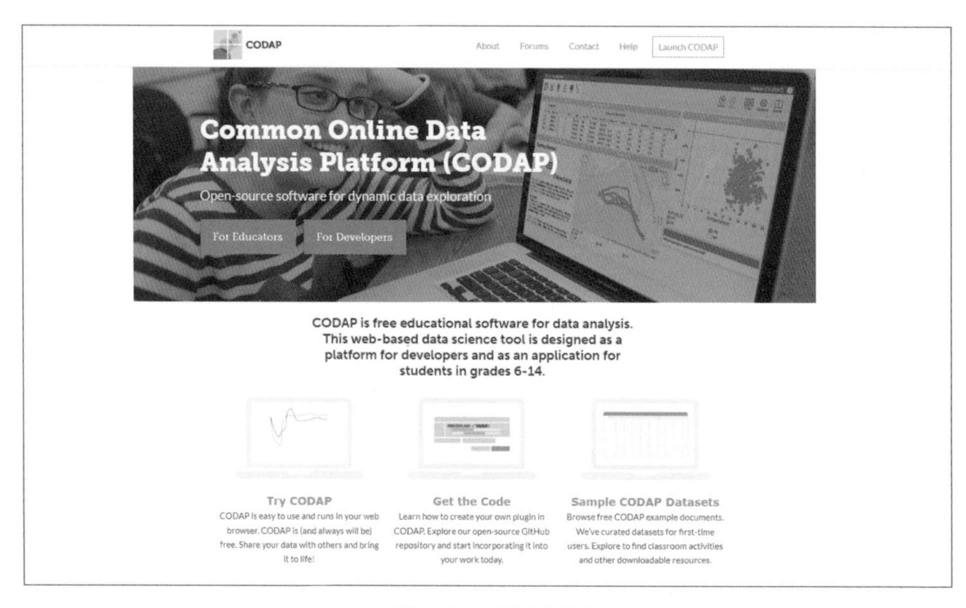

그림 3-7 코뎀 플랫폼

ⓐ 학교에서 사용하기 위해 구축된 데이터 분석을 위한 무료 오픈 소스 소프트웨어이다.

ⓑ 콘텐츠 영역의 데이터를 탐색하고, 시각화 및 학습하는 것이 가능하다.

② 장점 분석 : 원활한 데이터 드롭, 손쉬운 데이터 탐색, 손쉬운 패턴 확인 및 연결 파악이 가능하다.

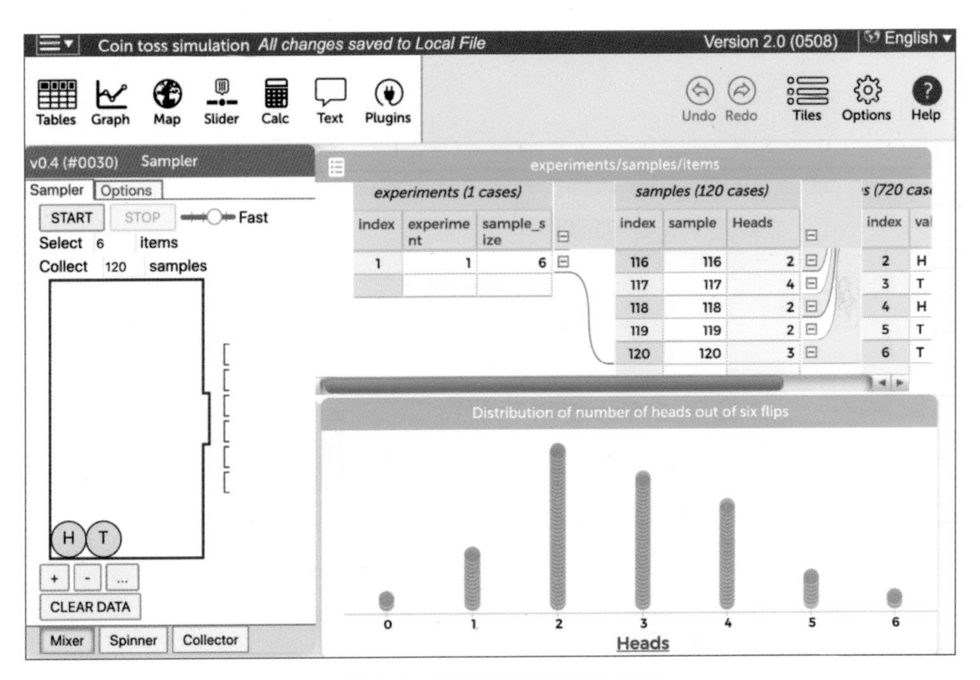

그림 3-8 코뎀 플랫폼의 주요 장점

(2) 브라이틱스 스튜디오(Brightics Studio)

① 특징

ⓐ 인공 지능을 이용하여 많은 양의 데이터를 이해하기 쉬운 시각 자료로 변환 가능하다.

ⓑ AI에 기반을 둔 분석 플랫폼으로 정보에 입각한 의사 결정, 판매 및 미래 수요 예측, 실시간 위험 평가, 장비 고장 예측 등의 기능이 제공된다.

ⓒ 오픈 소스로 개발된 경량 분석 툴이며, 고가의 컴퓨팅 자원 문제에서 벗어나 머신 러닝을 바로 시작할 수 있다.

그림 3-9 Brightics Studio 플랫폼

② 장점

ⓐ 분석 목적으로 병합, 예측, 진단할 수 있는 다양한 고성능 분석 함수를 제공한다.

ⓑ 데이터 특성에 따른 최적의 알고리즘 자동 추론은 모델링 소요 시간을 단축한다.

ⓒ 다양한 알고리즘 및 산업군별 모범 사례 분석 모델을 제공한다.

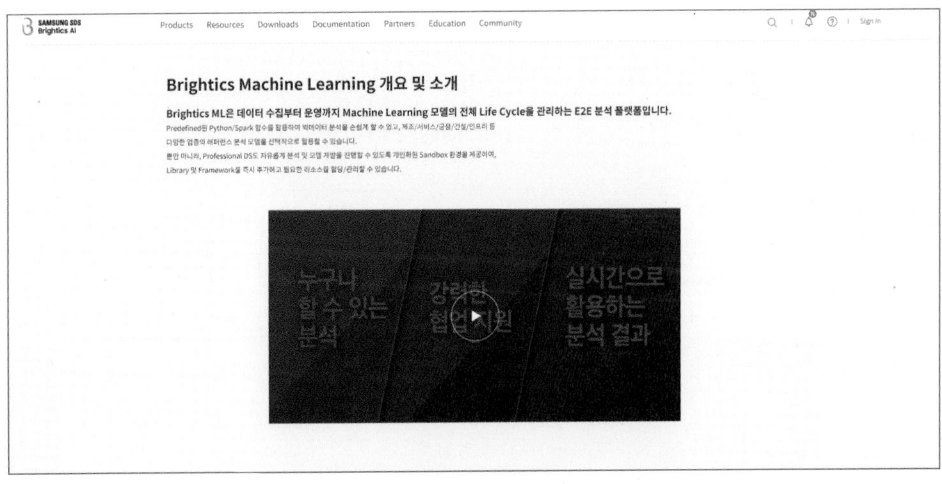

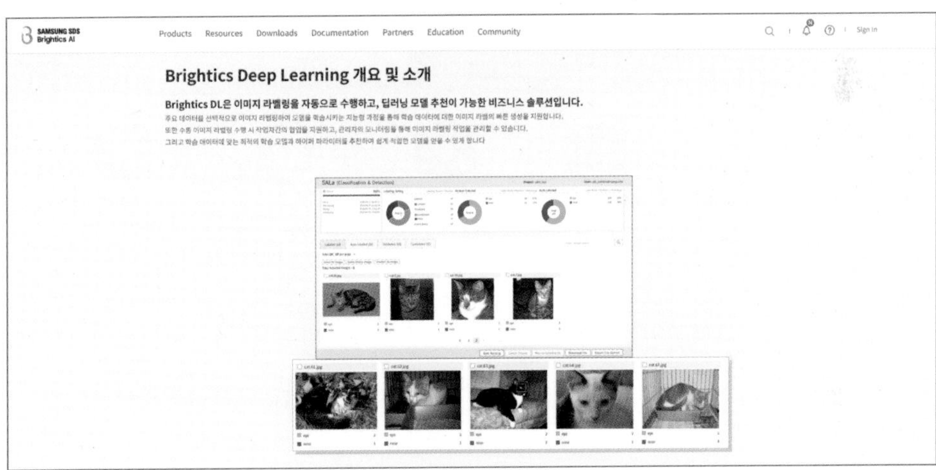

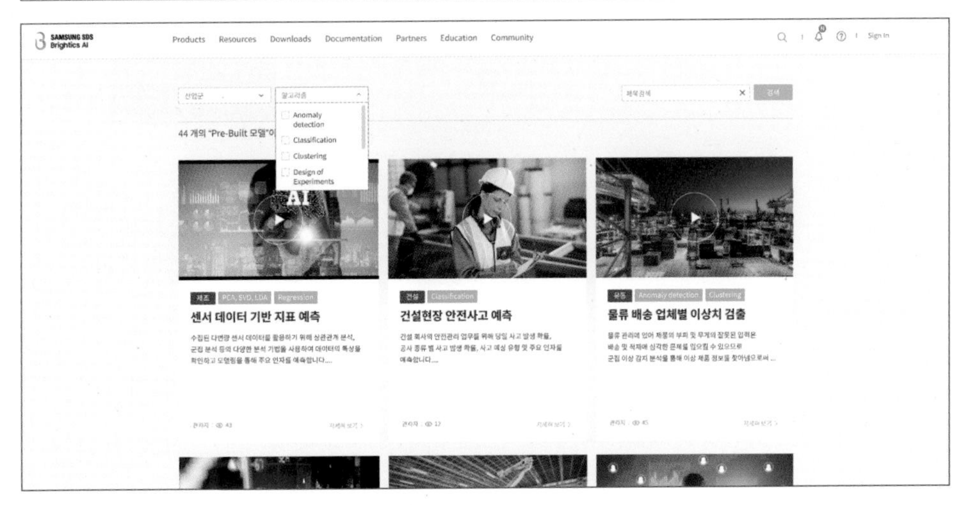

그림 3-10 Brightics Studio 플랫폼의 주요 장점

(3) 래피드마이너(rapidminer)

① 최초 출시일 : 2001년(무료 에디션 제공)

② 종류 : 데이터 과학, 기계 학습, 예측 분석

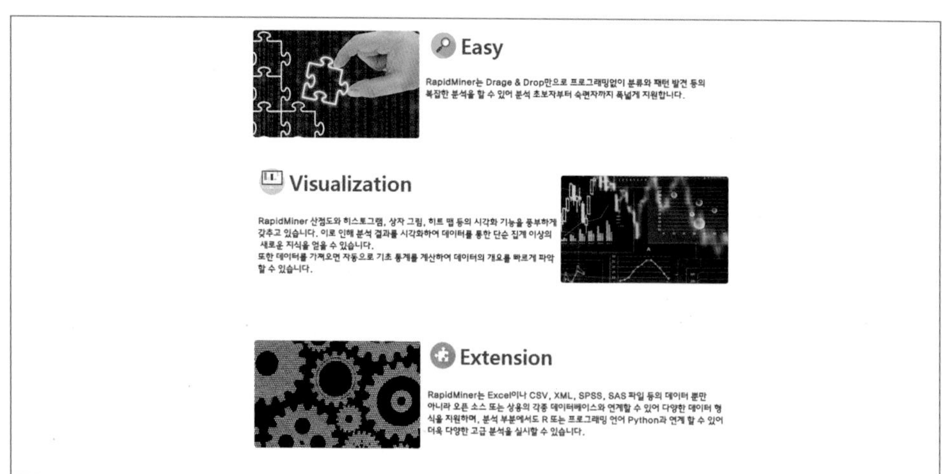

그림 3-11 래피드마이너 플랫폼

③ 개발자 : 2001년부터 도르트문트 공과대학 인공 지능 유닛의 랄프 클린캔버그(Ralf Klinkenberg), 잉고 미에스와(Ingo Mierswa) 및 시몬스 피셔(Simon Fischer)에 의해 개발되었다.

④ 프로그래밍 언어 : 자바

⑤ 특징 : 데이터 준비, 기계 학습, 깊은 학습, 텍스트 마이닝, 예측 분석, 비즈니스 및 상업용 애플리케이션, 연구용, 교육용, 신속한 프로토 타입 및 애플리케이션 개발에 사용되며 결과 시각화, 모델 검증 및 최적화를 포함한 기계 학습 프로세스의 모든 단계를 지원한다.

3-2 EPL(Education Programming Language) 기반 인공 지능 플랫폼들

1 엔트리(Entry)

(1) 개발사

네이버 커넥트 재단에서 만든 무료 소프트웨어 교육 플랫폼(블록형 기반으로 제작된 그래픽 기반 언어)이다.

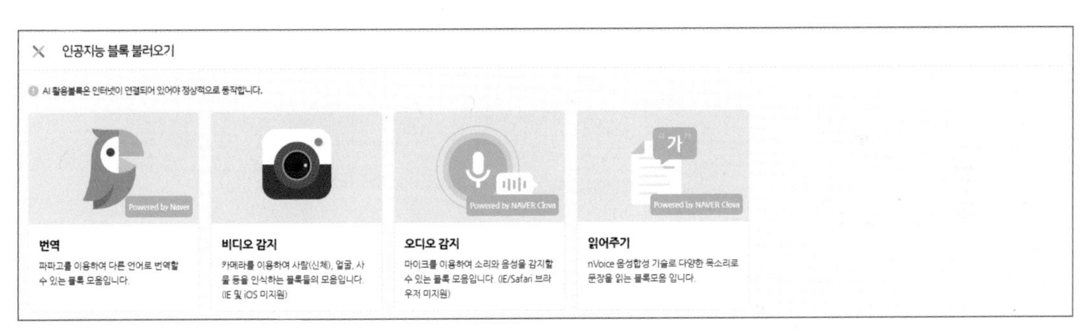

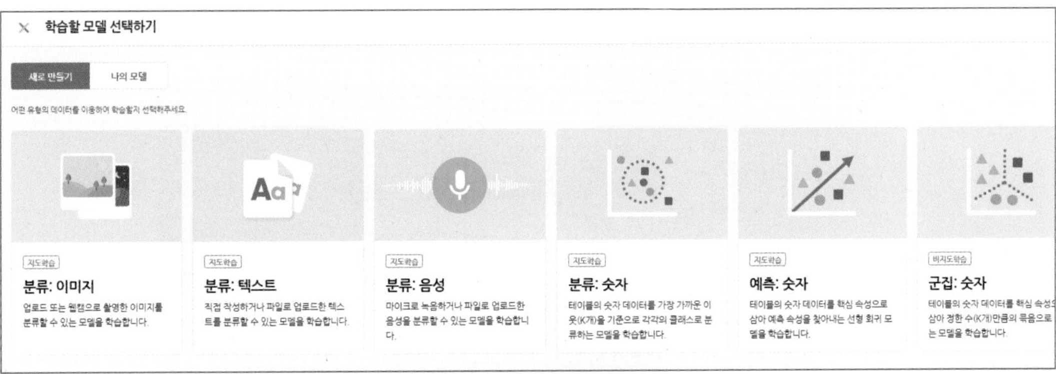

그림 3-12 엔트리 플랫폼

(2) 제공하는 학습 방법

이미지, 텍스트, 음성 데이터를 학습할 수 있고, 번역, 이미지 인식, 음성 인식, 음성 말하기의 네이버 클로버 API를 사용할 수 있다.

(3) 특징

① 미국 MIT에서 개발한 스크래치(Scratch, 코딩 교육에 주로 사용되는 플랫폼)와 같은 블록형 프로그래밍 언어를 사용할 수 있는 웹 기반의 개발 환경 화면을 사용한다.

② 엔트리 파이썬 모드에서는 텍스트 코딩과 블록 코딩의 중간 다리 역할을 하며, 텍스트 코딩의 문법과 구조를 쉽게 익힐 수 있도록 지원한다.

2 ML4KIDS(Machine Learning for Kids)

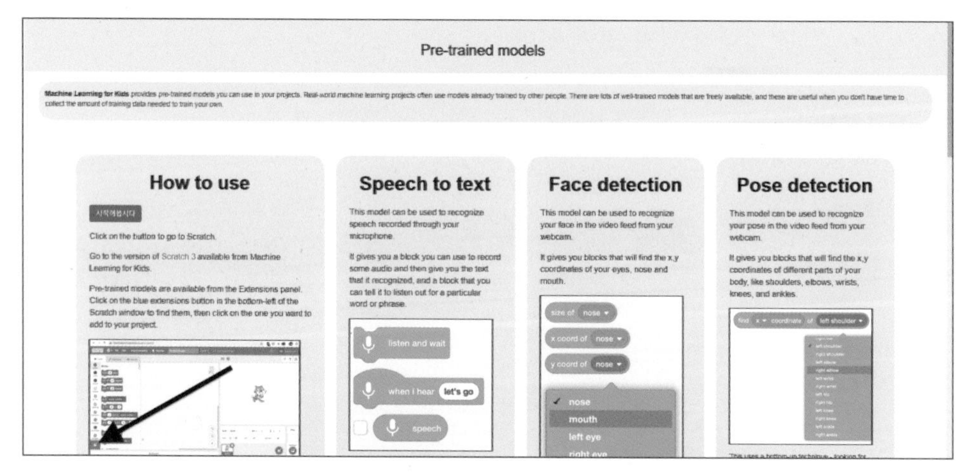

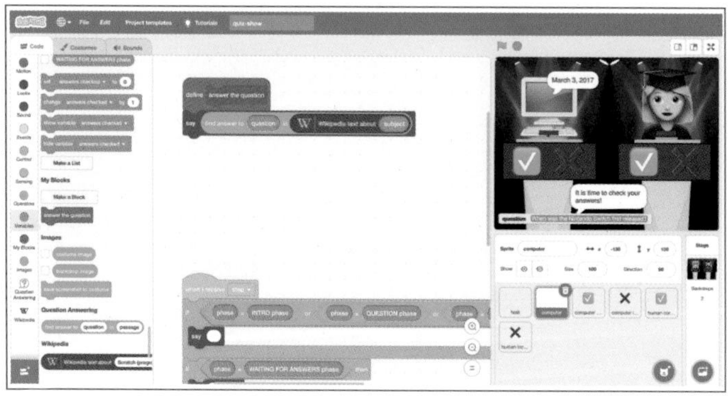

그림 3-13 ML4KIDS 플랫폼

(1) 개발사

영국의 IBM에서 개발한 EPL 기반의 인공 지능 플랫폼(블록형 언어를 기반으로 제작된 그래픽 기반 프로그램)이다.

(2) 제공하는 학습 방법

음성, 텍스트, 숫자 또는 이미지를 분류하는 머신 러닝 & 지도 학습 모델을 만들 수 있는 환경을 제공(인공 지능 API는 IBM Watson Developer Cloud를 사용)한다.

(3) 특징

① 미국 MIT에서 개발한 스크래치(Scratch, 코딩 교육에 주로 사용되는 플랫폼)와 같은 블록형 프로그래밍 언어를 사용할 수 있는 웹 기반의 개발 환경 화면을 사용한다.

② 교사 또는 그룹의 리더가 학생들을 위한 액세스를 관리할 수 있는 Learning Management System(LMS) 기능을 제공한다.

3 그 외 EPL 기반 인공 지능 플랫폼

(1) 카미봇 AI(Kamibot)

그림 3-14 카미봇 AI 플랫폼

① 특징

ⓐ 적외선 센서, 서보모터, 초음파 센서, RGB LED를 내장하고 있다.

ⓑ 주요 AI 기능으로 얼굴 인식, 자세 인식 및 분류, 음성 인식, 이미지 분류, 사물 인식 등을 사용자가 설계 적용할 수 있다.

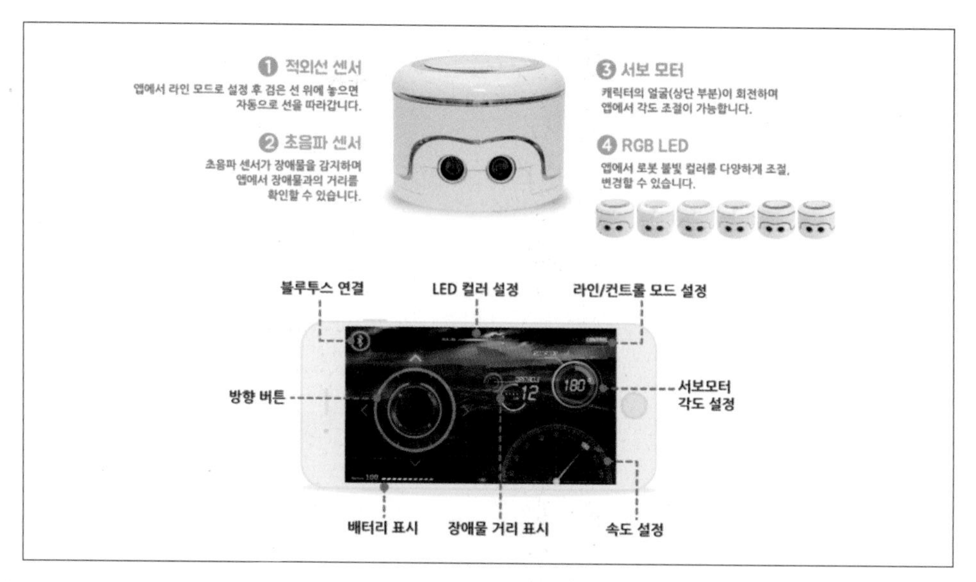

그림 3-15 카미봇 AI의 하드웨어 특징

(2) 엠블록(mBlock)

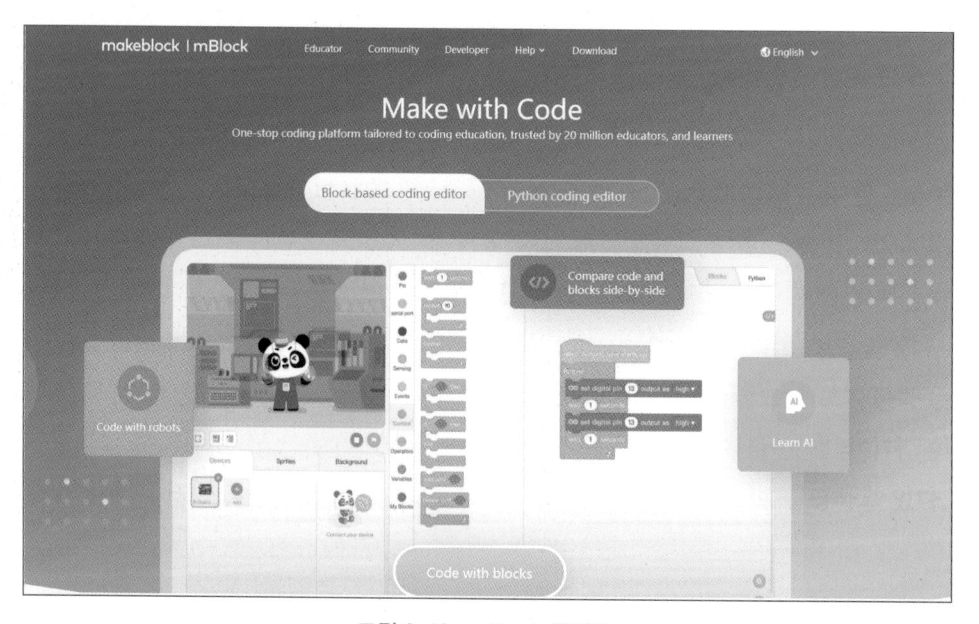

그림 3-16 mBlock 플랫폼

① 특징

ⓐ 과학, 기술, 공학, 예술, 수학[STEAM(융합인재교육, Science, Technology, Engineering, Arts, Mathematics)] 교육용으로 설계된 프로그래밍 소프트웨어이다.

ⓑ 스크래치(Scratch 3.0)를 기반으로 만들어져 그래픽과 텍스트 프로그래밍 언어를 모두 지원한다.

ⓒ 다양한 하드웨어 장치와 연결이 편리하다.

ⓓ 확장 기능으로 기계 학습, 데이터 차트, 번역 서비스 등을 제공한다.

그림 3-17 mBlock 실행 화면

3-3 인공 지능 프레임워크를 활용한 소프트웨어 라이브러리 소개

1 인공 지능 소프트웨어 라이브러리 소개 및 특징

표 3-1 인공 지능 소프트웨어 라이브러리(1)

딥 러닝 프레임워크	특징	로고
TensorFlow	• 구글 팀에서 개발했으며 2015년 오픈 소스로 공개 • Python 기반 라이브러리로 CPU 및 GPU 모든 플랫폼, 데스크톱 및 모바일에서 사용 가능 • C++, R과 같은 다른 언어도 지원하며 딥 러닝 모델을 직접 작성하거나 Keras와 같은 래퍼 라이브러리를 사용하여 직접 작성 가능	TensorFlow
Theano	• Python 기반이며 CPU 및 GPU의 수치 계산에 유용 • 딥 러닝 모델을 직접 만들거나 그 위에 래버 라이브러리를 사용하여 프로세스를 단순화할 수 있음 • 확장성이 뛰어나지 않으며 다중 GPU 지원이 부족	theano
Keras	• 효율적인 신경망 구축을 위한 단순화된 인터페이스로 개발됨 – Theano와 TensorFlow는 직접 사용하여 모델을 만드는 것은 어려울 수 있음 • Theano 또는 TensorFlow에서 작동하도록 구성되며 Python 기반으로 작성되었으며 매우 가볍고 배우기 쉬움 – Keras를 사용하여 몇 줄 코드로 신경망을 만들 수 있음	K Keras
Caffe & Caffe2	• 표현 · 속도 및 모듈성을 염두해 두고 개발되었으며 BVCL(버클리 인공 지능 연구소)에서 주로 개발 • Python 인터페이스를 가지고 있는 C++ 라이브러리이며, CNN을 모델링 할 때 기본 애플리케이션으로 찾음 • 'Caffe Model Zoo'에서 미리 훈련된 여러 네트워크를 바로 사용할 수 있고 CNN 모델링이나 이미지 처리 문제 해결에 최적화되어 있음	Caffe
Torch	• GPU 처리를 위해 C/C++ 라이브러리와 CUDA를 사용 • 최대한의 유연성을 달성하고 모델을 제작하는 과정을 매우 간단하게 만드는 것을 목표로 만들어졌음 • 'PyTorch'라고 불리는 Torch의 파이썬 구현은 인기를 얻고 있음	torch

표 3-2 인공 지능 소프트웨어 라이브러리(2)

딥 러닝 프레임워크	특징	로고
MxNet	• R, 파이썬, C++ 및 Julia와 같은 언어를 지원하는 딥 러닝 프레임워크 • Back-end는 C++과 CUDA로 작성되었으며 Theano와 같이 자체 메모리를 관리할 수 있음 • 확장성이 좋고 다중 GPU와 컴퓨터로 작업할 수 있기 때문에 대중적임 – 기업용으로도 매우 유용(아마존이 MxNet을 딥 러닝을 위한 참조 라이브러리로 사용)	mxnet
Deep Learning 4j	• Java로 개발된 딥 러닝 프레임워크이며 다른 JVM(Java Virtual Machine)언어도 지원 • 상업 · 산업 중심의 분산 딥 러닝 플랫폼으로 널리 사용됨 • 전체 Java 생태계의 힘과 결합하여 효율적인 딥 러닝을 수행할 수 있음	DL4J Deep Learning 4 J
CNTK (MS Cognitive Toolkit)	• 딥 러닝 모델을 교육하기 위한 오픈 소스 딥 러닝 도구(높은 확장성과 성능을 발휘하도록 설계) • 고도로 최적화되었으며 파이썬 및 C++과 같은 언어를 지원 • 효율적인 리소스 활용으로 알려진 Cognitive Toolkit을 사용하여 효율적인 강화 학습 모델 또는 GAN(Generative Adversarial Networks)를 쉽게 구현 가능	Microsoft CNTK
Lasagne	• Theano의 최상위에서 실행되는 고급 학습 라이브러리 • Theano의 복잡성을 추상화하고 신경망을 구축하고 훈련시키는 데 보다 친숙한 인터페이스를 제공 • Python이 필요하며 Keras와 많은 공통점이 있음 – Lasagne와 Keras의 차이점 : Keras가 더 빠르며 더 많은 개발 문서화가 존재	Lasagne
Big DL	• 스파크(Spark)에 대한 딥 러닝 라이브러리로 배포되어 있으며 확장성이 뛰어남 • 풍부한 학습 지원을 제공하며 인텔의 수학 커널 라이브러리 MKL을 사용하여 고성능을 보장 • 클러스터에 저장된 데이터 세트에 딥 러닝 기술을 추가하려는 경우 사용할 수 있는 매우 유용한 라이브러리임	bigDL

연습 문제

1. AI 플랫폼의 종류와 각각의 특징 & 차이를 비교 분석하시오.

2. GUI 기반 플랫폼을 이용하여 이미지를 학습하고 Test 이미지들을 이용하여 모델의 정확도를 확인해 보시오.

3. EPL 기반 플랫폼을 이용하여 음성 인식 분류기를 만들어 보시오.

소프트웨어 활용 및 코딩

〈그림자료 : 2026 년까지 1 차 및 2 차 연구 보고서 분석을 통한 중국 인공 지능 소프트웨어 시장 미래 동향, http://www.dgpost.kr/2021/05/28/2026-년까지-1-차-및-2-차-연구-보고서-분석을-통한-중국-인공/〉

파이썬(Python)은 직관적 구조와 확장성과 함께 큰 인기를 얻고 있는 프로그래밍 언어이다. 또한, 오픈 소스 언어이기 때문에 필요한 자료가 있다면 얼마든지 쉽게 구할 수 있다. 그와 동시에 AI 코딩 속도를 높이기 위한 라이브러리도 풍부하다. 대표적으로 머신 러닝 및 데이터 세트 작업들을 위해 널리 사용하고 있는 텐서플로우(TensorFlow)를 언급할 수 있다. 그리고 파이썬은 적은 구문을 쉽게 다루면서 기업 애플리케이션을 원활하게 지원할 수도 있다.

이번 단원에서는 머신 러닝(machine learning)과 딥 러닝(deep learning)의 차이를 이해하고 인공 지능 프로그램을 구현하기 위한 파이썬 프로그램의 기초를 실습해 보고 Python과 PyCharm 설치 과정을 수행한다.

제 4 장

인공 지능 프로그래밍의 개념과 이해

학습 목표
1. 인공 지능 프로그램의 개념을 이해하고 룰 기반 프로그래밍과의 차이를 이해할 수 있다.
2. 머신 러닝(machine learning)과 딥 러닝(deep learning)의 개념을 이해하고 설명할 수 있다.

4-1 소프트웨어(software)의 개념과 융합 분야

1 소프트웨어(software)의 개념

우리의 삶 속에서 소프트웨어는 여러 곳에서 사용되고 있다. 또한 소프트웨어의 중요도는 시간이 지날수록 더욱 강조되고 있다. 그래서 요즘에는 초등학생들에게도 소프트웨어 교육을 배우게 하여 논리적인 사고를 키워주려 하고 있다. 그리고 기업에서도 입사 시험에 프로그램 능력을 평가하여 입사 자격을 부여하고 하고 있다. 또한, 소프트웨어 구현을 통해 문제 해결을 위한 과학적 사고를 기르기 위해 소프트웨어 교육을 한다. 그 대표적인 회사가 삼성전자이다.

그림 4-1 컴퓨터 하드웨어와 소프트웨어

소프트웨어는 컴퓨터 하드웨어에서 실행되는 프로그램 또는 응용 프로그램(application)이다. 소프트웨어에는 컴퓨터가 관리하는 시스템 소프트웨어와 문제 해결에 이용되는 다양한 형태의 응용 소프트웨어가 있다. 그 예로 우리가 사용하고 있는 핸드폰의 앱(App.)이 있는데, 이는 스마트폰에서 실행되는 프로그램이다. 즉, 소프트웨어는 프로그래밍 언어의 도구에 불과하며 원하는 작업을 처리하는 것을 목적으로 구현되고 개발된다.

2 소프트웨어 융합 분야

소프트웨어는 과학 · 공학 분야 외에도 예술, 의학, 패션, 무인 자동차와 같은 기계 공학 등에도 많이 연결되어 있다. 그 예로 영화와 애니메이션에서도 소프트웨어가 사용되며, 의학에서는 스마트 렌즈, 헬스 캐어, 수술 로봇 등에서 사용된다. 또한, 패션에서는 웨어러블 기기, 의복 등에서 소프트웨어가 활용되고 있다. 그 외에도 System SW 및 Middleware 기반에서의 응용 소프트웨어로는 영상 처리, CG/VR(computer graphics/virtual reality) 자연어 처리, 음성 처리, 콘텐츠 배포, 기업용 SW 등이 있다.

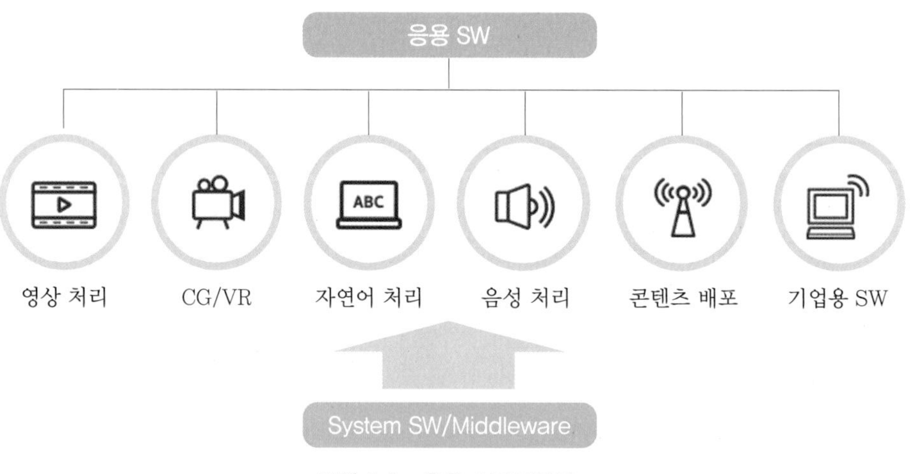

그림 4-2 응용 소프트웨어

4-2 프로그래밍의 개념과 이해

1 프로그램(program)

프로그램이란 컴퓨터 하드웨어가 수행할 일련의 작업을 기술하고 있는 명령어의 모임이라고 할 수 있다. 여기서 명령어란 컴퓨터가 처리할 수 있는 기본적 연산을 나타내는 기계 수준의 명령어들이다. 그 예로 프로그램 흐름 제어, 자료의 이동, 논리 산술 연산, 입출력 등의 명령 및 CPU가 처리할 수 있는 2진 코드 등이 명령어에 속한다.

프로그래밍(programming)은 프로그램을 작성하는 일 또는 그 과정을 의미한다. 프로그래밍 언어에는 크게 저급 언어와 고급 언어로 나눌 수 있으며 저급 언어에는 기계어, 어셈블리어 등이 있다. 고급 언어에는 C언어, C++, Java, Python 등의 언어가 있다. 우리가 사용할 언어는 Python 언어이기 때문에 고급 언어에 속한다.

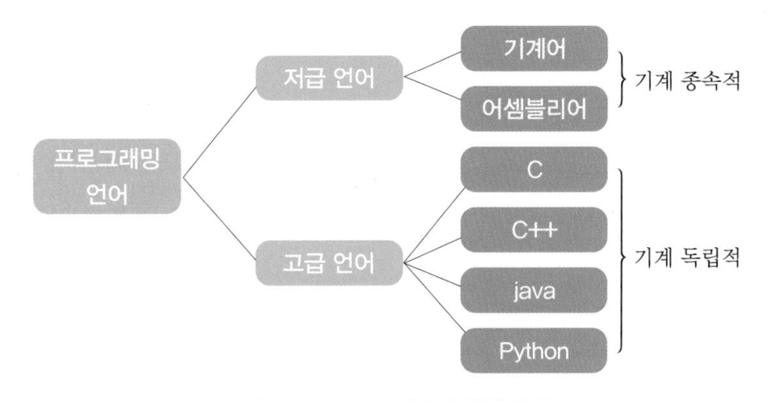

그림 4-3 프로그래밍 언어의 구성

(1) 저급 언어

저급 언어는 기계 종속적(machine-dependent) 언어라고 하며, 기계어(machine language)와 어셈블리어(assembly language)가 있다. 기계어는 아래와 같은 특징을 가지고 있다.

① '0'과 '1'로 구성(2진수)된 CPU 명령어로 구성되어 있다.

② 컴퓨터의 CPU는 본질적으로 기계어만 처리 가능하다.

③ 2진수로 표현되므로 사람이 사용하기에 매우 불편하고 실수가 발생하기 쉽다.

어셈블리어는 아래와 같은 특징을 가지고 있다.

① 기계의 명령을 ADD, SUB, MOVE 등과 같은 상징적인 니모닉 기호(mnemonic symbol)로 일대일로 대응시킨 언어이다.

② 어셈블러는 어셈블리어 프로그램을 기계어 코드로 변환한 형태이다.

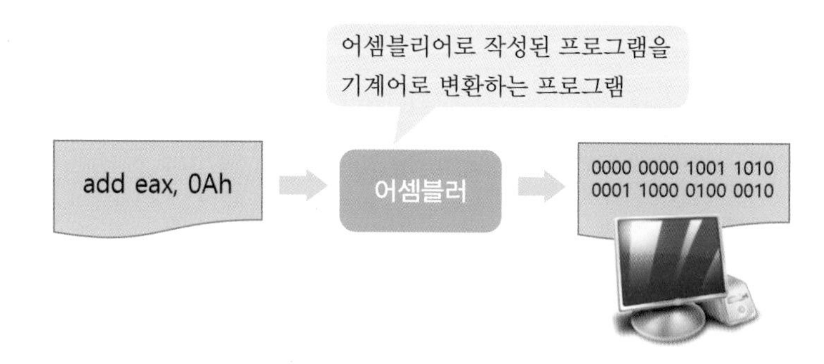

그림 4-4 어셈블러의 사용

저급 언어의 기계 종속어는 다음과 같은 특징이 있다.

① 기계어, 어셈블리어가 이에 속한다.

② CPU가 어떻게 동작하는지를 잘 이해해야 프로그램을 작성할 수 있다.

③ CPU의 종류가 달라지면 프로그램을 다시 작성해야 한다.

(2) 고급 언어

고급 언어는 사람이 이해하기 쉽고 복잡한 작업, 자료 구조, 알고리즘을 표현하기 위해 고안된 언어이다. 그리고 컴파일러는 고급 언어로 작성된 프로그램을 기계어 코드로 변환하는 역할을 한다. 즉, 컴파일러를 사용하여 개발자가 개발한 코드를 기계가 알 수 있는 언어로 바꾸어 준다.

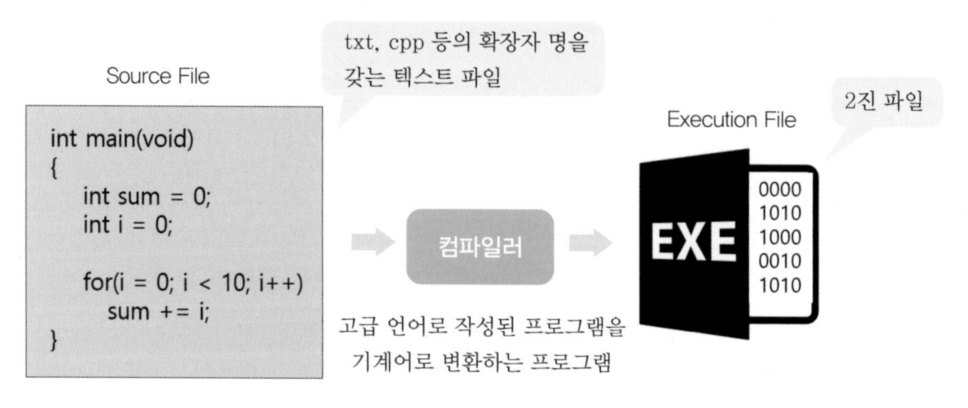

그림 4-5 컴파일러의 사용

고급 언어는 기계 독립적(machine-independent) 언어들을 말하며, CPU의 종류나 하드웨어의 특성에 얽매이지 않고 프로그램을 작성할 수 있다. 이런 고급 언어는 기계어로 변환하기 위해 컴파일러 또는 인터프리터를 사용하여 기계가 알 수 있는 형태로 변환하게 된다.

프로그래밍 언어는 우리가 작성한 소스 코드(source code)를 컴퓨터가 이해할 수 있는 기계어로 번역되는 과정을 수행하게 된다. 이 과정은 프로그래밍 언어에 따라 컴파일러(compiler) 과정을 수행하는 언어와 인터프리터(interpreter) 과정을 수행하는 언어로 나눌 수 있다. 컴파일러는 실행 이전에 전체 코드를 한 번에 기계어로 번역하는 과정을 수행한다. 그 결과 오프젝트 파일을 생성하게 된다.

컴파일러의 특징으로는 실행 전에 컴파일러에 의해 생성된 오브젝트 파일을 이용해서 프로그램을 실행하기 때문에 실행 속도가 빠른 장점을 가지고 있다. 그러나 에러(error)가 한 곳이라고 있으면 컴파일에 실패하여 프로그램을 실행시킬 수 없다. 반면에 인터프리터는 실행 이후에 한 줄씩 번역되기 때문에 오브젝트 파일을 생성하지 않는다.

인터프리터의 특징으로는 실행할 때마다 한 줄씩 번역을 진행하기 때문에 컴파일러 언어에 비해 실행 속도가 느리다. 하지만 프로그램 어딘가에 에러가 있더라도 실행이 가능하다. 그래서 한 줄씩 코드가 명령하는 바를 수행하다가 에러를 만나면 멈추게 된다.

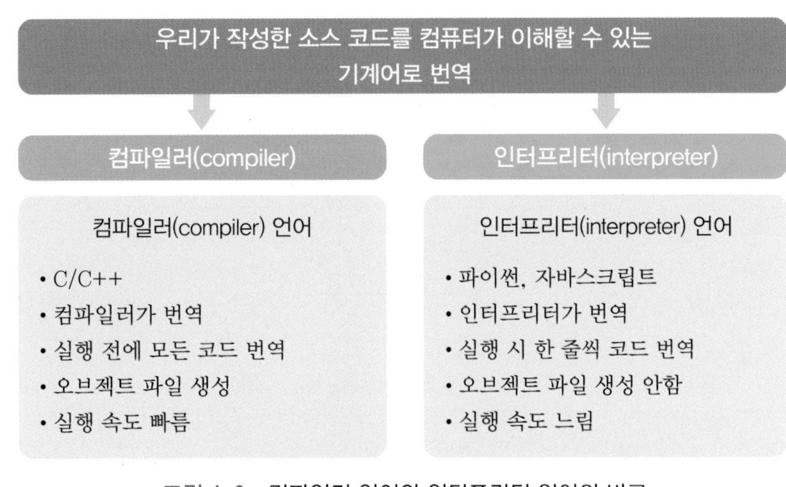

그림 4-6 컴파일러 언어와 인터프리터 언어의 비교

2 일반 프로그램 vs. 인공 지능 프로그램

일반적인 프로그램과 인공 지능 프로그램은 구조가 많이 다르다. 여기서 일반적인 프로그램이란 소프트웨어에서 명시적으로 프로그램밍되어 있는 내용 또는 규칙에 의해 적용된 프로그램을 의미한다.

그림 4-7에서 보는 것과 같이, 일반적인 프로그램은 입력 데이터에 대해 개발자가 만든 프로그램을 거쳐서 출력 결과물을 만들어 낸다. 하지만 인공 지능 프로그램은 기본적으로 학습 데이터가 필요하다. 그리고 학습 데이터는 2가지 종류로 나누어 학습에 활용된다. 즉, 학습에 활용되는 데이터는 training data set와 test set로 나누어 사용된다. 본 데이터는 70:30으로 나누어 사용되며 training data set는 학습 과정에서 training data set와 validation data set로 나누어 학습을 진행하게 된다. validation data set는 학습되는 과정에 생성되는 모델을 검증하거나 모델을 튜닝할 때 검사하는 용도로 사용된다. 이 데이터 세트를 나누는 비율은 7:3 정도이다. test data set는 학습 종료 후 생성된 모델을 검사하는 용도로 사용된다. 즉, training data set는 학습 모델이 공부를 할 수 있는 교과서와 같은 느낌으로 이해하면 될 것이고 validation data set는 모의고사 느낌으로 생각하면 된다. 그리고 test data set는 수능 시험 느낌으로 생각하면 이해하기가 쉬울 것이다.

이처럼 인공 지능 프로그램은 학습 데이터가 필요하며 이 데이터를 활용하여 학습 모델을 생성하게 된다. 그리고 이렇게 생성된 모델을 기반으로 실제 데이터가 모델에 입력되어 들어오면 학습된 모델에서 결과를 도출하게 된다.

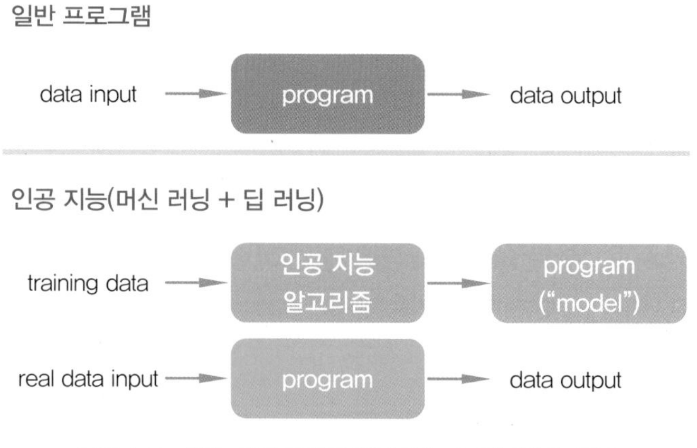

그림 4-7 일반 프로그램과 인공 지능 프로그램의 비교

4-3 머신 러닝(machine learning)과 딥 러닝(deep learning)

1 머신 러닝(machine learning)의 이해

머신 러닝은 소프트웨어에서 명시된 프로그램이나 규칙 없이 작업을 수행할 수 있는 기능을 가지고 있다. 즉, 경험적 데이터를 통해 학습하고 시간이 지남에 따라 의사 결정 또는 예측 성능을 향상시키는 소프트웨어 알고리즘에 중점을 두고 있다. 기계 학습의 핵심은 표현(representation)과 일반화(generalization)에 있다. 표현이란 데이터의 평가이며, 일반화란 아직 알 수 없는 데이터에 대한 처리이다. 머신 러닝의 작동은 수집된 데이터(예 : 음성, 이미지, 텍스트, 센서 데이터 등) 속에서 패턴을 찾아내도록 학습된 알고리즘 모델을 토대로 구동된다. 연관성이 있는 다양하고 풍부한 학습 데이터와 컴퓨터의 성능이 정확도가 높은 모델을 만들기 때문에 데이터의 스토리지와 고성능 컴퓨팅이 뛰어나고 비용 측면에서 우수한 효율을 자랑하는 클라우드가 머신 러닝에 가장 적합한 플랫폼이라고 할 수 있다.

머신 러닝 플랫폼을 몇 가지 소개하면 래피드마이너(RapidMiner), 데이터이쿠 DSS(Dataiku DSS), 크라켄(Kraken), 얼터릭스(Alteryx Intelligence Suite), 매트랩(MatLab), 사스(SAS), 마이크로소프트(MS) 애저 머신 러닝 스튜디오(Azure ML Studio), IBM 왓슨 스튜디오(IBM Watson Studio), 구글 클라우드 AI(Google Cloud AI), 아마존웹서비스(Amazon Web Service, AWS) 등이 있다.

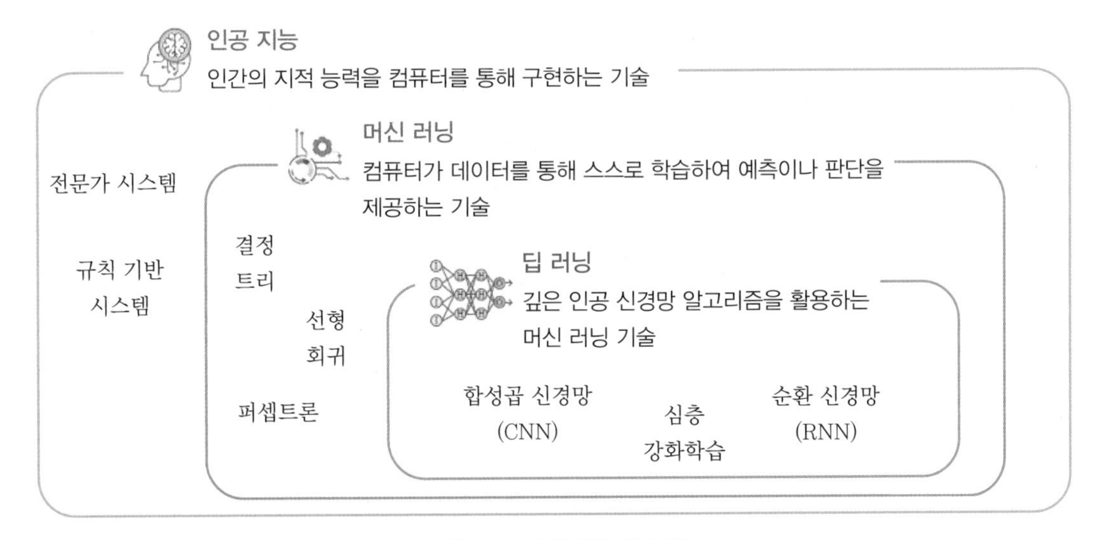

그림 4-8 인공 지능의 분류

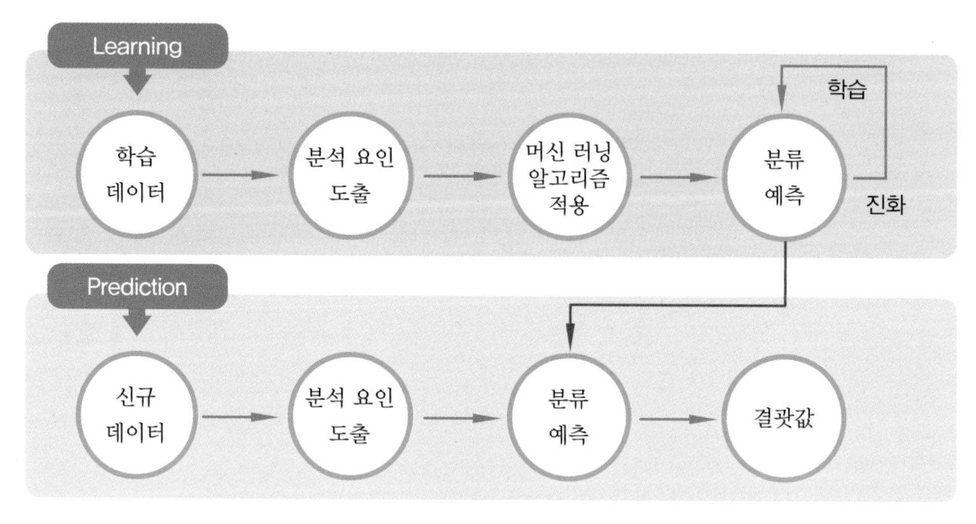

그림 4-9 머신 러닝 개념

MS 애저 ML 스튜디오는 초보자와 데이터 전문가 모두를 지원한다. 사전 훈련된 모델을 드래그 앤 드롭 디자이너로 초보자도 간편히 사용할 수 있으며, 자동화된 머신 러닝을 제공해 규모에 맞는 모델을 구축하는 것이 큰 강점이다.

워크플로를 관리하기 위한 MLOps 지원도 제공한다. 또 멀티 클라우드 환경 전반에서 쿠버네티스(Kubernetes) 클러스터를 사용해 하이브리드 인프라에서 모델을 교육할 수 있다. 파이토치(PyTorch)나 텐서플로(TensorFlow)를 포함한 오픈 소스 툴과 프레임워크를 지원하는 것도 장점 중 하나다.

IBM 왓슨 머신 러닝은 데이터 과학자와 개발자가 IBM 클라우드에서뿐만 아니라 다른 클라우드 서비스에도 ML을 포함한 AI 모델을 규모에 맞게 배치할 수 있도록 설계되었다. 풍부한 기능 세트를 통해 지속적인 학습이 가능한 모델을 재교육하고, AP 기반 애플리케이션 구축을 위한 API를 자동으로 생성시킨다. 원클릭으로 머신 러닝을 구축하고 딥 러닝 기반 의사 결정에 최적화된 모델을 지원한다. 하이브리드나 멀티클라우드 환경에서 모델 구현이 가능하며, 텐서플로, 파이토치, 케라스를 비롯해 널리 사용되는 프레임워크를 지원한다. 뿐만 아니라 독자적 NLC(Natural Language Classifier, 자연어 분류) 기술로 텍스트를 분석한다. 구글은 이미 AI와 머신 러닝을 활용해 독자적인 머신 러닝 인프라를 활용하고 구축하는 것으로 잘 알려져 있다. 거대 기업을 대상으로 AI, AutoML, MLOps 플랫폼을 통합하는 것이 주요 특징이다.

인기 오픈 소스 딥 러닝 프레임워크인 텐서플로를 만든 구글의 AI 플랫폼은 모든 기술 세트가 구축하기 쉽도록 액세스하는 것을 목표로 한다. 구축 후에는 MLOps를 통해 ML 워크플로를 간소화하고 확장할 수 있다.

드래그 앤 드롭 기능으로 인터페이스 사용이 편리하며, 텐서플로를 이용해 사용자 요구에 따라 확장 가능한 ML 모델 구축이 가능하다. 또 AutoML을 사용하면 사용자 경험에 따라 맞춤형 ML 모델을 구축하고 교육할 수 있다. 단, 하이브리드 클라우드 모델에 대한 지원이 부족하고, 한 번에 최대 25개 모델까지만 실행할 수 있다는 것이 단점이다.

세이지메이커(Sage Maker) 제품군은 AWS 머신 러닝 제품 생태계의 핵심이다. 초보자부터 데이터 과학자에 이르기까지 모든 사람이 사용할 수 있으며, 한 번의 클릭 프로세스와 사전 설정을 통해 ML 모델을 쉽게 지정할 수 있도록 지원한다. 또 여러 서버에 걸쳐 대규모 데이터셋을 관리한다. 뿐만 아니라 모델을 시각화하고, 재현하기 위해 원클릭 노트북을 통해 심층 협업을 생성할 수 있다. 그러나 세이지메이커는 수요가 늘어날수록 가격이 빠르게 오른다는 단점이 있다.

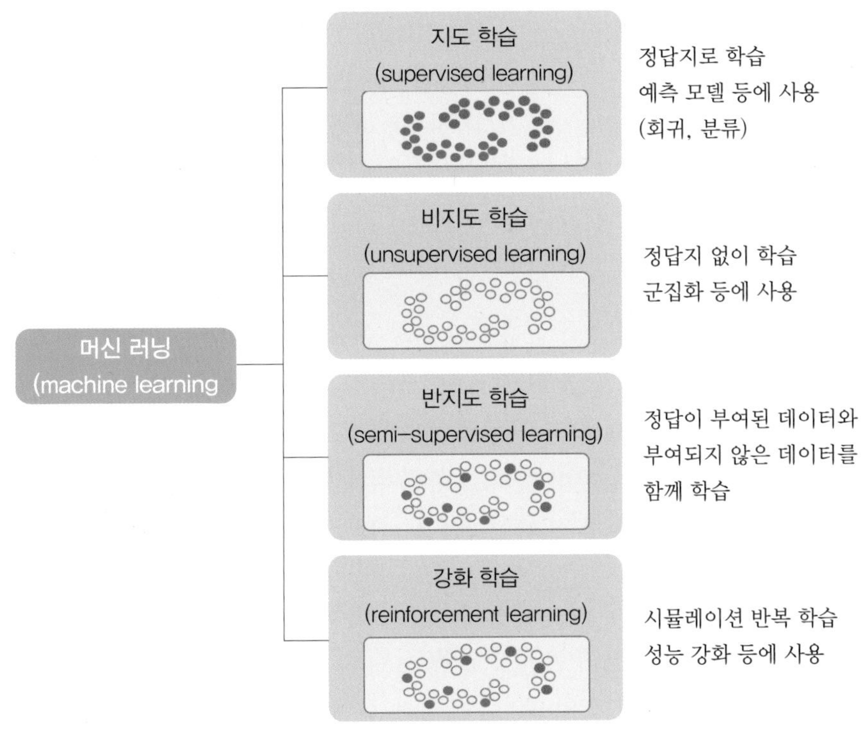

그림 4-10 머신 러닝의 유형

AWS 사용자는 이 플랫폼을 무료 체험판의 일부로 사용할 수 있지만 유료 버전에 비해 제한된 모델을 제시해 '학습용'이라는 평가를 받는다. 머신 러닝의 유형에는 신경망, 딥 러닝, 지도 학습, 비지도 학습, 강화 학습 등이 있다.

(1) 신경망(neural network)

사람의 뇌에서 뉴런이 작동하는 방식과 유사한 머신 러닝 유형이다. 병렬로 작동하는 여러 계층의 노드(또는 뉴런)를 사용하여 일을 배우고 패턴을 인식하며 사람과 유사한 방식으로 의사 결정을 내리는 컴퓨터 프로그램이다.

(2) 딥 러닝(deep learning)

여러 층의 뉴런과 방대한 양의 데이터를 포함하는 '심층적인' 신경망이다. 이 고급 유형의 머신 러닝은 복잡하고 비선형적인 문제를 해결할 수 있으며 자연어 처리, 서비스, 자율 주행 자동차 등에서 혁신적인 AI를 담당한다.

(3) 지도 학습(supervised learning)

① **지도 학습 알고리즘** : 올바른 정답이 포함된 데이터를 사용하여 학습이 수행된다. 데이터를 정답에 매핑하는 모델을 개발한 후 향후 처리를 위해 이러한 모델을 활용한다. 즉, Labeling된 데이터에 정답을 함께 매핑하여 학습을 진행하여 학습된 모델을 생성한다. 따라서, 알고리즘은 실제 출력값과 모델을 통해 예측한 출력값을 서로 비교하면서 알고리즘 학습이 이루어진다.

② **지도 학습의 종류** : 분류(classification) 분석과 회귀(regression) 분석 등이 있다. 분류는 주어진 데이터를 정해진 클래스(라벨)에 따라 분류하는 문제를 말한다. 분류는 맞다, 아니다 등의 이진 분류 문제 또는 승용차, 버스, 사람 등의 2가지 이상을 분류하는 다중 분류 문제가 있다. 회귀는 어떤 데이터들의 특징점(feature)을 기준으로, 연속된 값(그래프)을 예측하는 문제로 주로 어떤 패턴이나 트렌드, 경향을 예측할 때 사용된다. 즉, 답이 분류처럼 true, false로 결정되는 것이 아니고 어떤 수나 실수로 예측될 수 있다. 따라서 선형 회귀, 비선형 회귀 등의 알고리즘을 이용하여 분석하게 된다.

(4) 비지도 학습(unsupervised learning)

올바른 정답이 주어지지 않은 상태로 데이터를 학습한다. 이 알고리즘에는 "정답"이 없기 때문에 알고리즘을 통해 현재 무엇이 출력되고 있는지 알 수 있어야 하며 가시화할 수 있는 프로그램과 함께 사용하면 보다 더 정확한 학습 모델을 만들 수 있다. 따라서 비지도 학습은 데이터를 탐색하여 내부 구조를 파악하는 것이 목적이다.

(5) 반지도 학습(semi-supervised learning)

정답 데이터를 수집하는 'data labeling' 작업에 소요되는 많은 자원과 비용 때문에 등장하게 되었다. 그래서 반지도 학습은 Labeling된 데이터와 Labeling되지 않은 데이터가 모두 사용되는 학습 방법이다. 한쪽의 데이터에 있는 추가 정보를 활용해 다른 데이터 학습에서의 성능을 높이는 것을 목표로 하고 있다. 분류 분야를 보면, 기존 지도 학습 데이터에 Labeling되지 않은 데이터 정보를 추가로 사용해 성능을 향상시키고, 클러스터링(clustering) 분야에서는 새로운 데이터를 어느 클러스터에 넣을지 결정함에 있어 도움을 받을 수 있다.

(6) 강화 학습(reinforcement learning)

아직까지 다양한 곳에서 많이 활용되고 있지는 않지만 로봇, 게임, 내비게이션에는 많이 활용되고 있다. 강화 학습 알고리즘은 시행착오를 거쳐 보상을 극대화할 수 있는 행동을 찾아낸다. 이러한 유형의 학습은 기본적으로 에이전트(학습자 또는 의사 결정권자), 환경(에이전트가 상호작용하는 모든 대상), 동작(에이전트 활동)이라는 세 가지 요소로 구성된다. 이 알고리즘의 목적은 에이전트가 일정한 시간 내에 예상되는 보상을 극대화할 수 있는 동작을 선택하도록 하는 데 있다. 따라서 강화 학습의 목표는 최선의 정책을 학습하는 것이라고 할 수 있다.

(7) 머신 러닝 시스템 기준 배치 학습(batch learning)과 온라인 학습(online learning)

① 배치 학습 : 시스템이 점진적으로 학습할 수가 없다. 따라서 가용한 데이터를 모두 사용해 훈련시켜야 한다. 이러한 방식은 시간과 자원이 많이 소모되며 일반적으로 오프라인에서 가동된다. 즉, 오프라인으로 가지고 있는 학습 데이터를 먼저 시스템에서 훈련시키고 제품에 적용되면 더 이상 학습 없이 실행하게 된다. 이런 방법으로 학습시키는 방법이 오프라인 학습(offline learning)이다. 배치 학습 시스템이 새로운 데이터에 대해 학습하려면 전체 데이터를 사용하여 시스템의 새로운 버전을 처음부터 다시 훈련시켜야 한다. 이후 이전 학습 모델을 중지시키고 새로운 학습 모델을 교체하여 사용한다. 이러한 방식의 단점은 간단하여 학습을 쉽게 시킬 수 있지만 전체 데이터 세트를 사용하여 훈련을 진행해야 하기 때문에 시간적 소비가 많고 시스템 자원을 많이 소모하게 된

다. 또한, 자원이 제한된 시스템이 스스로 학습해야 할 때 많은 양의 훈련 데이터를 나르고 학습을 위해 자원을 사용하는 경우 문제를 발생시킬 수 있다.

② 온라인 학습 : 데이터를 순차적으로 한 개씩 또는 미니배치(mini-batch)라 부르는 작은 묶음 단위로 주입하여 시스템을 훈련시킨다. 이 학습 방법은 매 학습 단계가 빠르고 비용이 적게 들어 시스템은 데이터가 도착하는 대로 즉시 학습할 수 있다. 온라인 학습은 연속적으로 데이터를 받고 빠른 변화에 스스로 적응해야 하는 시스템에 적합하고 컴퓨팅 자원이 제한된 경우에도 적합하다. 온라인 학습 시스템에서 중요한 파라미터는 데이터에 얼마나 빠르게 적응할 것인지이다. 이를 학습률(learning rate)이라고 한다. 이 학습률을 높게 하면 시스템이 데이터에 빠르게 수렴하지만 이전 데이터를 금방 잊어버리게 된다. 반대로 학습률이 낮으면 시스템의 관성이 더 커져서 더 느리게 학습된다. 하지만 새로운 데이터에 있는 잡음이나 특징점이 없는 데이터 포인트에 덜 민감해진다. 온라인 학습의 가장 큰 문제점은 시스템에 정제되지 않은 데이터가 주입되었을 때 시스템 성능이 점진적으로 감소할 수 있다는 것이다. 이러한 위험을 줄이기 위해서는 시스템을 면밀히 모니터링하고 성능 감소가 감지되면 즉각적으로 학습을 중지시키는 대처가 필요하다.

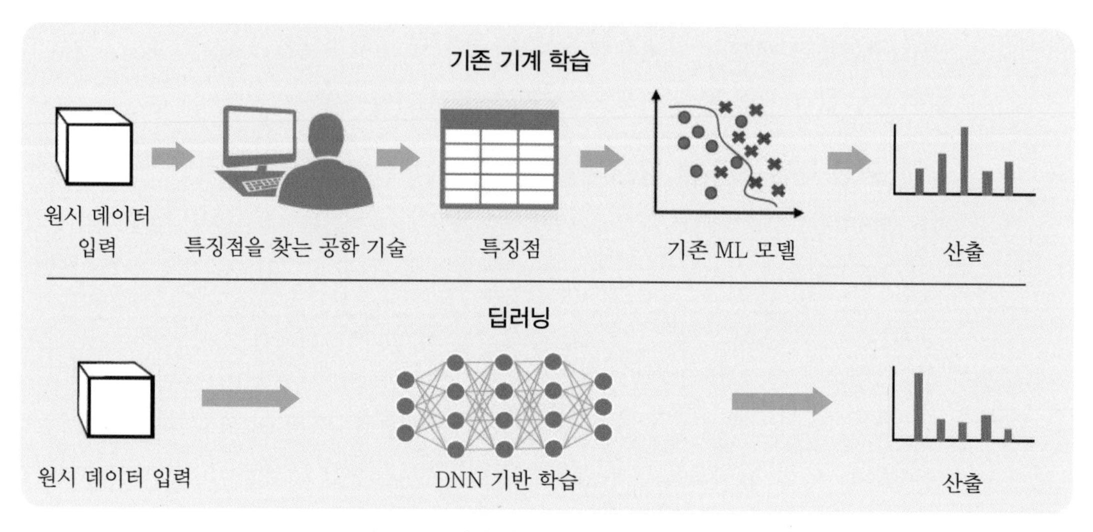

그림 4-11 머신 러닝과 딥 러닝의 차이 비교

머신 러닝은 어떤 데이터를 분류하거나, 값을 예측(회귀), 분류, 분석하는 것이다. 이렇게 데이터의 값을 정확하게 예측하기 위한 데이터의 특징들을 머신 러닝 및 딥 러닝에서는 특징점(feature)이라고 부르며, 지도, 비지도, 강화 학습 모두 적절한 특징점을 잘 정의하는 것이 핵심이다. 과거 머신 러닝에서는 raw 데이터를 특징점 추출을 전문가가가 직접 찾기 위해 커널(kernel)들을 만들고, 머신 러닝 모델의 아웃풋을 만들었는데, 딥 러닝 이후로 raw 데이터를 딥 러닝 모델에 넣어주면 커널들이 알아서 특징점을 찾아내고 예측 결과를 결정하는 방식으로 발전하게 되었다. 추가로 머신 러닝에서 특징점을 알아서 찾아준다고 하여도 데이터 정제 작업, 전처리 작업 등이 선행되어야 성능이 높은 예측, 분석 모델을 만들 수 있다.

표 4-1 주요 산업 분야에서의 머신 러닝 적용 사례

머신 러닝 적용 분야	특징 및 내용
제조	제조 업체는 공장 내의 자동화 플랫폼에 장착된 센서 및 산업용 사물 인터넷(IIoT, industrial internet of things)에서 대량의 데이터가 수집되기 때문에 머신 러닝 알고리즘에 사용되는 데이터 확보에 유리하다. 시각 지능과 이상 감지 알고리즘 등을 활용하여 제품의 품질을 관리하는 데 활용된다. 사전 예방 유지 보수 및 수요 예측부터 새로운 서비스 제공까지 다양한 곳에 머신 러닝 알고리즘이 활용된다.
재무	대량의 데이터와 이력 레코드가 제공되는 금융 산업은 머신 러닝 알고리즘을 적용하기에 적합한 산업이다. 주식 거래 예측, 대출 평가, 사기 감지, 위험 평가 및 보험 인수 등에 머신 러닝 알고리즘이 활용된다. 고객에 대한 자문과 사용자 맞춤형 서비스를 위한 포트폴 리오 조정 및 관리에 활용된다.
의료	머신 러닝 알고리즘은 의료 종사자들보다 더 많은 데이터를 학습하고 처리하기 때문에 더 많은 질병 패턴을 발견할 수 있다. IoT 기술을 활용해 환자의 건강 상태를 실시간으로 파악할 수 있는 웨어러블 장치와 다양한 센서 덕분에 의료 산업에서는 머신 러닝이 빠르게 성장할 것으로 예측된다.
마케팅 및 영업	구매자가 좋아할 만한 상품을 추천하는 웹사이트 및 광고 등에서 머신 러닝 기법이 활용되고 있다. 과거 구매자의 검색 목록 및 구매 기록을 분석하여 상품을 추천하고 홍보에 사용된다. 데이터의 포착과 활용을 통해서 쇼핑 경험을 개별화(또는 마케팅 캠페인 실행)하는 추세가 마케팅 산업에 적용되고 있다.
정부	공공의 안전을 담당하는 정부 부처와 공공 서비스를 제공하는 기관에서는 다양하고 방대한 데이터를 가지고 있기 때문에 머신 러닝으로 인사이트를 획득할 수 있는 기회가 많으며 분석 결과를 국민들에게 제공하고 있다. 센서 데이터를 분석하여 효율성을 높이고 비용을 절감할 수 있는 방법을 찾아낸다. 머신 러닝을 이용하여 금융 사기를 감지하고 개인 정보 도용을 최소화하고 있다.
운송	수익성을 높이기 위해 이동 경로를 효율적으로 설계 배치하고 차량 운행에 대한 잠재적인 문제를 예측해야 하는 운송 업계에서는 데이터를 분석하여 패턴과 트렌드를 찾아내는 기술이 핵심 기술로 대두되고 있다. 배달 및 택배 업체, 대중 교통 서비스 및 기타 운송 기업은 머신 러닝의 데이터 분석과 모델링 기술을 중요한 분석 솔루션으로 사용하고 있다.

머신 러닝은 표 4-1에서 보는 것과 같이, 일상생활 속에서 쉽게 찾아 볼 수 있다. 아주 간단한 예로는 검색 필드에 이름, 키워드, 주소를 입력할 때 자동 완성되는 기능 등이 모두 머신 러닝을 활용한 예이다. 머신 러닝이 활용되는 곳을 조금 더 살펴보면, 이미지 분류에는 MRI 검사, 핸드폰에서 찍은 개인 사진, 위성 이미지 등이 있으며 대량의 텍스트 문서나 e-mail에서 키워드 찾기, 사기 가능성이 높은 거래 행위나 스팸 전화 알림 신고, 고객 행동과 검색명을 기준으로 제품을 추천하는 맞춤 설정, 음성 명령에 반응하는 소프트웨어 개발, 농작물 관리에 많이 사용되는 날씨 패턴 분석 또는 다른 기후 조건 예측, 텍스트 언어를 음성으로 변환해주는 기능 등이 모두 머신 러닝을 활용한 예시이다.

2 딥 러닝(deep learning)의 이해

딥 러닝은 머신 러닝 안에 속해 있는 용어이며 deep neural network machine learning의 줄임말이다. 그리고 여기서 neural network machine이 빠져서 흔히들 딥 러닝이라고 부른다. 딥 러닝이란 사람의 뇌신경 구조를 모델링하여 만든 구조로 주어진 데이터를 그대로 입력 데이터로 활용하여 데이터 자체에서 중요한 특징을 기계 스스로 학습하는 과정을 말한다. 즉, neural network를 깊게 쌓아서 만든 머신 러닝 알고리즘이다.

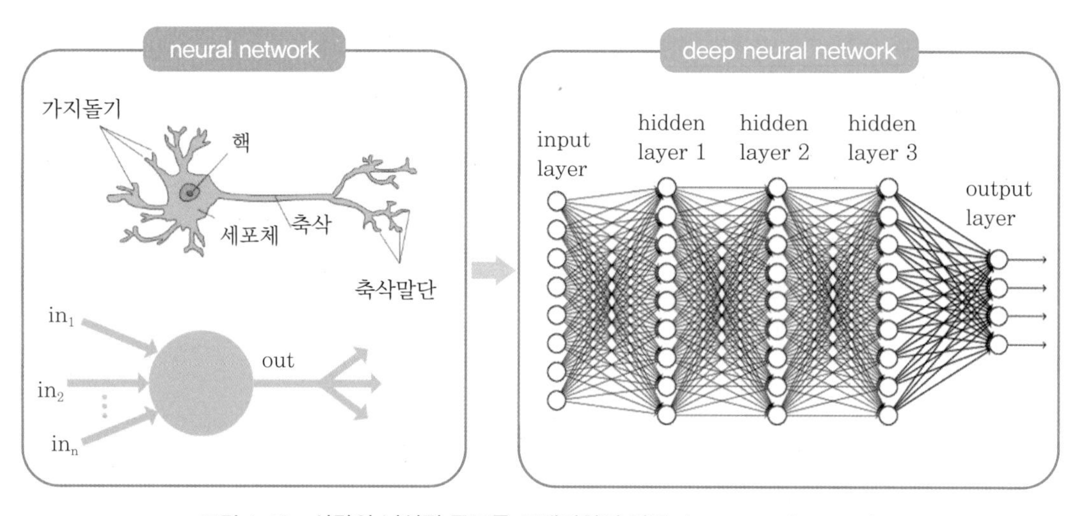

그림 4-12 사람의 뇌신경 구조를 모델링하여 만든 deep neural network

딥 러닝 모델을 구축할 때 자주 사용되는 대표적인 인공 신경망은 아래에 보는 것과 같이, CNN(Convolution Neural Network)과 RNN(Recurrent Neural Network)으로 크게 2가지 구조가 있다.

(1) 합성곱 신경망(CNN : Convolutional Neural Network)

CNN은 이미지 또는 영상을 인식하거나 이미지 내의 사물을 찾고 분류하는 모델을 생성할 때 사용된다. CNN는 크게 2단계를 거쳐서 이미지를 처리하는데, 입력 이미지의 특징점을 추출하는 과정과 특징에 대해 이미지를 분류하는 과정이다. 이미지의 특징점을 추출하는 과정은 이미지의 픽셀값들을 행렬로 변환한 데이터에 필터 또는 커널(kernel)을 곱하면서 이미지 분류에 도움이 될 만한 특징들을 추출하게 된다. 이미지는 수많은 픽셀들로 이루어져 있다. 이미지의 픽셀들을 실수 또는 정수화해서 행렬로 변환한 다음, 필터라는 행렬을 곱해서 해당 이미지의 외곽선 등과 같은 특징들을 하나씩 추출한다. 이것을 합성곱(convolution) 과정이라고 하며 합성곱 층(convolution layer)에서 이루어진다. 일반적으로 합성곱 층(합성곱 연산 + 활성화 함수) 다음에는 풀링층(pooling layer)을 추가하는 것이 일반적이다. 추출한 특징은 풀링(pooling)이라는 과정을 거쳐 합성곱이 이루어진 후 발생한 불필요한 요소를 제거하고 다듬어서 보다 정교한 데이터를 모델에게 제공한다. 풀링 과정의 큰 장점은 입력이 작게 이동해도 근사적으로 불변(invariant)이 되게 하는 데 도움이 된다. 즉, 위치 보존이 필요치 않은 객체 탐지(object detection) 등에 유용하다.

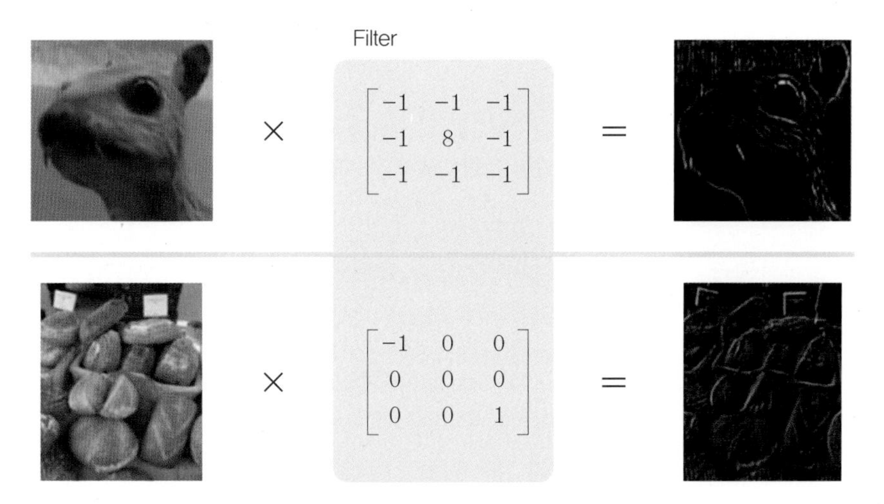

그림 4-13 입력 이미지에 대한 합성곱(convolution) 적용 결과

학습 모델은 합성곱 과정과 풀링 과정을 반복적으로 수행하면서 이미지의 자세한 특징들을 모아 최종적으로 어떤 이미지인지 판단하게 된다. CNN은 이미지 분류 및 이미지 내 객체 탐지, 이미지 객체 추적(object tracking), 얼굴 및 손 모양 인식, 도로 위 사물 인식, 동물 및 사람 인식 등에서 많이 사용되고 있다.

(2) 순환 신경망(RNN : Recurrent Neural Network)

RNN은 오랜 역사를 가지고 있으며 이미 1980 년대에 개발되었다. 존 홉필드(John J. Hopfield)가 1982년에 도입한 Hopfield Network는 반복 연결이 있는 최초의 네트워크 중 하나로 간주될 수 있다. 다음 해에는 완전히 연결된 신경망을 위한 학습 알고리즘이 1989년에 언급되었고, 앨만(Elman) 네트워크가 1990년에 도입되었다. 앨만(Elman) 네트워크는 조단(Jordan)이 사용하는 아키텍처에서 영감을 얻었으므로 종종 Elman 및 Jordan 네트워크로 함께 언급된다. 유르겐 슈미트후버(Schmidhuber)는 1992년에 경사도가 사라지는 현상(Vanishing Gradient)의 문제를 발견하여 1997년에 RNN 내부 Hochreiter(급상승시키는 장치)를 통해 LSTM(Long Short-Term Memory)으로 개선하였다. LSTM은 Vanishing Gradient 문제에 기존 대비 더욱 안정적으로 구성할 수 있었으며 장기적인 종속성을 더 잘 처리할 수 있게 되었다. 또한, BRNN(Bidirectional Recurrent Neural Networks)은 1997년에 더 큰 기여를 했다. 이미지 처리를 위한 계층적 RNN을 제안하였다. 이 RNN은 NAP(Neural Abstraction Pyramid)라고 하며 수직 및 측면 반복 연결을 모두 가지고 있다. 그 후 2014년에 LSTM과 유사한 GRU(Gated Recurrent Neural Networks)가 도입될 때까지 오랫동안 큰 개선이 이루어지지 않았다. RNN은 시퀀스(sequence) 모델로 구성되어 있으며 반복적이고 순차적인 데이터를 활용하여 인식기를 만들 때 많이 등장하고 응용되는 신경망이다. 즉, RNN 모델은 입력과 출력을 시퀀스 단위로 처리하는 네트워크이다. 예를 들어, 번역기를 생각해보면 입력은 번역하고자 하는 문장이고 단어들은 시퀀스 형태로 되어 있다. 출력은 번역된 문장 또한 단어 시퀀스이다. 이러한 시퀀스들을 처리하기 위해 고안된 모델들을 시퀀스 모델이라고 한다. 그 중에서도 RNN은 딥 러닝에 있어 가장 기본적인 시퀀스 모델이다. 구글 번역기, 자연어 처리(NLP : Natural Language Processing), 시계열 형태로 이루어진 센서 데이터 분석기 등이 이에 해당한다. RNN 기반으로 파생된 네트워크들로는 LSTM, GRU 등이 있다. CNN 기반으로 형성된 신경망들은 대부분 은닉층(hidden layer)에서 활성화 함수(activation function)와 연산한 후, 출력층(output layer) 방향으로만 향한다. 이와 같은 신경망들을 피드 포워드 신경망(feed forward neural network)이라고 한다. 하지만, RNN은 은닉층의 노드에서 활성화 함수를 통해 나온 결괏값을 출력층 방향으로도 보내면서, 다시 은닉층 노드의 다음 계산의 입력으로 보내는 특징을 갖고 있다.

tip

- **입력층(input layer)** : 입력 벡터가 자리 잡는 층
- **출력층(output layer)** : 최종 출력값이 자리 잡는 층
- **은닉층(hidden layer)** : 입력층과 출력층 사이에 위치하는 모든 층
- **활성화 함수(activation function)** : 딥 러닝 네트워크에서는 노드에 들어오는 값들에 대해 다음 레이어로 전달하지 않고 주로 비선형 함수를 통과시킨 후 전달되는데, 이때 사용하는 함수를 말한다.

RNN은 앞서 설명한 것처럼 입력된 데이터 리스트를 순차적으로 처리할 수 있는 네트워크이다. 이것이 정확히 의미하는 바는 **그림 4-14**에 설명되어 있다.

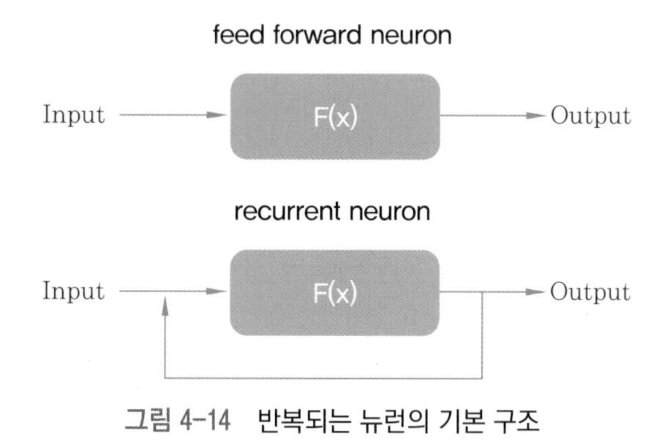

그림 4-14 반복되는 뉴런의 기본 구조

왼쪽에는 고정 크기로 입력된 하나를 고정 크기로 출력 하나로 계산할 수 있는 기본 피드 포워드 네트워크이다. 반복적인 접근 방식을 사용하면 출력에 대한 one to one, one to many, many to one, many to many to many 형태로 입력이 가능하다. one to many 네트워크의 한 가지 예는 문장으로 이미지의 레이블을 지정할 때 사용할 수 있다. many to one 접근 방식은 일련의 이미지(예 : 비디오)를 처리하고 한 문장을 생성할 수 있으며 마지막으로 many to many 접근 방식은 언어 번역에 사용할 수 있다. 또한 many to many 접근 방식의 다른 사용 사례는 비디오 시퀀스의 각 이미지에 레이블을 지정할 때도 사용할 수 있다. recurrent networks의 학습은 대부분 역 전파에 의해 이루어지지만 반복적인 연결을 통해 조정되어야 한다. 네트워크는 하나의 반복 계층과 하나의 피드 포워드 계층으로 구성된다.

네트워크는 각 에포크(epoch)가 펼쳐진 각 계층을 통해 실행되어야한다는 점을 제외하고는 역전파가 있는 피드 포워드 네트워크와 동일한 방식으로 훈련될 수 있다. 이런 반복 네트워크(recurrent network) 알고리즘을 BPTT(Backpropagation Through Time)라고 한다.

tip

- **vanishing gradient problem** : 은닉층이 많은 다층 퍼셉트론에서 은닉층을 많이 거칠수록 전달되는 오차가 크게 줄어 들어 학습이 되지 않는 현상이 발생하는데, 이를 기울기 소멸 문제(vanishing gradient problem)라고 한다.
- **epoch** : 전체 훈련 데이터가 학습에 한 번 사용되는 주기

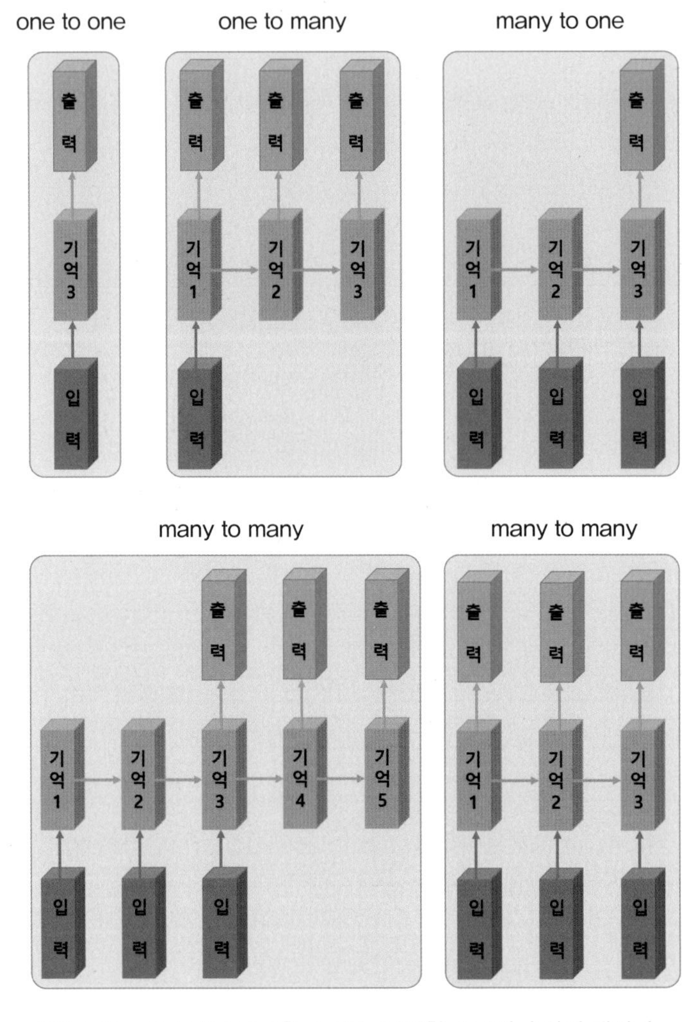

그림 4-15 RNN으로 처리할 수 있는 다양한 종류의 순차적 데이터

딥 러닝 모델을 구성하고 학습하는 과정에서 개발자는 다양한 매개변수(parameter)들을 수정하고 재학습하는 과정을 거치면서 인식 및 분류 성능이 높은 모델을 만들게 된다. 이런 과정을 거치는 것을 미세 조정(fine tuning)이라고 한다. 즉, 미세 조정(fine tuning)은 기존에 학습되어져 있는 모델(backbone network)을 기반으로 아키텍처를 새로운 목적에 맞게 변형하고 이미 학습된 모델 가중치(weights)로부터 학습을 업데이트하는 방법을 말한다. 학습 모델을 만들고 학습하는 과정에서 사용되는 파라미터와 레이어들을 살펴보면 다음과 같다.

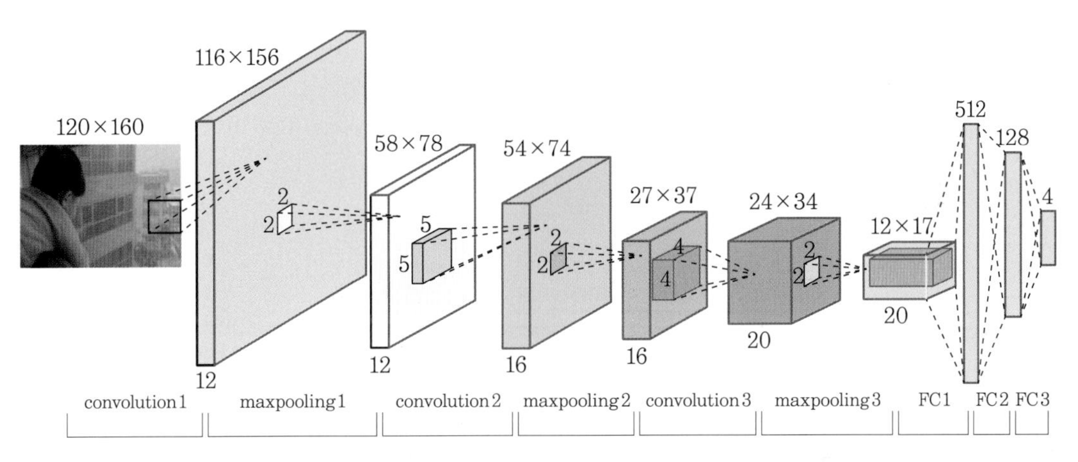

그림 4-16 CNN 기본 구성 및 모델 예시

(3) 채널(channel)

이미지의 경우 픽셀 하나하나가 정수값으로 구성되어 있다. 컬러 이미지는 각각의 색을 표현하기 위해서 각 픽셀이 RGB 3개(Red channel, Green channel, Blue channel)의 정수로 구성된 3차원 데이터이다. 즉, 컬러 이미지는 2차원 데이터로 3개의 채널로 구성되어 있고, 흑백 명암만을 표현하는 흑백 이미지는 2차원 데이터로 1개의 채널로 구성되어 있다. 예를 들어, 높이(height)가 120 픽셀(pixel)이고 폭(width)이 160 픽셀(pixel)인 컬러 이미지를 파이썬으로 데이터의 shape을 확인해 보면 (120, 160, 3)으로 표현된다. 반면에 높이(height)가 120 픽셀(pixel)이고 폭(width)이 160 픽셀(pixel)인 흑백 이미지를 파이썬으로 데이터의 형태(shape)를 확인해 보면 (120, 160, 1)으로 표현된다. 합성곱에 대한 층(convolution layer)에 입력되는 데이터에는 한 개 이상의 필터가 적용된다. 1개 이상의 필터는 특징을 갖는 맵(feature map)의 채널이 된다. 합성곱에 대한 층에 n개의 필터가 적용된다면 출력 데이터는 n개의 채널을 갖게 된다.

(4) 필터(filter)와 스트라이드(stride)

필터는 이미지의 특징을 찾아내기 위한 공용 파라미터이다. 필터를 커널(kernel)이라고 부르기도 하며 CNN에서 필터와 커널은 같은 의미로 사용된다. 필터는 일반적으로 (5, 5) 또는 (3, 3)과 같은 정사각 행렬로 정의된다. CNN에서 학습의 대상은 필터 파라미터(filter parameter)이다. 그림 4-17에서 보는 것과 같이, 입력 데이터를 지정된 간격으로 순회하며 채널별로 합성곱을 하고 모든 채널(컬러의 경우 3개)의 합성곱의 합을 피처 맵(feature map)로 만든다. 필터는 지정된 간격으로 이동하면서 전체 입력 데이터와 합성곱을 수행하면서 피처 맵을 만든다. 그림 4-17은 채널이 1개인 입력 데이터를 (3, 3) 크기의 필터로 합성곱 과정을 수행하는 과정이다. 필터는 입력 데이터를 지정한 간격으로 순회하면서 합성곱을 계산한다. 여기서 지정된 간격으로 필터를 순회하는 간격을 스트라이드라고 한다.

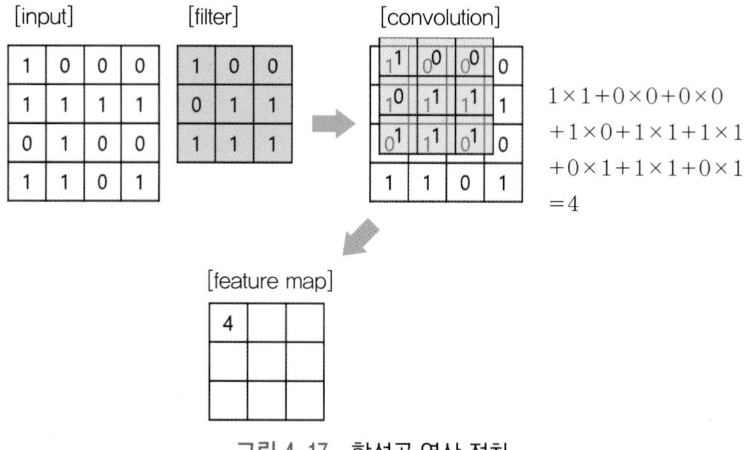

그림 4-17 합성곱 연산 절차

그림 4-18는 스트라이드가 1로 필터를 입력 데이터에 순회하는 예제이다. 스트라이드를 2로 설정하면 필터는 2칸씩 이동하면서 합성곱을 계산하게 된다. 입력 데이터가 여러 채널을 갖는 경우 그림 4-19에서 보는 것과 같이, 필터는 각 채널을 순회하며 합성곱을 계산한 후, 채널별 피처 맵을 만든다. 그리고 각 채널의 피처 맵을 합산하여 최종 피처 맵으로 반환한다. 입력 데이터는 채널수와 상관없이 필터별로 1개의 피처 맵이 만들어 진다. 하나의 합성곱에 대한 층(convolution layer)에 크기가 같은 여러 개의 필터를 적용할 수 있다. 이 경우에 피처 맵에는 필터 갯수만큼의 채널이 만들어진다. 입력 데이터에 적용한 필터의 개수는 출력 데이터인 피처 맵의 채널이 된다.

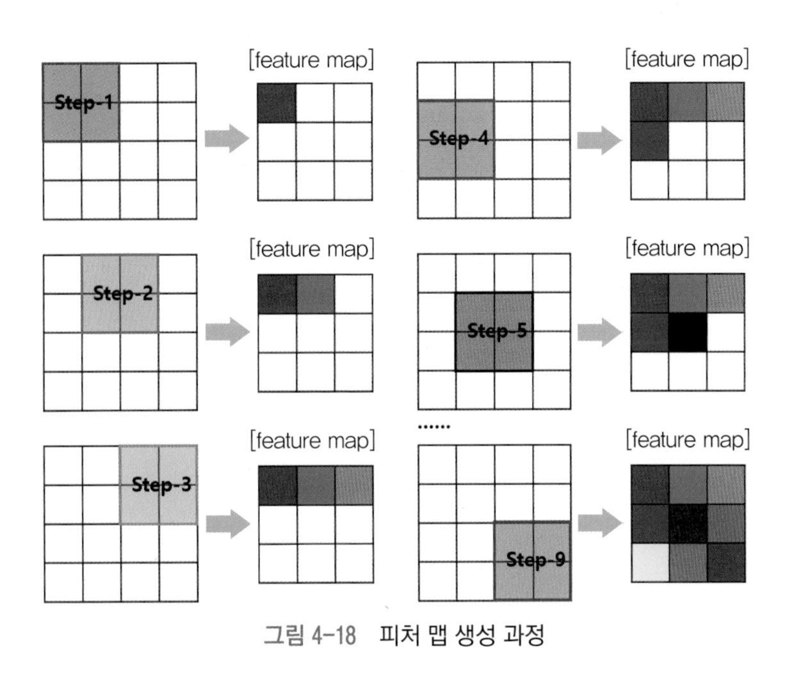

그림 4-18 피처 맵 생성 과정

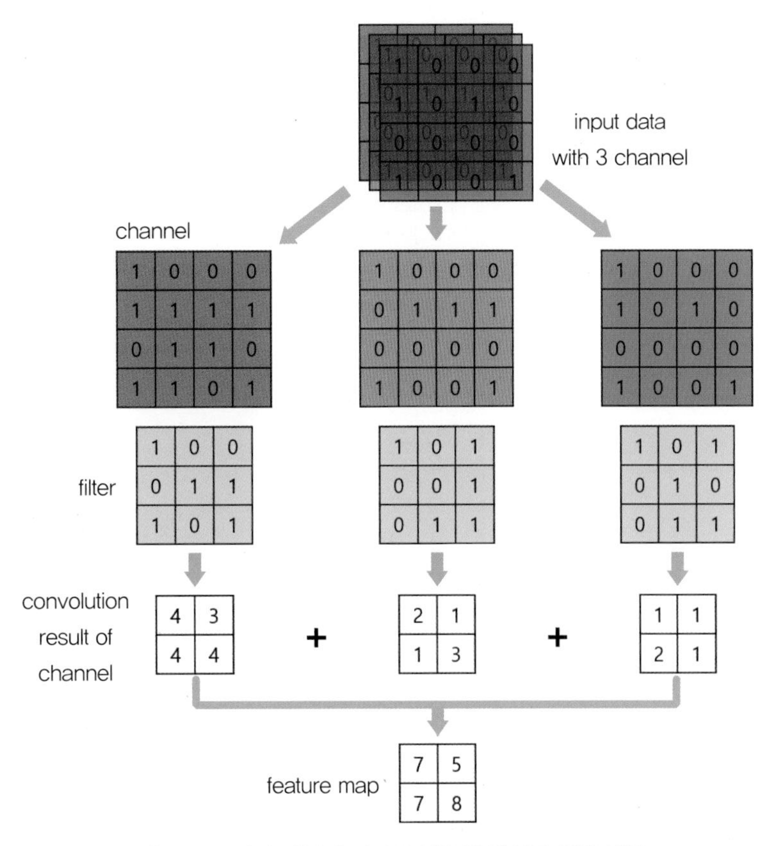

그림 4-19 멀티 채널에 필터를 적용한 합성곱 연산 절차

합성곱에 대한 층의 입력 데이터를 필터가 순회하며 합성곱을 통해서 만든 출력을 피처 맵 또는 액티베이션 맵(activation map)이라고 한다. 피처 맵은 합성곱 계산으로 만들어진 행렬이다. 액티베이션 맵은 피처 맵 행렬에 활성 함수를 적용한 결과이다. 즉, 합성곱(convolution) 레이어의 최종 출력 결과가 액티베이션 맵이다.

(5) 패딩(padding)

합성곱에 대한 층에서 필터와 스트라이드의 적용으로 피처 맵 크기는 입력 데이터의 사이즈보다 작아진다. 합성곱에 대한 층의 출력 데이터의 사이즈가 줄어드는 것을 방지하는 방법이 패딩이다. 패딩은 입력 데이터의 외각에 지정된 픽셀만큼 특정값으로 채워 넣는 것을 의미한다. 보통 패딩값으로 0(zero padding)으로 채워 넣는다. **그림 4-20**은 (32, 32, 3) 데이터를 외각에 2pixel을 추가하여 (36, 36, 3) 행렬을 만드는 예제이다. 패딩을 통해서 합성곱에 대한 층의 출력 데이터의 사이즈를 조절하는 기능 외에 외각을 '0'의 값으로 둘러싸는 특징으로 부터 인공 신경망이 이미지의 외각을 인식하는 학습 효과를 얻을 수 있다. 즉, 이미지의 외각에 존재하는 이미지의 특징점을 잃어버리지 않고 모두 가지고 올 수 있기 때문에 특징점 추출에 유리하다.

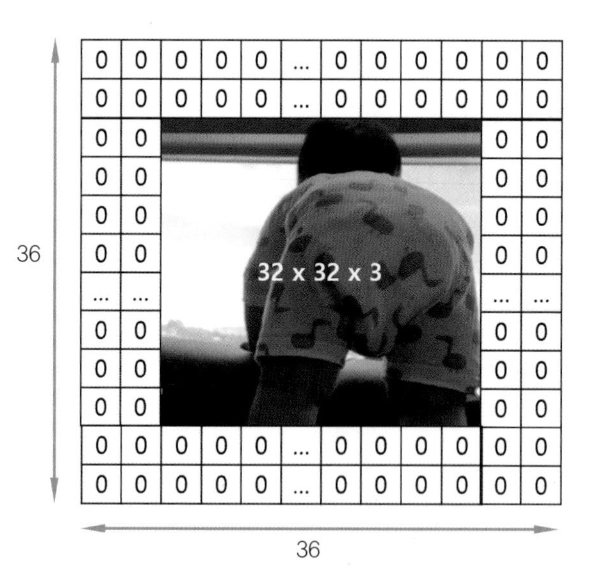

그림 4-20 패딩 사용 예(2pixel 추가)

(6) 풀링 계층(pooling layer)

풀링 계층은 이미지의 크기를 줄이면서 데이터의 손실을 막기 위해 합성곱 계층에서 스트라이드 값을 1로 지정하는 대신, 풀링 계층을 사용한다. 또한, 합성곱 계층의 과적합(overfitting)을 막기 위해 풀링 계층을 사용한다. 이미지 학습을 위한 CNN은 완전 연결 계층(fully connected layer)으로만 연결한 MLNN(Multi-Layer Neural Network)보다 성능이 뛰어나서 입력 데이터에 다소 과도하게 맞춰지는 경우가 있다. 즉, 입력 데이터로 학습한 데이터만 정답으로 인식하고 그 데이터를 회전하거나 특정 좌표로 이동한 이미지, 혹은 노이즈가 섞인 이미지이거나 조금 잘린 이미지 데이터에 대해서 융통성을 발휘하지 못한다는 것이다. 이런 과적합을 막기 위해 풀링 계층을 사용하기도 한다. 해당 부분의 최댓값만을 뽑아내는 max pooling과 그 부분의 평균값을 뽑아내는 average pooling 방법이 있다. 풀링 연산은 아래 그림에서 보는 것과 같이, 풀링의 사이즈를 (2, 2)로 선언하고, 스트라이드(stride) 값을 (2)로 설정했을 때, 윈도우 요소들의 값 중 최댓값만 뽑아내는 것이 max pooling 방식이고 그 요소들의 값의 평균값을 뽑아내는 것이 average pooling 방식이다(pooling size를 filter size라고 부르기도 한다).

tip

- **언더 피팅(under-fitting)** : 모델을 설계할 때 필요한 데이터를 충분히 모델에 반영하지 못한 상태
- **오버 피팅(over-fitting)** : 모델을 설계할 때 불필요한 잡음(noise)를 과도하게 모델에 반영한 상태

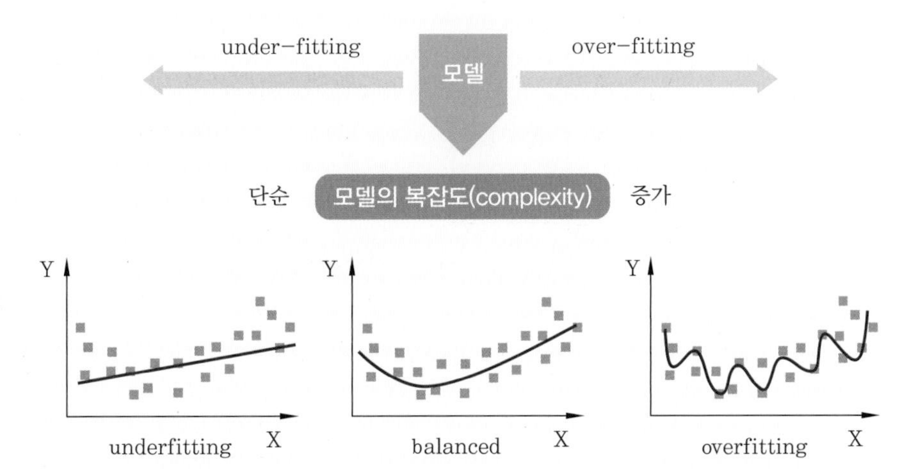

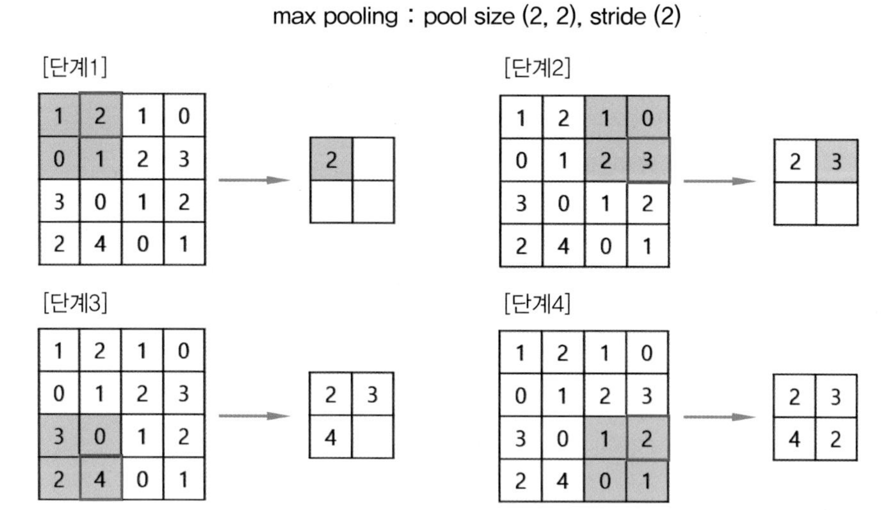

그림 4-21 max poling 연산 단계

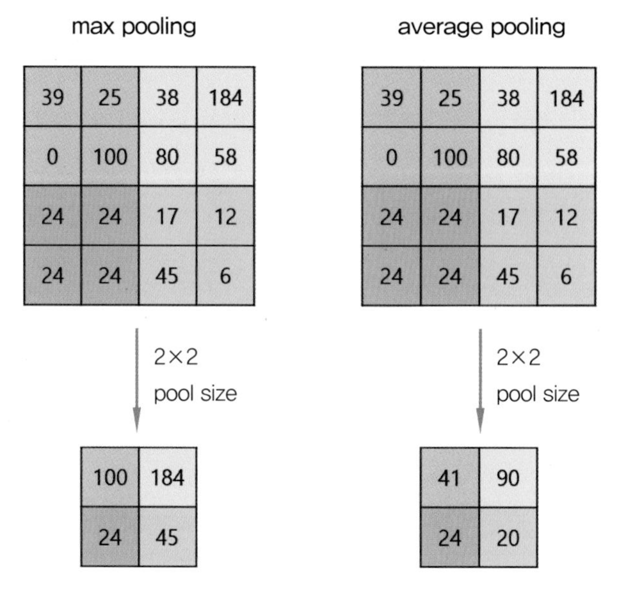

그림 4-22 max pooling vs. average pooling 비교

(7) 완전 연결 계층 FCL(Fully Connected Layer)

FCL은 이미지를 분류할 때 많이 사용된다. 이전에는 이미지 인식 · 분류를 위해 FCL만 사용했다. 하지만 FCL은 이미지를 분류할 때 픽셀 간의 연관성을 유지하지 못하는 한계가 있다. 이러한 한계를 극복하기 위해 convolution layer와 pooling layer를 FCL의 앞에 구성한 CNN이 개발되었다. CNN을 사용하는 최종 목적은 입력 이미지를 분류하기 위한 것이고, 기존의 FCL의 문제점을 보완하여 분류 성능을 높이는 것이다.

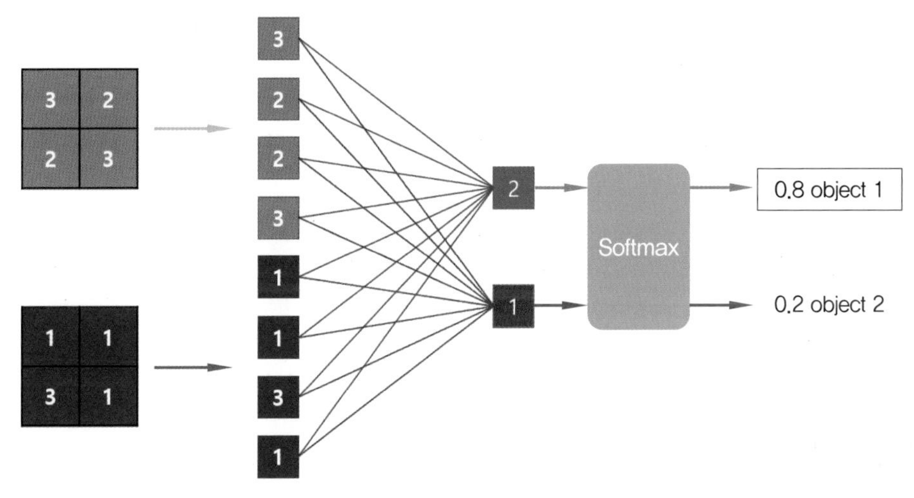

그림 4-23 완전 연결 계층(FCL)의 기본 예시

제 5 장

파이썬 프로그래밍의 이해 및 툴 설치

학습 목표

1. 데이터 분석과 머신 러닝 프로그래밍을 진행하기 위하여 개발 툴을 설치할 수 있고 툴의 사용 방법을 설명할 수 있다.
2. 파이썬 프로그램의 기초를 실습을 통해 파이썬 언어를 이해하고 알고리즘을 프로그램화할 수 있다.

5-1 파이썬(Python)의 이해 및 설치 방법

1 파이썬(Python)이란?

파이썬(Python)은 1990년 암스테르담의 귀도 반 로섬(Guido Van Rossum)이 개발한 인터프리터 언어이다. 귀도는 파이썬이라는 이름을 자신의 좋아하는 코미디 쇼인 "몬티 파이썬의 날아다니는 서커스(Monty Python's Flying Circus)"에서 따왔다고 한다. 인터프리터 언어란 한 줄씩 코드를 해석해서 그때그때 실행해 결과를 바로 활인할 수 있는 언어를 말한다. 파이썬은 사전적으로 고대 신화에 나오는 파르나소스 산의 동굴에 살던 큰 뱀을 뜻한다. 아폴로 신이 델파이에서 파이썬을 퇴치했다는 이야기가 전해지고 있다. 대부분의 파이썬 서적의 책 표지 아이콘이 뱀 모양으로 그려져 있는 이유가 여기에 있다.

그림 5-1 파이썬(Python) 아이콘

2 파이썬(Python)의 사용과 특징

파이썬은 컴퓨터 프로그래밍 교육을 위해 많이 사용하지만, 기업의 실무를 위해서도 많이 사용하는 언어이다. 구글에서 만든 소프트웨어의 50% 이상이 파이썬으로 작성되며, 온라인 사진 공유 서비스 인스타그램(instagram), 파일 동기화 서비스 드롭박스(dropbox) 등이 Python으로 작성되고 있다. 그리고 파이썬 프로그램은 공동 작업과 유지 보수가 매우 쉽고 편하여 이미 다른 언어로 작성된 많은 프로그램과 모듈이 파이썬으로 재구성되고 있다. 파이썬 언어의 특징은 다음과 같다.

(1) 파이썬은 인간다운 언어이다.

사람이 생각하는 방식을 그대로 표현할 수 있는 언어이며 프로그래머는 굳이 컴퓨터의 사고 체계에 맞추어서 프로그래밍을 하려고 애쓸 필요가 없다.

(2) 파이썬은 문법이 쉬워 빠르게 배울 수 있다.

문법 자체가 아주 쉽고 간결하며 사람의 사고 체계와 매우 닮아 있다.

(3) 파이썬은 무료이지만 강력하다.

① 오픈 소스인 파이썬은 무료이며 사용료 걱정 없이 언제 어디서든 파이썬을 다운로드하여 사용할 수 있다.

② 오픈 소스(open source) : 저작권자가 소스 코드를 공개하여 누구나 별다른 제한 없이 자유롭게 사용 · 복제 · 배포 · 수정할 수 있는 소프트웨어

(4) 파이썬은 간결하다.

귀도는 파이썬을 의도적으로 간결하게 만들었다. 다른 사람이 작업한 소스 코드도 한 눈에 들어와 이해하기 쉽기 때문에 공동 작업과 유지 보수가 아주 쉽고 편하다.

(5) 파이썬은 개발 속도가 빠르다.

“Life is too short, You need python(인생은 너무 짧으니 파이썬이 필요해).”라는 말이 있을 정도로 파이썬의 엄청나게 빠른 개발 속도를 두고 유행처럼 퍼진 말이다.

3 파이썬(Python)으로 할 수 있는 일

파이썬을 사용하면 아래와 같이 다양한 작업을 빠른 시간 안에 수행할 수 있다.

(1) 시스템 유틸리티 제작

운영 체제(윈도우, 리눅스 등)의 시스템 명령어를 사용할 수 있는 각종 도구를 갖추고 있기 때문에 이를 바탕으로 갖가지 시스템 유틸리티를 만드는 데 유리하다.

(2) GUI 프로그래밍

GUI(Graphical User Interface) 프로그래밍을 위한 도구들이 잘 갖추어져 있어 GUI 프로그램을 만들기 쉽다.

(3) C/C++와의 결합

① 파이썬은 접착(glue) 언어라고도 부르는데, 그 이유는 다른 언어와 잘 어울려 결합해서 사용할 수 있기 때문이다.

② C/C++로 만든 프로그램을 파이썬에서 사용할 수 있으며, 파이썬으로 만든 프로그램을 C/C++ 에서 사용할 수 있다.

(4) 웹 프로그래밍

파이썬은 웹 프로그램을 만들기에 매우 적합한 도구이며, 실제로 파이썬으로 제작한 웹 사이트는 셀 수 없을 정도로 많다.

(5) 수치 연산 프로그래밍

수치가 복잡하고 연산이 많다면 'C' 같은 언어로 하는 것이 더 빠르지만, 파이썬은 'Numpy' 라는 수치 연산 모듈을 제공하여 수치 연산을 빠르게 할 수 있다.

(6) 데이터베이스 프로그래밍

사이베이스(Sybase), 인포믹스(Infomix), 오라클(Oracle), 마이에스큐엘(MySQL), 포 스트그레스큐엘(PostgreSQL) 등의 데이터베이스에 접근하기 위한 도구를 제공한다.

(7) 데이터 분석, 사물 인터넷, 인공 지능 학습, 이미지 프로세싱 등

① 파이썬으로 만든 판다스(Pandas) 모듈을 사용하면 데이터 분석을 더 쉽고 효과적으로 할 수 있다.

② 사물 인터넷(IoT) 분야에서도 파이썬은 활용도가 높다.

③ 라즈베리파이를 사용하면 홈시어터나 작은 게임기 등 여러 가지 재미있는 것들을 만들 수 있는데, 파이썬은 라즈베리파이를 제어하는 도구로 사용된다.

④ 텐서플로(TensorFlow) 모듈을 사용하면 인공 지능 학습을 더 쉽고 효과적으로 할 수 있다.

⑤ OpenCV 모듈을 사용하면 이미지 프로세싱을 효과적으로 할 수 있다.

4 파이썬(Python) 다운로드 및 설치

(1) 파이썬 다운로드 방법

① 파이썬 홈페이지에서 다운로드 : http://www.python.org/downloads/

② 자신의 운영 체제에 맞게 선택하여 설치한다(지원 가능한 OS : Windows, Linux/UNIX, Mac OS X, other).

③ 개발자는 파이썬 버전에 따라 선택하여 설치 가능하다.

④ 파이썬 버전은 Python 2.x, Python 3.x 버전이 있으며 Python 2.x 버전은 더 이상 update를 지원하지 않기 때문에 Python 3.x 버전 설치를 권장한다.

⑤ Python 3.x의 'x'는 update됨에 따라 변할 수 있기 때문에 본 내용의 버전과 다를 수 있으며 최신 버전 또는 개발자가 선택하여 설치한다.

⑥ 내 컴퓨터의 OS가 64bit 지원 컴퓨터인지, 32bit 지원 컴퓨터인지 확인하고 다운로드를 진행한다.

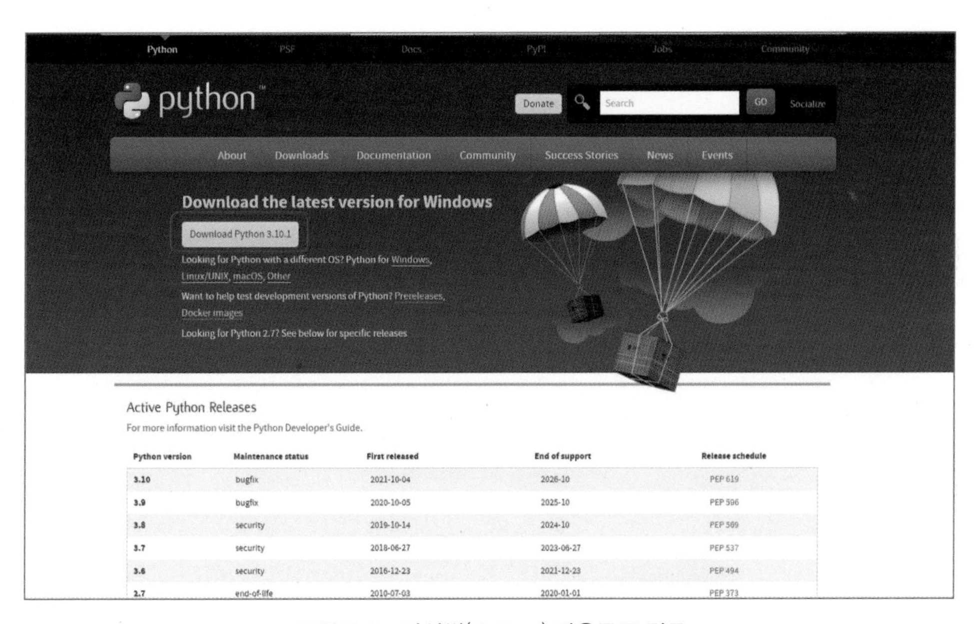

그림 5-2 파이썬(Python) 다운로드 경로

(2) 파이썬(Python) 설치 방법

[단계 1] 다운로드가 완료된 Python 설치 파일 실행

[단계 2] 설치 시 PATH 등록을 위해 'Add Python 3.8 to PATH' 체크

[단계 3] 'Install Now'를 선택하여 설치 진행

그림 5-3 파이썬 설치(단계 2)

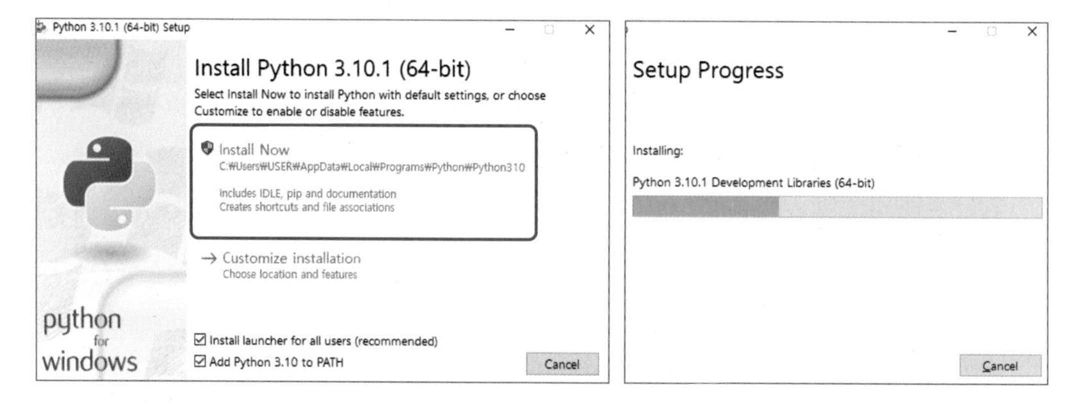

그림 5-4 파이썬 설치(단계 3)

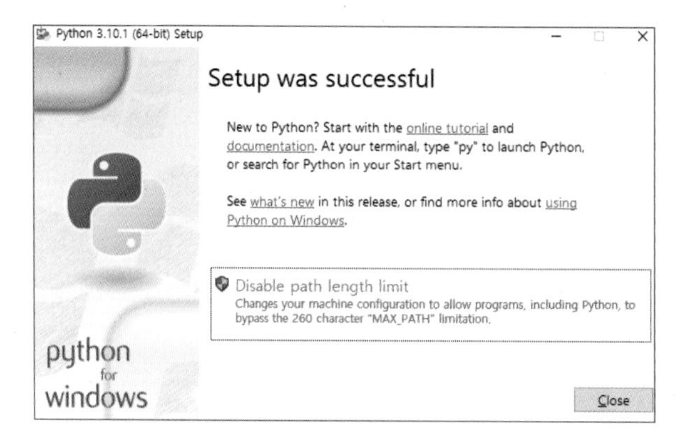

그림 5-5 파이썬 설치 완료

(3) 프롬프트(command) 창에서 설치된 파이썬(Python)의 버전 확인 방법

① 설치 완료 후 명령 프롬프트(command) 창 열기

② 열린 창에서 Python의 설치 및 버전을 알아보기 위해 사용하는 명령어 '--version' 사용

③ 명령줄에 'python --version' 입력 후 [enter]

④ 명령줄에 'python' 명령으로 python 실행 시 64bit 확인 가능

```
명령 프롬프트 - python
Microsoft Windows [Version 10.0.19043.1348]
(c) Microsoft Corporation. All rights reserved.

C:₩Users₩kopo>python --version
Python 3.10.1

C:₩Users₩kopo>python
Python 3.10.1 (tags/v3.10.1:2cd268a, Dec  6 2021, 19:10:37) [MSC v.1929 64 bit (AMD64)] on win32
Type "help", "copyright", "credits" or "license" for more information.
>>>
```

그림 5-6 설치된 파이썬 버전 확인 결과

(4) Windows 시작 메뉴에 파이썬(Python) 설치 검증

① 시작 메뉴를 확인해 보면 설치된 Python 확인

② 파이썬 셸(Shell) 실행 : 셸 실행 → print ("Hello World!") 입력 → Hello World! 출력

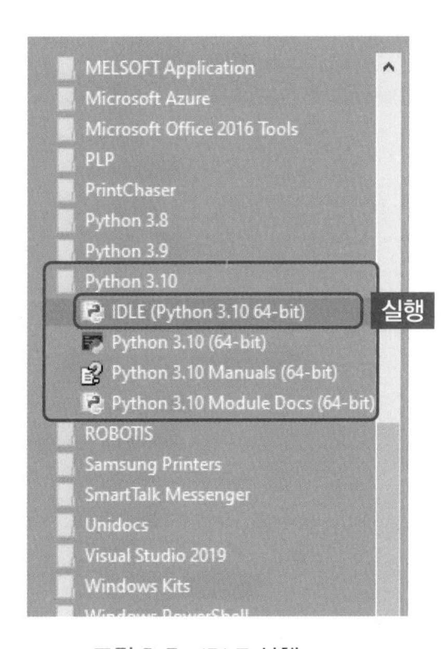

그림 5-7 IDLE 실행

```
IDLE Shell 3.10.1
File Edit Shell Debug Options Window Help
Python 3.10.1 (tags/v3.10.1:2cd268a, Dec  6 2021, 19:10:37) [MSC v.1929 64 bit (AMD64)] on win32
Type "help", "copyright", "credits" or "license()" for more information.
>>> print("Hello World!")
Hello World!
>>> |
Ln: 5 Col: 0
```

그림 5-8 파이썬 구문 출력

5-2 파이참(PyCharm) 설치 및 사용 방법

1 파이참(PyCharm) 다운로드 및 설치

(1) PyCharm 다운로드 방법

① 파이참 홈페이지에서 커뮤니티 버전 다운로드 : http://www.jetbrains.com/pycharm/download/#section=windows

② 파이참은 프로페셔널 버전과 커뮤니티 버전 존재(커뮤니티 버전은 무료)

③ 자신의 운영체제에 맞게 선택하여 설치(지원 가능한 OS : Windows, Linux, Mac)

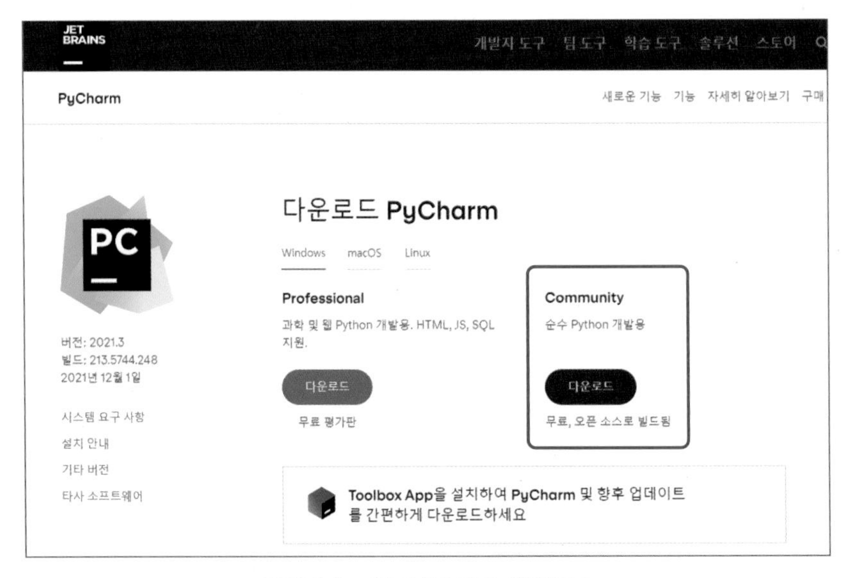

그림 5-9 커뮤니티 버전 다운로드

(2) 파이참(PyCharm) 설치 방법

[단계 1] 파이참 설치 파일 실행 후, [Next] 버튼 클릭

[단계 2] 별다른 변경 없이 [Next] 버튼 클릭

설치 경로 변경은 개발자가 원할 경우 경로 변경

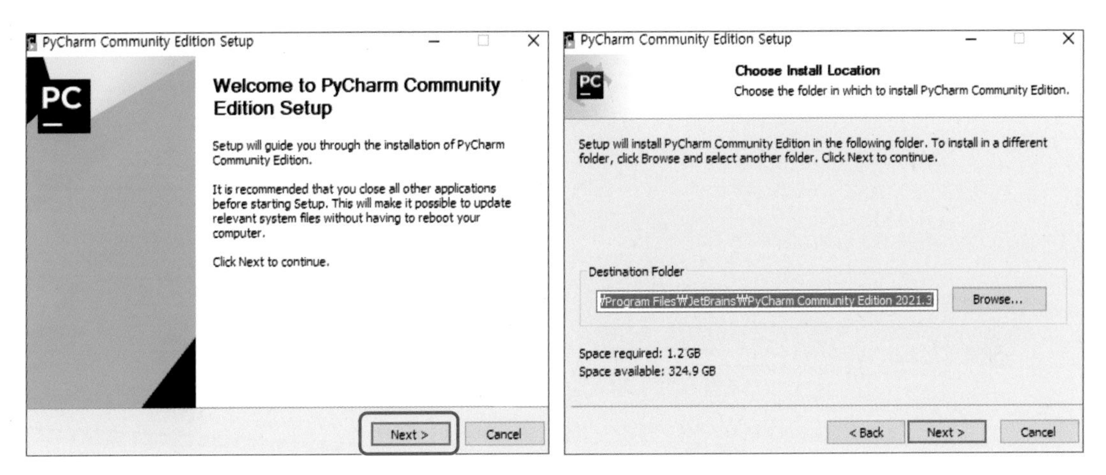

그림 5-10 파이참 설치(단계 1, 단계 2)

[단계 3] 설치 옵션 선택

바탕화면 아이콘 생성 여부, 환경 변수 업데이트, 프로젝트로 열기 메뉴, '.py' 파일 생성 등 편의에 맞게 선택 후 [Next]버튼 클릭

[단계 4] 시작 메뉴 폴더 선택 : 별다른 설정 없이 [Install] 버튼 클릭

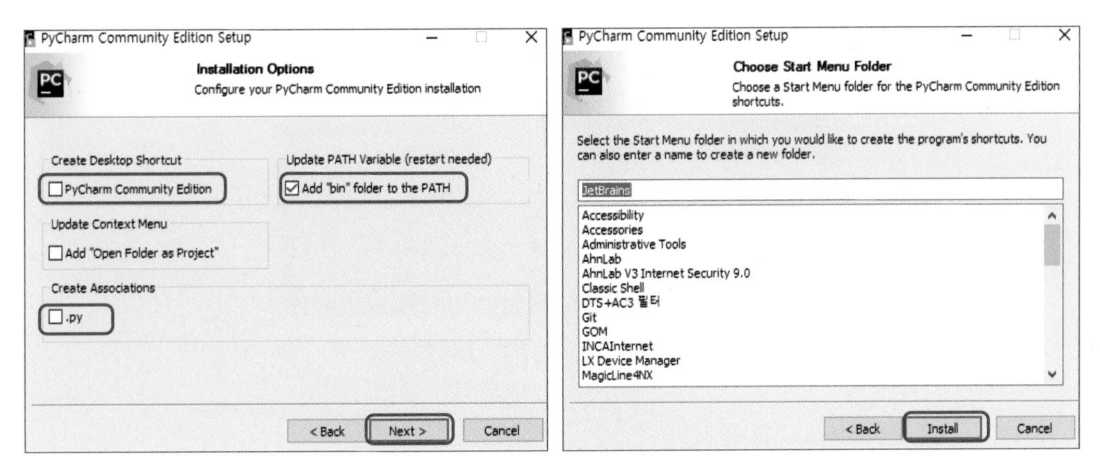

그림 5-11 파이참 설치(단계 3, 단계 4)

[단계 5] 파이참 설치 시작

[단계 6] 설치 완료 후 컴퓨터 재부팅 : 바로 재부팅 또는 수동 부팅 선택

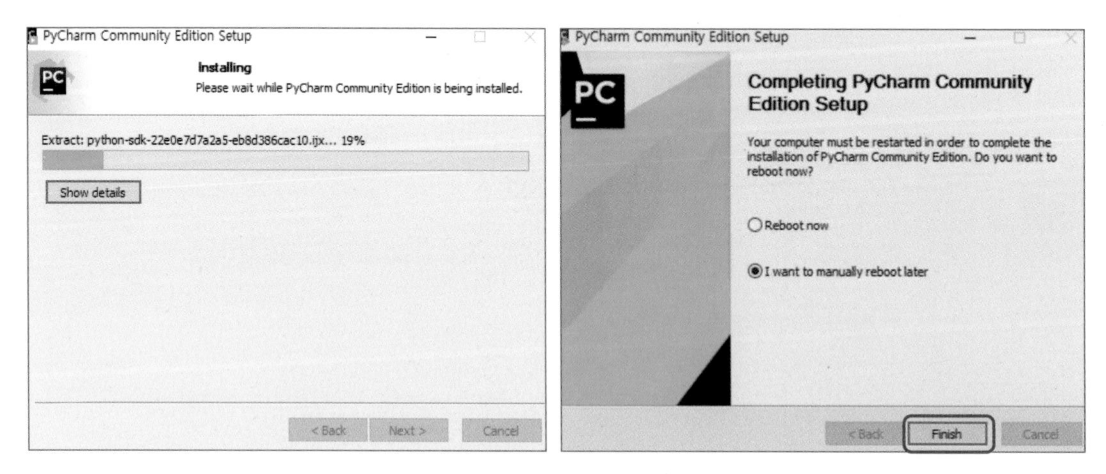

그림 5-12 파이참 설치(단계 5, 단계 6)

(3) 파이참(PyCharm) 실행

[단계 1] 'Do not import settings' 선택 후 [OK] 버튼 클릭

파이참 최초 실행 시 아래 화면 참고

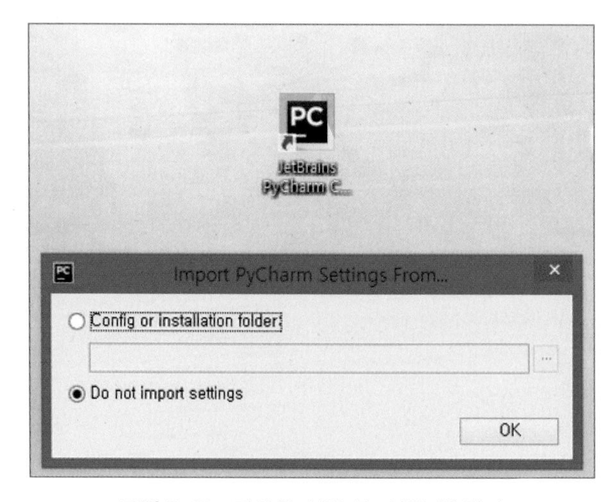

그림 5-13 파이참 설치 후, 실행 첫 화면

[단계 2] 계속 Continue 클릭

JetBrains 개인 정보 정책에 동의 박스 체크 후 계속 진행

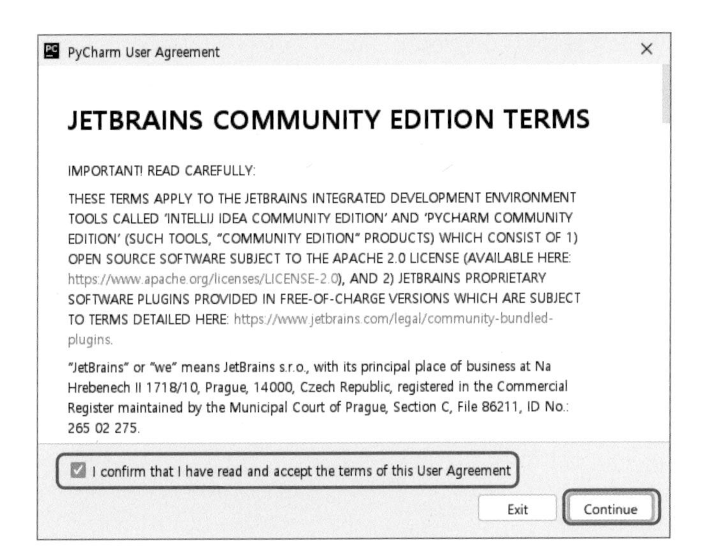

그림 5-14 개인 정보 정책 동의 화면

[단계 3] 파이참 UI 테마 선택 및 실행 화면

① 검은색 화면 또는 흰색 화면 중 선택

② 선택 후 Skip 클릭

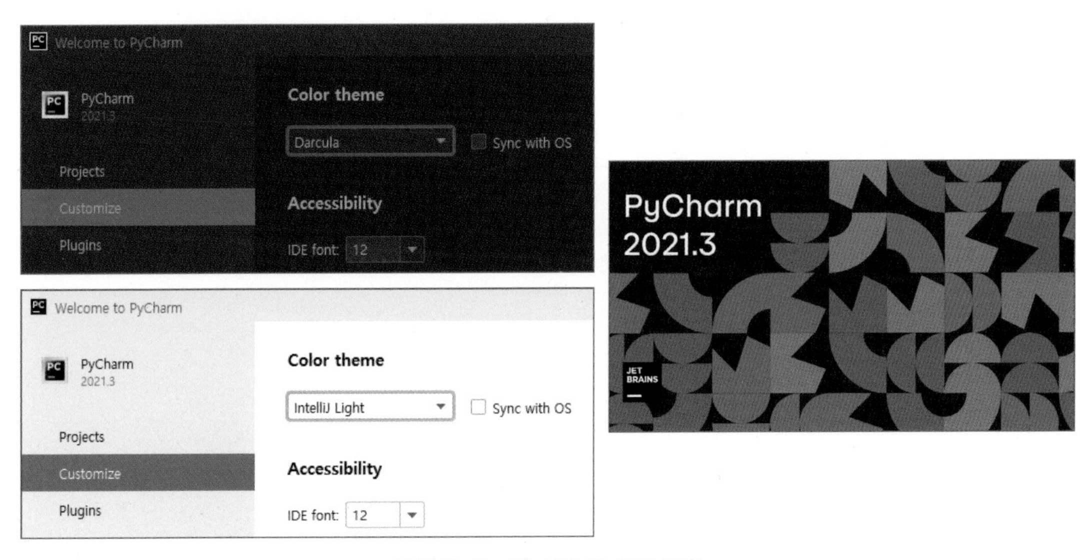

그림 5-15 UI 선택 및 실행 화면

tip 실행하기 전 아래 링크의 가이드를 확인하면 보다 편하게 파이참을 사용할 수 있다.
https://www.jetbrains.com/help/pycharm/2021.2/quick-start-guide.html

[단계 4] 새로운 프로젝트 생성 : Create New Project(+New Project) 클릭

[단계 5] 프로젝트 폴더 설정

① 새로 생성할 프로젝트 폴더 이름 지정

② 이름 지정 후 Create 버튼 클릭

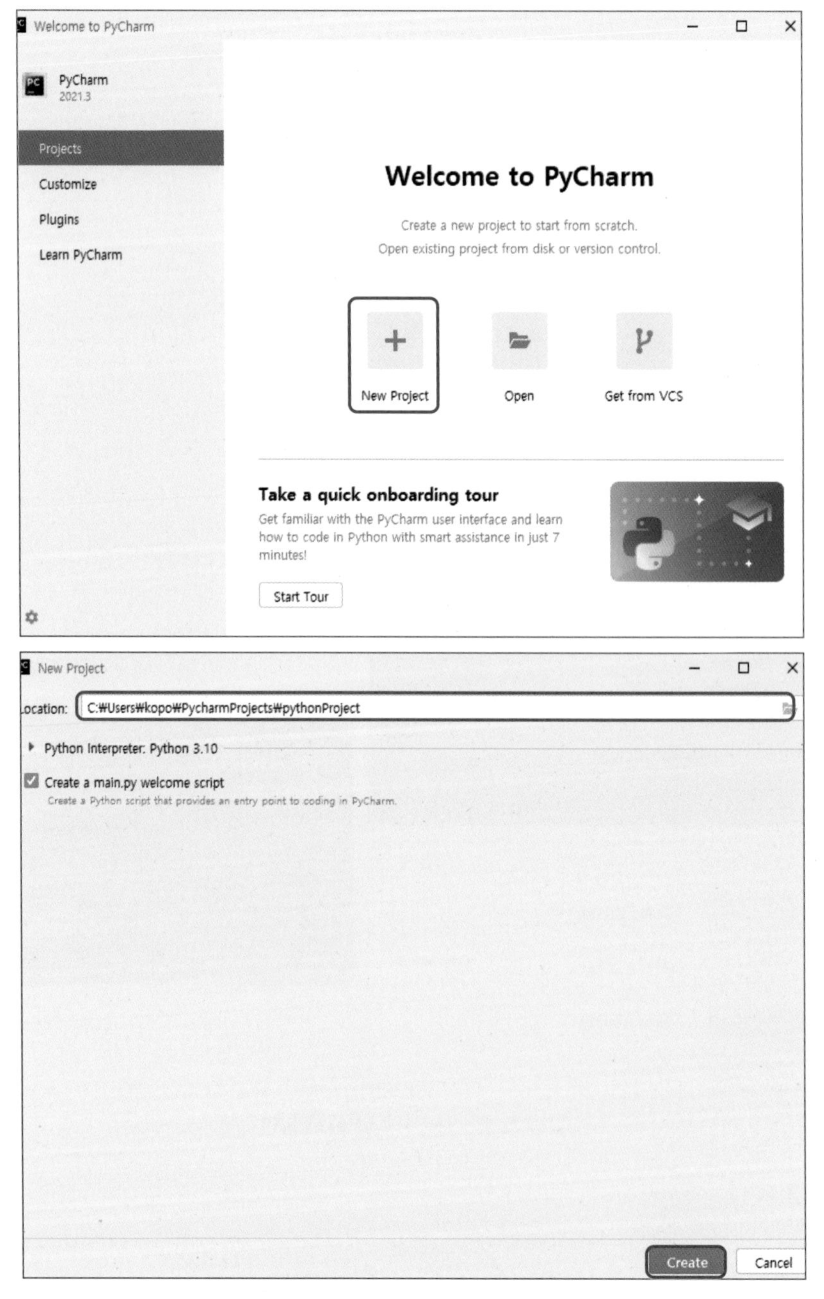

그림 5-16 프로젝트 생성 및 폴더 설정(단계 4, 단계 5)

[단계 6] 파이참 팁 설정

① 파이참 실행 시마다 파이참 사용 팁이 나타남

② 'Don't show tips' 박스 체크 이후에는 '파이참 팁' 화면이 나오지 않음

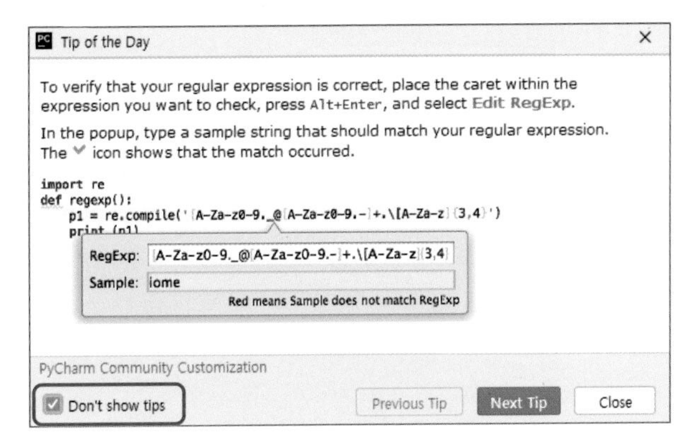

그림 5-17 파이참 팁 설정

[단계 7] 새로운 파이썬 파일 생성

생성한 프로젝트 폴더 오른쪽 마우스 클릭 → [New] → [Python File] 클릭

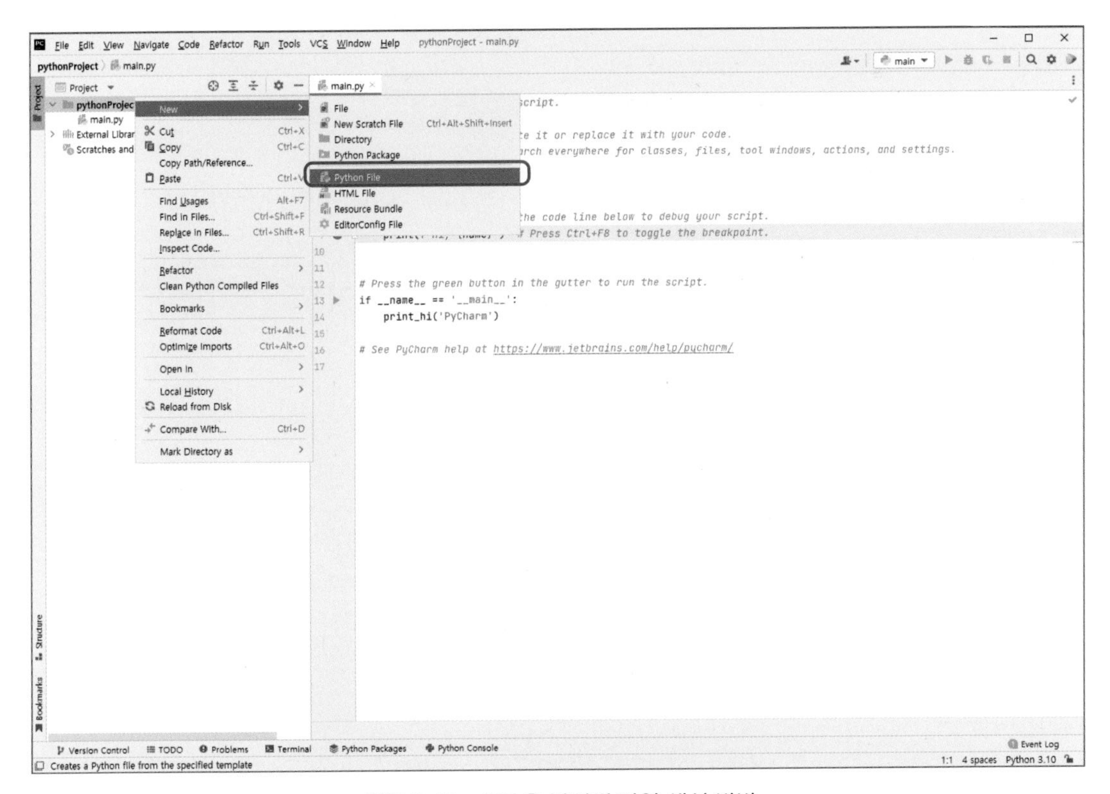

그림 5-18 새로운 파이썬 파일 생성 방법

[단계 8] 파이썬 파일 이름 설정 : 원하는 파이썬 파일 이름 설정

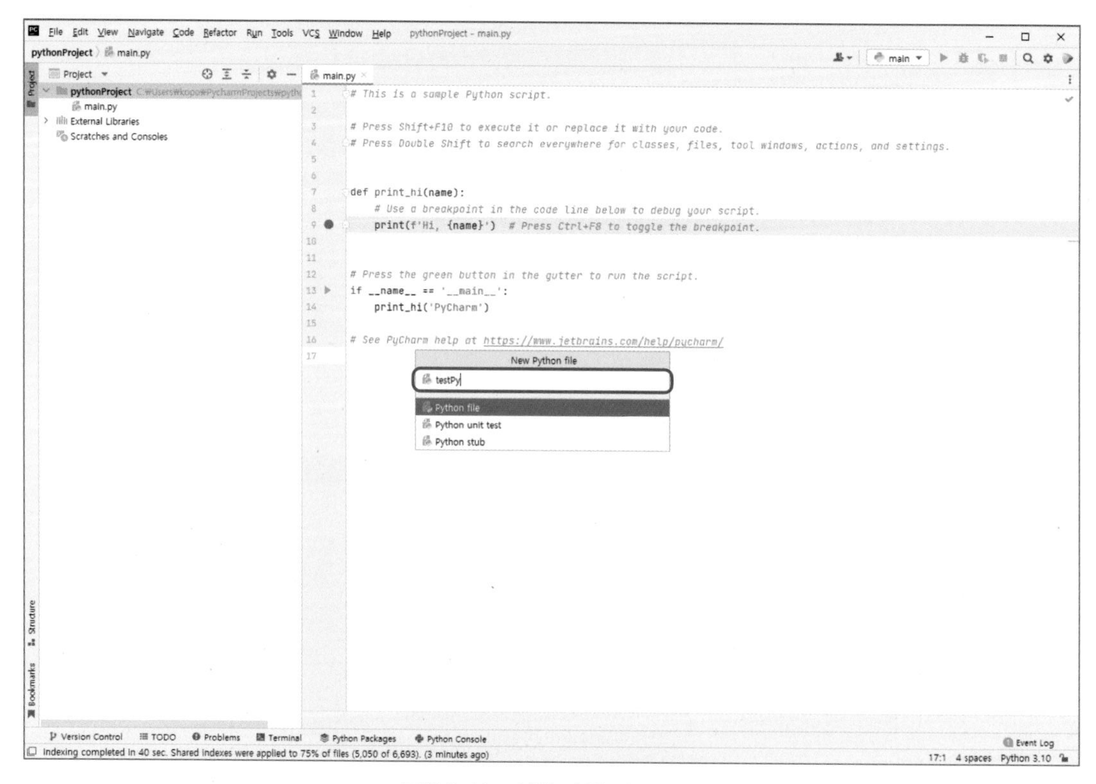

그림 5-19 실행 파일 이름 지정

[단계 9] 파이썬 코드 작성 : 테스트하고 싶은 코드 작성[예 print("hello world")]

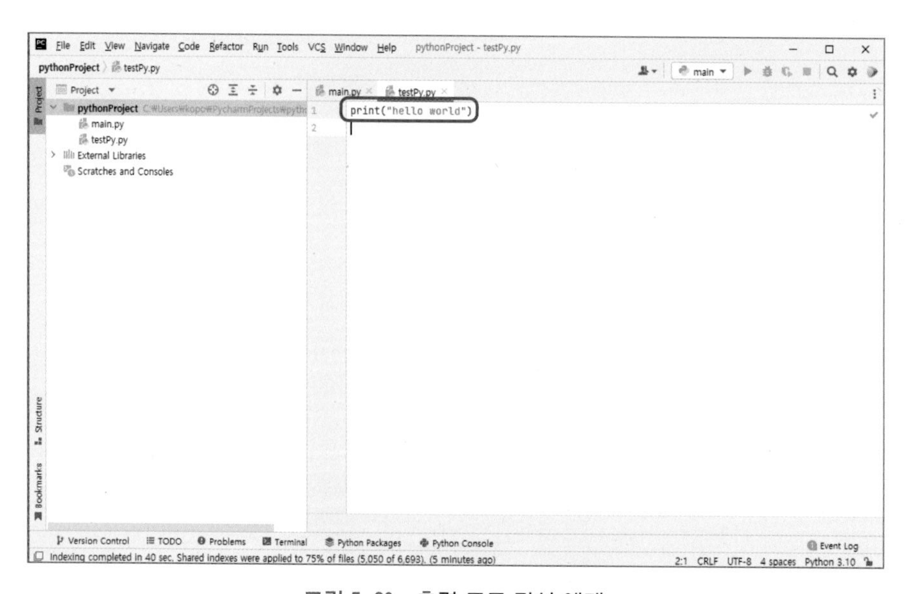

그림 5-20 출력 코드 작성 예제

[단계 10] 파이썬 소스 코드 실행 : 파이썬 코드 저장 후 [Run] 클릭

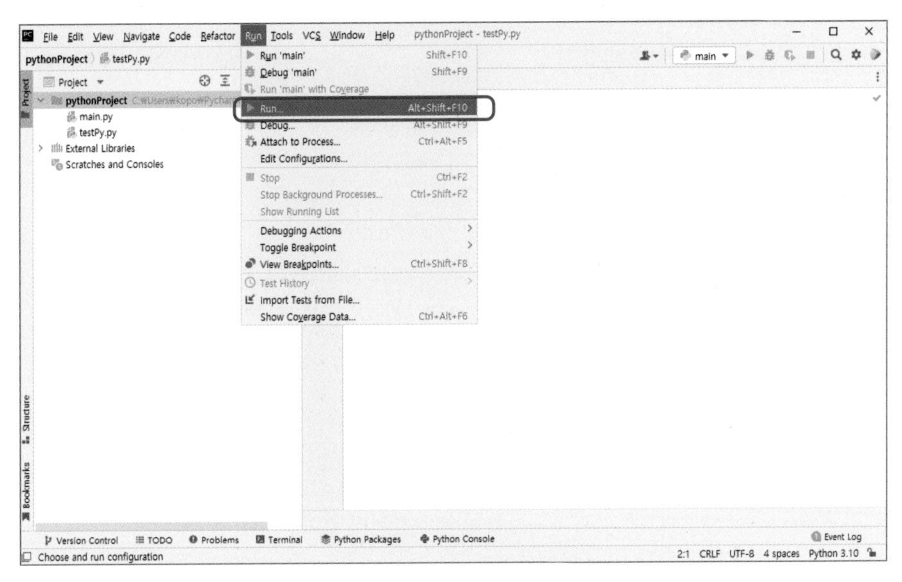

그림 5-21 작성 코드 실행

[단계 11] 파이썬 소스 코드 실행 : 설정한 이름의 파이썬 파일 실행

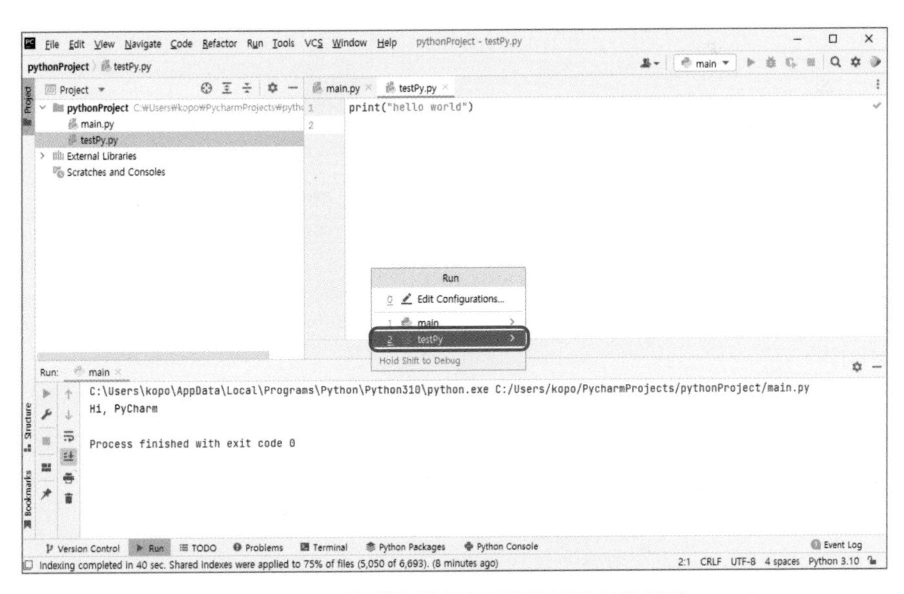

그림 5-22 설정한 이름의 파이썬 파일 실행 화면

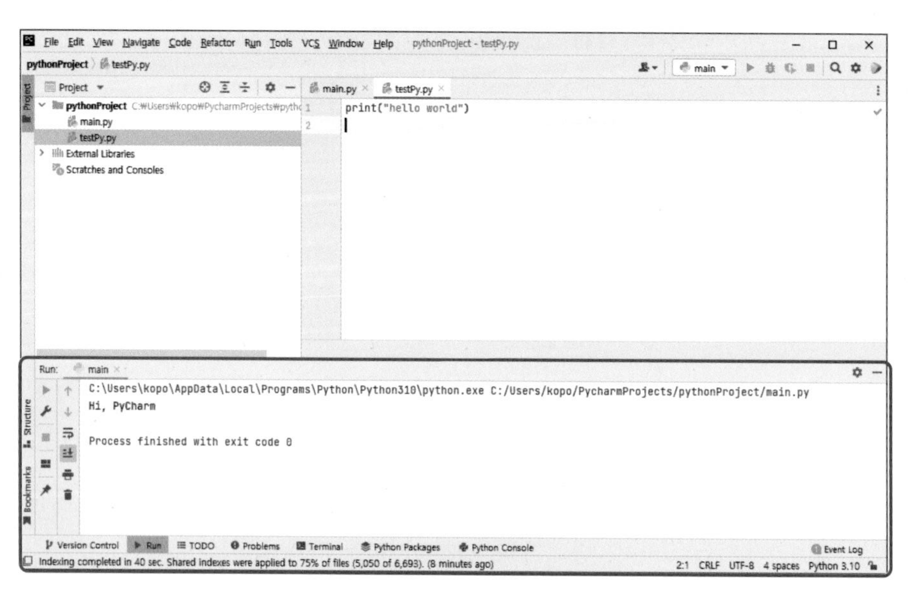

그림 5-23 출력된 결과 화면

(4) 파이참(PyCharm)의 Interpreter 설정 화면(단축키 : Ctrl + Alt + s 실행)

[단계 1] 메뉴에서 File → Settings → Project → Project Interpreter 실행

[단계 2] 'pip' 더블 클릭

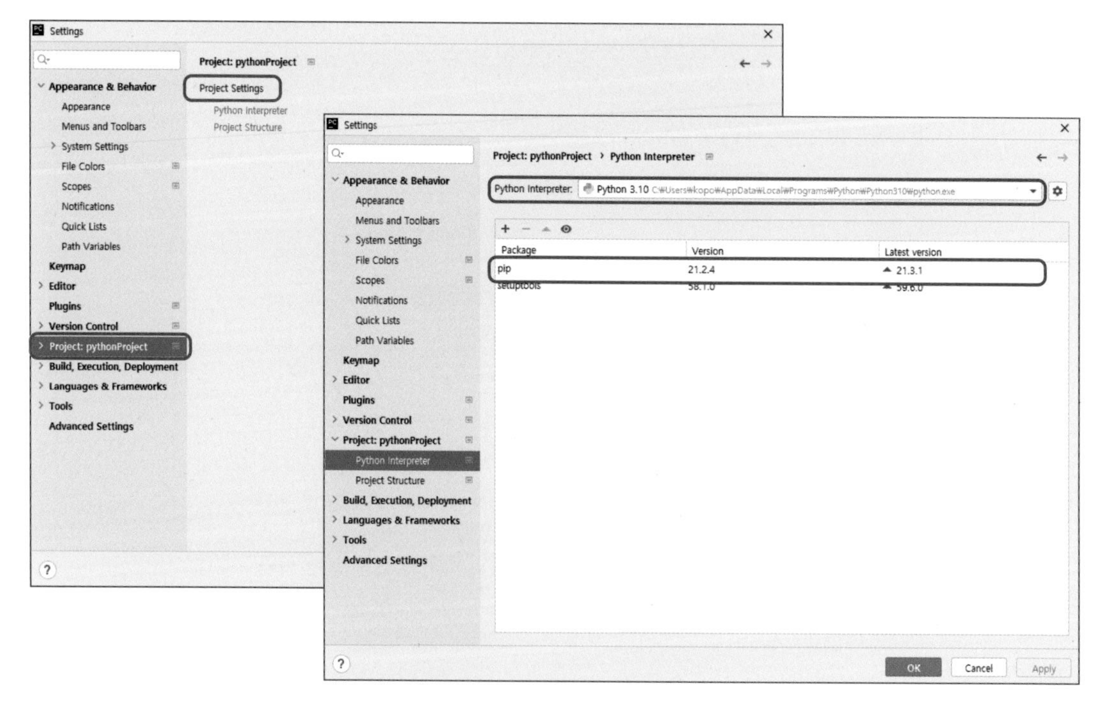

그림 5-24 Interpreter 설정 방법

[단계 3-1] Numpy 모듈이 필요한 경우 다운로드 방법

돋보기 창에 Package명 입력 → 검색된 Package 선택 → "Install to user's site ..." 체크 → "Install Package" 버튼 클릭

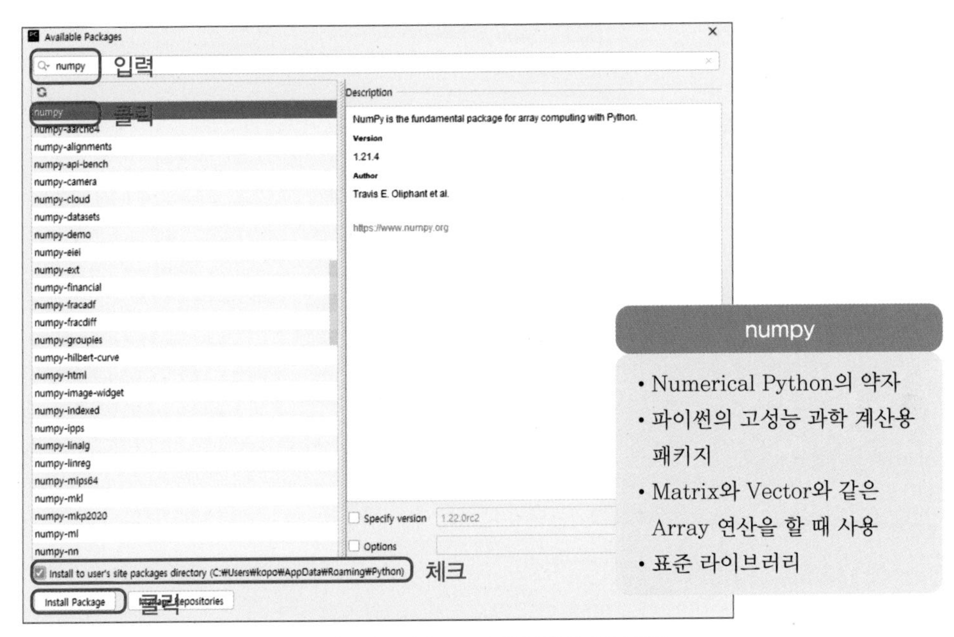

그림 5-25 Numpy 모듈 다운로드 방법

[단계 3-2] System Interpreter 설정 방법

① 설치한 파이썬이 연결(등록)되어 있지 않은 경우 수행

② Project Interpreter가 설정되어 있지 않으면 추가

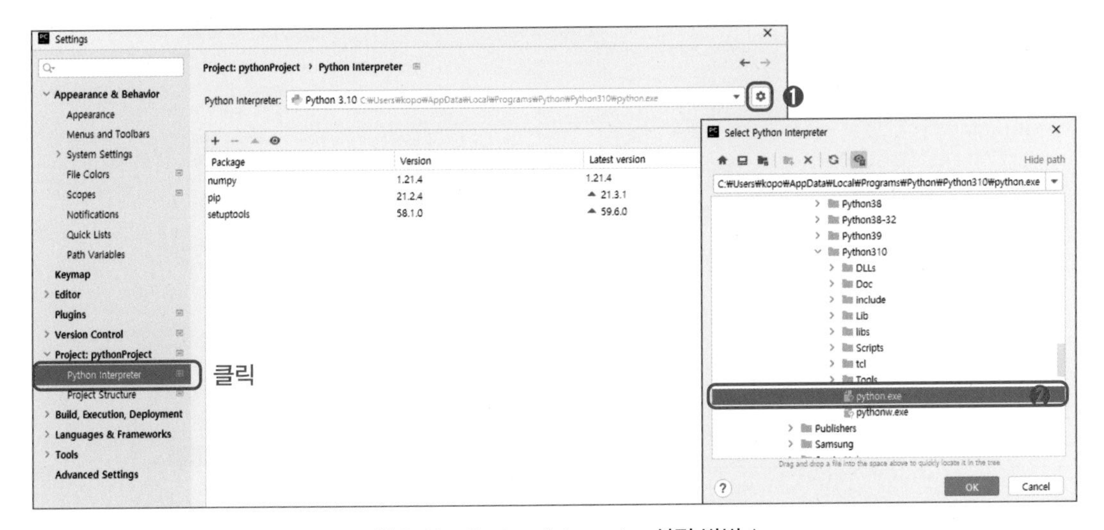

그림 5-26 System Interpreter 설정 방법 1

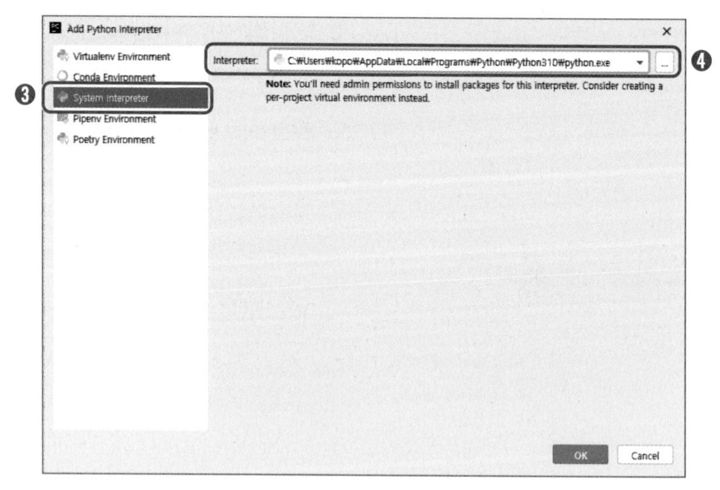

그림 5-27 System Interpreter 설정 방법 2

(5) 파이참(PyCharm)의 Edit 변경 방법

메뉴에서 File → Settings → Editor 클릭

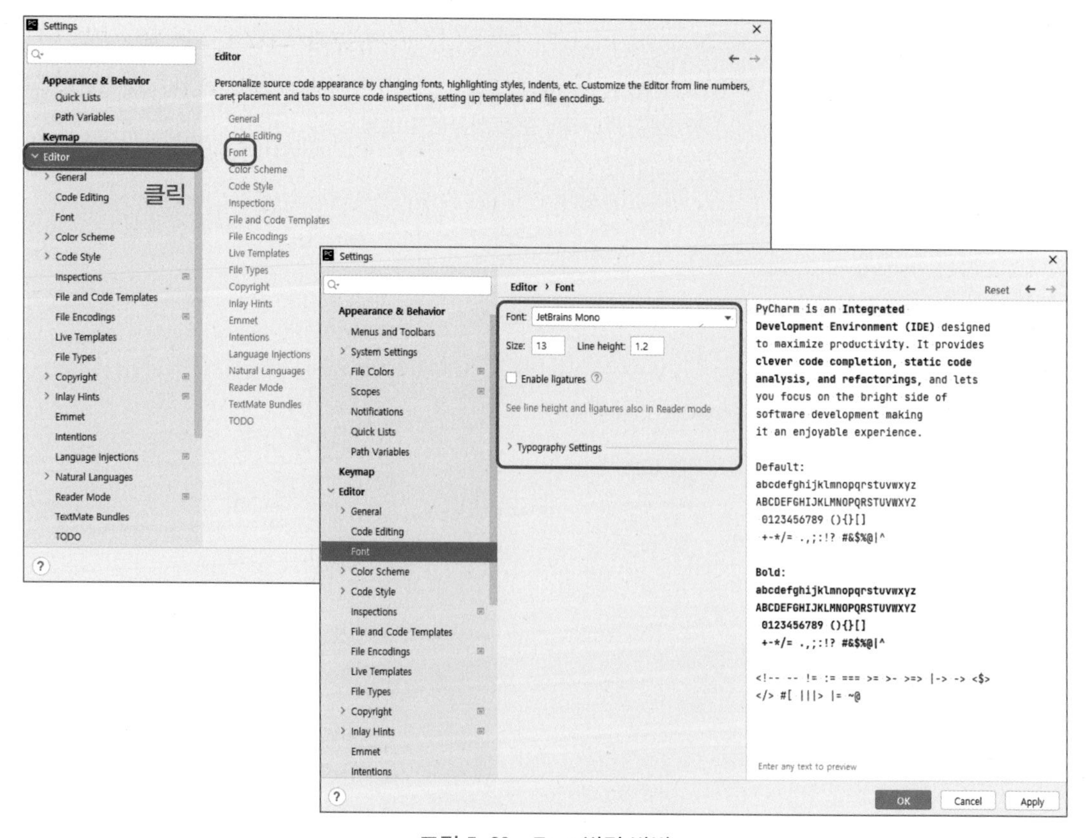

그림 5-28 Font 변경 방법

2 PyCharm에서 OpenCV를 이용한 이미지 출력 실습

[단계 1] OpenCV 관련 Package Install

① OpenCV 기반 이미지 프로세싱을 하기 위해서는 "opencv-python", "opencv-contrib-python" Package 설치

② 아래의 그림처럼 'opencv-python'을 검색하고 선택한 후, 'Apply' 버튼 클릭

③ 아래의 그림처럼 'opencv-contrib-python'을 검색하고 선택한 후, 'Apply' 버튼 클릭

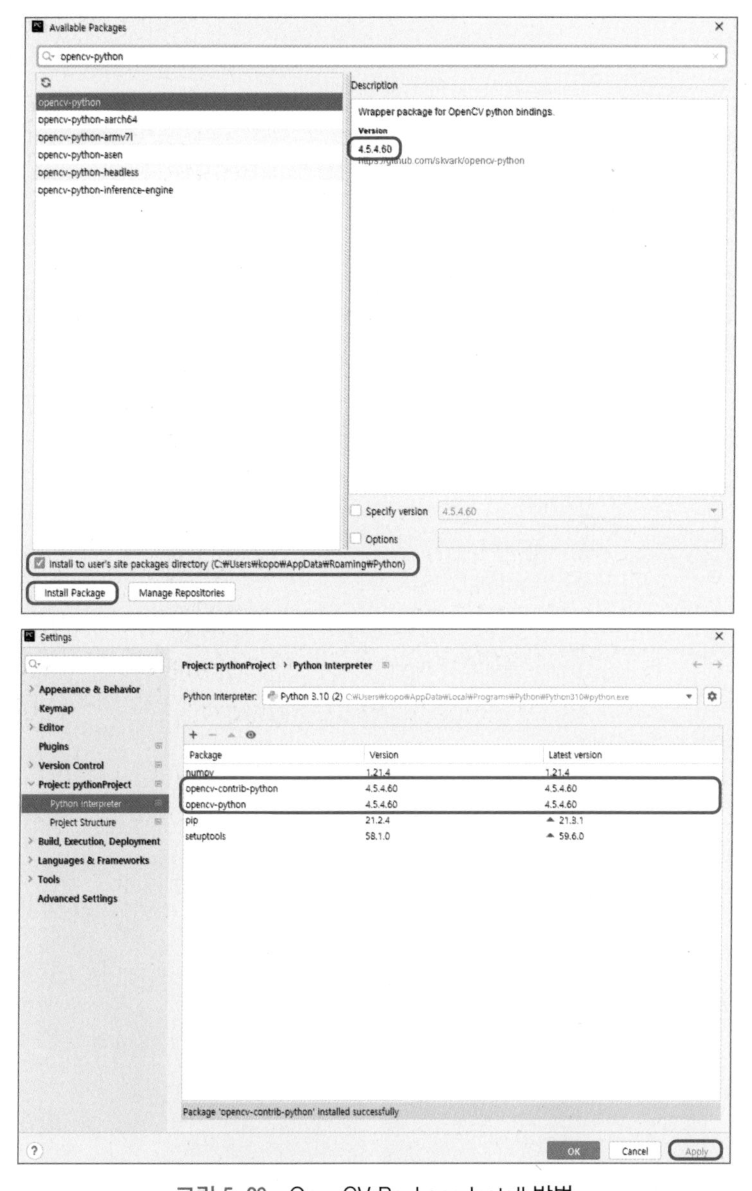

그림 5-29 OpenCV Package Install 방법

[단계 2] 코드 작성 후, [Run] 클릭

본 코드를 보면 이미지 파일을 불러오는 부분(Line 3)이 있는데 파일 경로를 정확히 입력해야 원하는 결과를 얻을 수 있다.

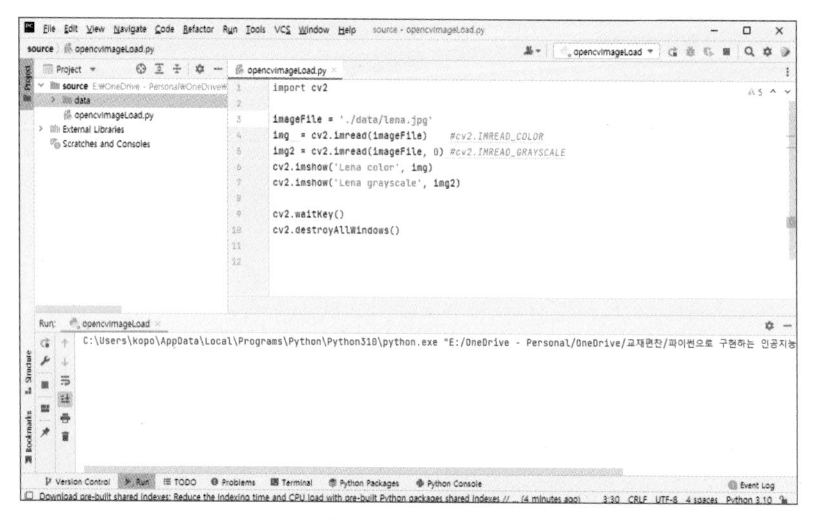

그림 5-30 Code 작성

• 실행 코드

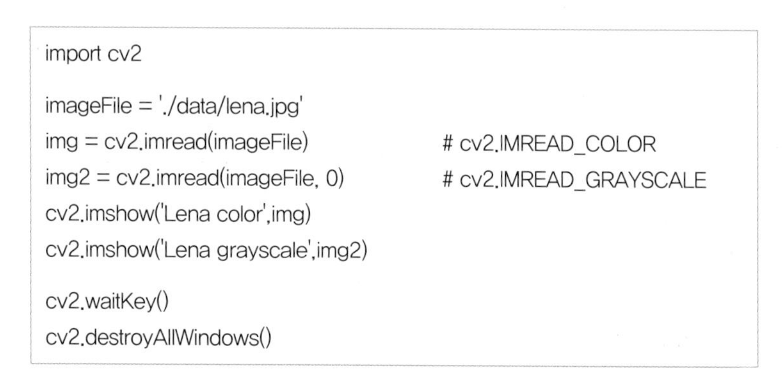

```
import cv2

imageFile = './data/lena.jpg'
img = cv2.imread(imageFile)             # cv2.IMREAD_COLOR
img2 = cv2.imread(imageFile, 0)         # cv2.IMREAD_GRAYSCALE
cv2.imshow('Lena color',img)
cv2.imshow('Lena grayscale',img2)

cv2.waitKey()
cv2.destroyAllWindows()
```

그림 5-31 OpenCV 모듈을 활용한 이미지 출력

연습 문제

1. 저급 언어와 고급 언어 차이점을 분석하고 사용되고 있는 디바이스나 서비스를 찾아 서술하시오.

2. 컴파일러 또는 인터프리터의 언어로 구성된 서비스 프로그램을 찾아서 그 기능을 서술하시오.

3. 일반 프로그램과 인공 지능 프로그램의 차이점을 비교하여 서술하시오.

4. Training Data Set, Validation Data Set, Test Set의 분류/구성 기준을 서술하시오.

5. 인공 지능을 구성하는 요소와 인공 지능에 대한 정의를 서술하시오.

6. 머신 러닝과 딥 러닝의 차이점을 예를 들어 서술하시오.

7. CNN과 RNN에 대한 정의를 서술하시오.

8. 지도학습, 비지도 학습, 강화 학습에 대한 내용을 서술하시오.

9. 합성곱(convolution), 커널(kernel), 패딩(padding), 스트라이드(stride), 배치(batch) 처리, 풀링(pooling)에 대해 원리를 서술하시오(kernel : 5x5, padding : 2, stride : 2, batch : 100, max pooling으로 설정을 가정하고 설명하시오).

10. 활성화 함수 3종류를 기술하고 각각의 원리 및 그래프를 함께 기술하시오.

파이썬 프로그래밍

〈그림자료 : https://velog.io/@yeonu/파이썬-세트〉

파이썬은 초보자부터 전문가까지 많이 사용하는 언어이며 전 세계적으로 가장 많이 사용하는 언어 중 3위 안에 속해 있는 언어이다. 또한, 파이썬은 직관적인 프로그램 언어로서의 기능 외에도 다른 언어로 쓰인 모듈들을 연결하는 Glue Language로 자주 사용된다. 실제 파이썬은 많은 상용 응용 프로그램에서 스크립트 언어로 사용되고 있고, 도움말 문서도 정리가 잘 되어 있어 개발 언어로 유용하게 사용되고 있다.

이번 단원에서는 초보자들에게 도움이 될 수 있도록 초급과 중급으로 나누어 파이썬 언어를 직접 프로그래밍하여 실습 위주의 학습을 진행한다.

파이썬 문법 초급

학습 목표
1. 파이썬의 입출력 함수와 연산자를 활용하여 간단한 프로그램을 작성할 수 있다.
2. 파이썬을 이용하여 제어 프로그램을 제작할 수 있다.

6-1 입출력 함수

1 입출력 함수의 기본 구성

(1) 입력 함수

input( ) : 사용자에게 어떤 값을 입력하게 하고, 그 값을 변수에 저장할 수 있는 명령어

(2) 출력 함수

print( ) : 모니터 화면에 결과물을 출력하기 위한 명령어

(3) input( ) / print( ) 함수 사용법

① 괄호 안에 임의의 숫자와 한글, 영문 알파벳, 특수 기호 등을 사용 가능하다.

② 숫자를 제외한 나머지 문자들은 단일 따옴표(') 또는 이중 따옴표(")로 감싸서 사용한다.

(4) 입출력 함수의 유의 사항

① input( ) 함수의 결괏값 : 일련의 문자들의 집합

② print( ) 함수의 결괏값 : 숫자 또는 문자들에 상관없이 해당하는 숫자와 문자들만 표현

(5) 응용 코드

split( ) 함수 사용 : 입력된 문자를 ' '(공백) 단위로 나눔

예 예제 코드 : str1, str2=input("문자열 2개를 입력하세요."). split( )

tip

예제 코드에 대한 코드 Masking 방법

- 특징 : Masking된 코드는 프로그램 실행 시, 수행되지 않는다.
- 사용 방법

① 작성한 코드의 한 줄을 Masking하고 싶을 때, '#'을 사용하여 코드의 맨 앞에 적어 준다.

예 # print("Hello Python!")

② 작성한 코드에 대해 주석을 넣고 싶을 때, 주석을 넣고 싶은 곳에 코드에 '#'을 사용하여 작성한다.

예 print("Hello Python!") # 코드 예제1

③ 작성한 코드를 여러 줄 Masking하고 싶을 때에는 시작 위치에 큰 따옴표 3개(""""), 끝나는 위치에 큰 따옴표 3개("""")를 작성한다.

예
```
"""
print("Hello Python!")
print( )
print("Hello Python!")
"""
```

다음에 나올 각 예제의 실행은 각 코드별로 Masking 처리를 해서 실행하면 이해하는 데 큰 도움이 될 것이다.

2 입력 함수 사용 예제

예제 1. 입력(input( ))/출력(print( )) 함수 기본 사용법

- 그림 6-2 [예제 수행 결과]의 녹색 글자가 입력 내용이고 검정색 글자는 출력 내용이다.
- [예제 수행 결과]의 창에 원하는 데이터를 직접 입력하면 된다.

예제 2, 3. 출력 내용을 포함한 입력 함수의 사용

예제 4. 입력 문자에 대해 공백 단위로 나누어 입력 함수의 리턴값 출력

[예제 프로그램]

```
#예제 1
input_data = input()
print(input_data)

#예제 2
input_data = input('inputA = ')
print(input_data)
```

```
#예제 3
input_data = input('inputB = ')
print(input_data)

#예제 4
str1, str2 = input("문자열 2개를 입력하세요.").
print(str1)
print(str2)
```

그림 6-1

[예제 수행 결과]

```
3
3
inputA = 3
3
inputB = 3
3
문자열 2개를 입력하세요.sang bae
sang
bae
```

그림 6-2

3 출력 함수 사용 예제

예제 1. 출력 함수(print( )) 기본 사용법

예제 2. 출력 인자에 'sep=" " '을 사용하면 출력 글자 사이에 공백을 넣어 출력

예제 3. 출력 인자에 'sep="-"' 또는 'sep="@" '을 사용하면 출력 글자 단위에 설정 문자를 넣어 출력

예제 4. 연산자를 넣어서 결과를 출력

[예제 프로그램]

```
#예제1
print("Hello Python!")
print()
print("Hello Python!")

#예제2
print("T", "E", "S", "T")
print("T", "E", "S", "T", sep="")

#예제3
print("2021", "12", "07", "T", sep="-")
print("sangbae123", "naver.com", sep="@")

#예제4
input_data1 = 10
input_data2 = 10
print("input_data = ", input_data1)
print("input_data = ", input_data1 * input_data2)
```

그림 6-3

[예제 수행 결과]

```
Hello Python!

Hello Python!
T E S T
TEST
2021-12-07-T
sangbae123@naver.com
input_data =  10
input_data =  100
```

그림 6-4

6-2 변수

1 변수의 정의와 기본 구성

(1) 정의

① 파이썬 프로그램에서 특정 객체를 다루려면 해당 객체에 대한 레퍼런스가 필요하다.

② 레퍼런스(reference) : 객체 식별 및 참조에 사용되는 값

③ 해당 객체에 접근할 수 있도록 객체에 붙여진 이름을 변수라 한다.

(2) 생성 방법(이름 = 식)

그림 6-5에서 보는 것과 같이, '=' 기호 우측의 식이 계산되어 값이 생성되면, 그 값을 어떤 객체가 가지게 되고, 그 객체에 붙여진 이름이 변수이다.

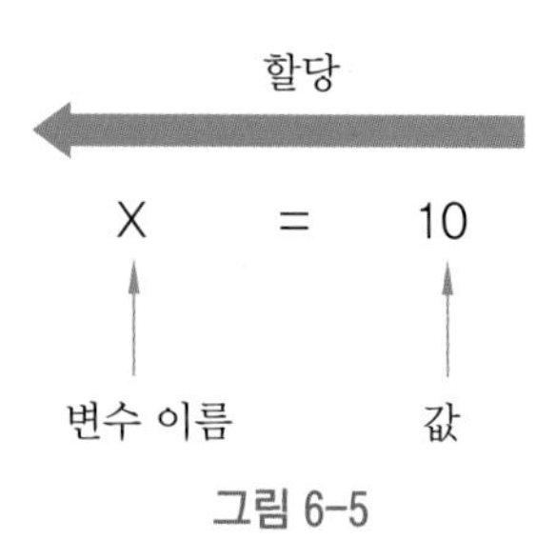

그림 6-5

(3) 변수의 속성

① 변수 'a'의 고유식별값 확인(id(a)) : 'a'로 명명된 객체의 고유식별값이 출력된다. 고유식별 값은 메모리 주소이다.

② 변수 'a'의 형 확인(type(a)) : 'a'로 명명된 객체가 가진 값의 데이터 형이다. 다음 예제에서 'a'의 형은 정수(int)이다.

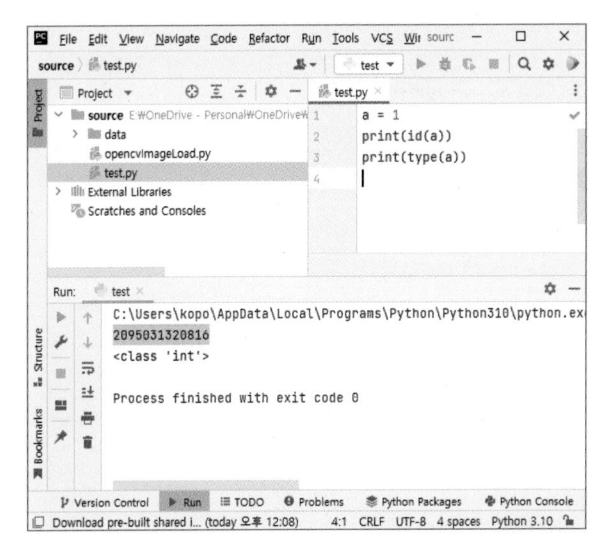

그림 6-6

(4) id( ) 함수

① 객체를 입력값으로 받아서 객체의 고유값(레퍼런스)을 반환하는 함수이다.

② id( )를 이용하면 현재 확인하고자 하는 변수의 메모리 주소를 확인할 수 있다.

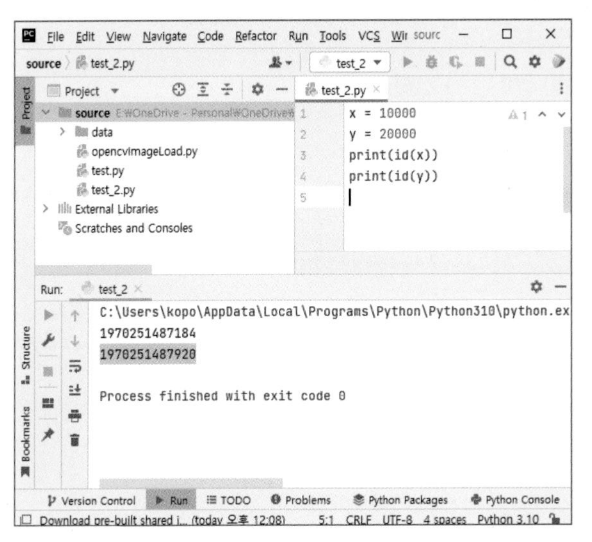

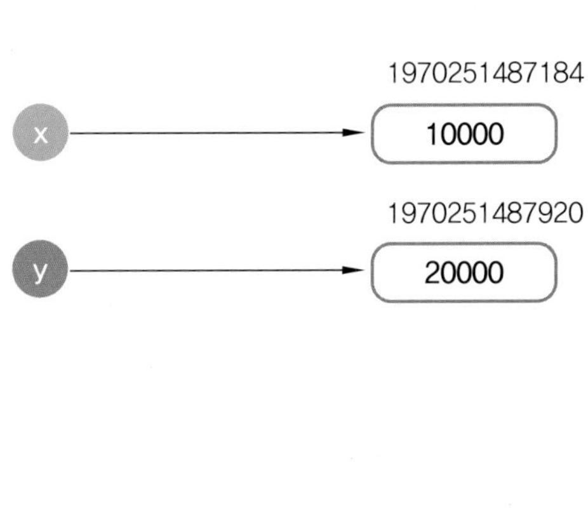

그림 6-7

(5) 변수의 명명 규칙

① 영문 문자와 숫자(0~9)를 사용할 수 있다.

② 대소문자(a~z, A~Z)를 구분한다.

③ 문자부터 시작해야 하며 숫자부터 시작하면 안된다.

④ 언더바(_)로 시작할 수 있다.

⑤ 특수 문자(+, −, *, /, $, @, &, % 등)는 사용할 수 없다.

⑥ 파이썬의 키워드(if, for, while, and, or 등)는 사용할 수 없다.

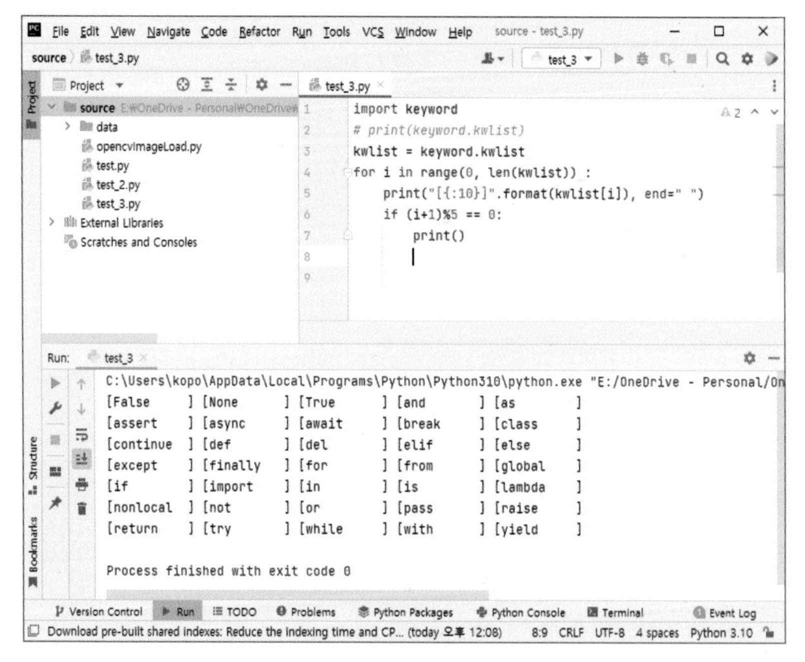

그림 6-8

(6) 변수명 사용 사례

표 6-1

적절한 변수 이름	부적절한 변수 이름
_a1, a3, b_10, d_, …	a*r, _ 2, $a, 3a, …

2 변수 사용 예제(1)

(1) 설명

① 변수 age의 값 = '20' 으로 입력한다.

② 데이터 형을 구하기 위하여 새로운 함수 type( )을 사용한다.

③ type(age)라고 하면, 〈class 'str'〉이 라고 하는 결괏값을 받는다.

④ age로 명명된 객체에는 문자열형의 값이 저장되어 있는 것을 확인할 수 있다.

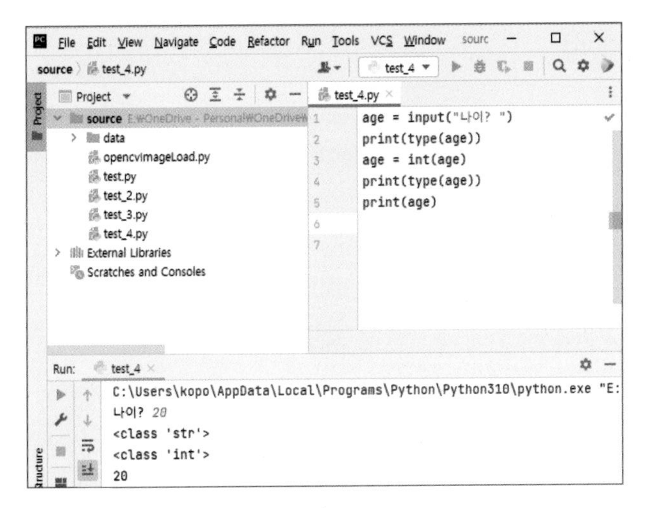

그림 6-9

3 변수 사용 예제(2)

(1) 설명

예제 1. type( ) 함수에 대한 data type 확인

예제 2. 변수 여러 개를 한 번에 만들기

예제 3. 변수값이 모두 동일하게 만들기

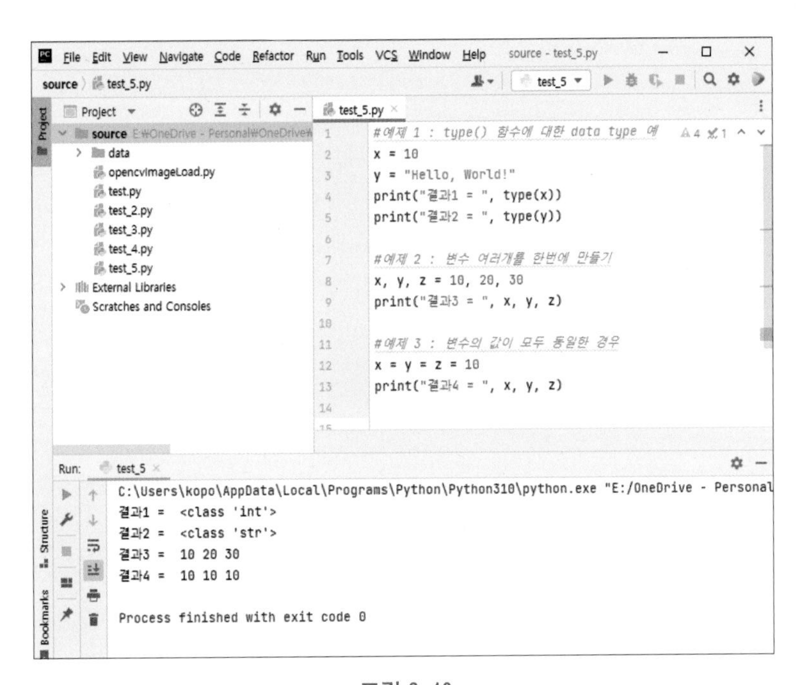

그림 6-10

4 변수 사용 예제(3)

(1) 설명

예제1. 변수를 할당할 때 변수값을 서로 바꾸기 위한 방법

예제2. 빈 변수 만들기 방법

예제3. 변수 삭제 방법

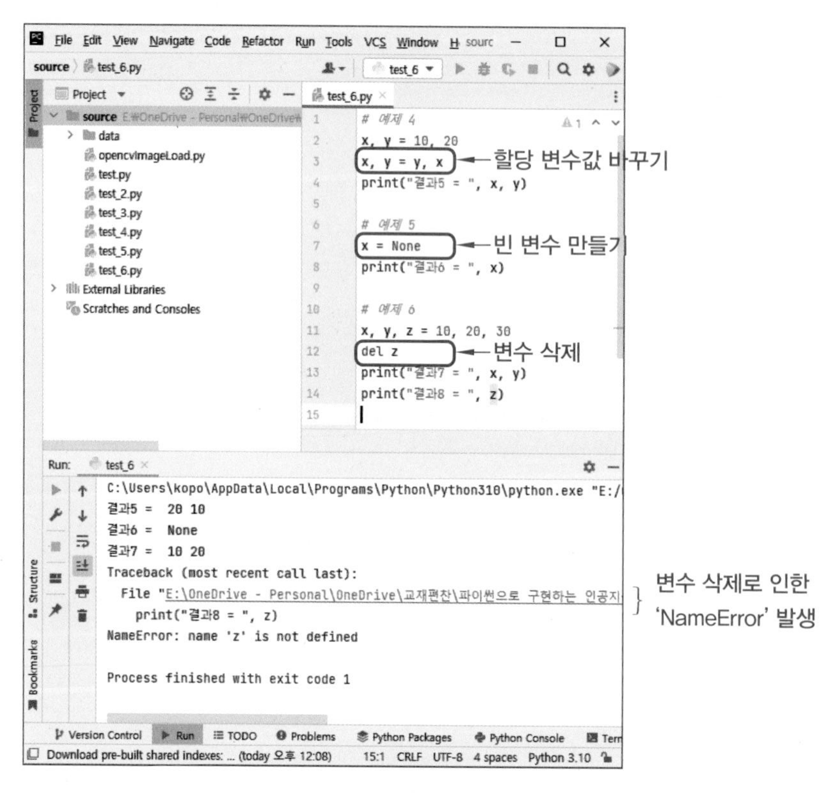


```
# 예제 4
x, y = 10, 20
x, y = y, x
print("결과5 = ", x, y)

# 예제 5
x = None
print("결과6 = ", x)

# 예제 6
x, y, z = 10, 20, 30
del z
print("결과7 = ", x, y)
print("결과8 = ", z)
```

```
결과5 =  20 10
결과6 =  None
결과7 =  10 20
Traceback (most recent call last):
  File "E:\OneDrive - Personal\OneDrive\교재편찬\파이썬으로 구현하는 인공지
    print("결과8 = ", z)
NameError: name 'z' is not defined

Process finished with exit code 1
```

그림 6-11

6-3 자료형(데이터형, data type)

1 파이썬의 기본 자료형(data type)

파이썬의 기본 자료형은 크게 수치 자료형, 불 자료형, 군집 자료형으로 구분할 수 있다. 그림 6-12는 파이썬에서 사용되는 기본 자료형들이다. 수치 자료형은 단순 숫자로 할당된 변수들의 데이터 타입들로 이루어져 있다. 불(bool) 자료형은 참 또는 거짓으로 할당된 변수들의

데이터 타입들로 구성되어 있다. 군집 자료형은 C/C++언어에서 볼 수 없는 자료형으로 군집 자료형을 잘 사용하면 반복문의 사용을 많이 줄일 수 있다.

수치 자료형	int, float, complex : 단순 숫자 타입
불 자료형	bool(True or False) : 참 or 거짓
군집 자료형	str, list, tuple, set, dict : 여러 데이터를 저장

그림 6-12 파이썬의 기본 자료형

아래 표 6-2는 기본 자료형 중에 가장 많이 사용되는 기본 데이터형이다. C/C++언어에서는 변수를 설정할 때 변수의 데이터 타입을 개발자가 지정하지만 파이썬에서는 자동으로 데이터 타입이 정수형(int), 실수형(float), 문자열형(str), 논리형(bool)으로 할당된다. 변환 함수는 데이터 타입을 변경하고 싶을 때 사용된다. 이것을 형 변환(type casting)이라고 한다. 즉, 개발 상황에 따라서 또는 필요에 따라서 자료형(data type)이 다른 것으로 변환되는 것을 말한다.

표 6-2 Python의 기본 데이터형

데이터형	의미	예제	변환 함수
int	정수형	… −3, −2, −1, 0, 1, 2, 3 …	int(...)
float	실수형	−2.54, 0.35, 4.2e5, 3.0e−5, …	float(...)
str	문자열형	‘a’, “강아지”…	str(...)
bool	참, 거짓을 나타내는 논리형	True, False	bool(...)

2 수 체계

(1) 정수형

① 영어로 integer, 줄여서 파이썬에서는 int라고 표현한다.

② 정수끼리 더하거나 곱하거나 빼면 정수이다.

③ 정수끼리 나누면 실수가 나올 수 있으나, 나눗셈의 몫만을 구하려면 ‘//’ 연산자를 이용한다.

a = 5//3 #계산 결과 : a=1

④ 실수를 정수로 바꾸려면 int( )를 이용한다.

a = int(5.4) #계산 결과 : a=5

(2) 10진수 체계

파이썬은 기본 10진수이기 때문에 다른 진수는 아래와 같이 접두어가 붙는다.

→ 2진수 : '0b', 8진수 : '0o', 16진수 : '0x'

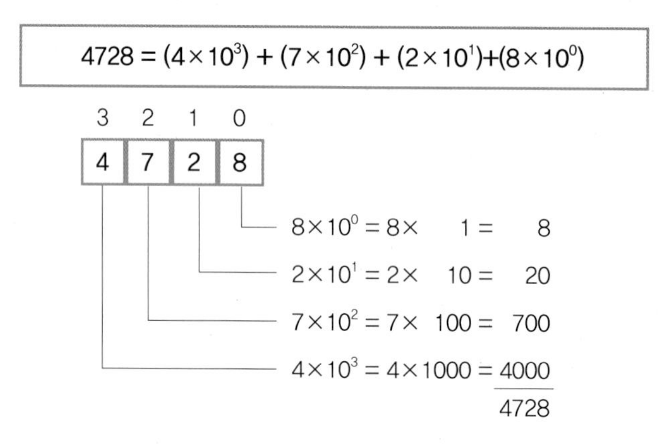

그림 6-13 10진수 체계

(3) 2진수 체계

① 어떤 워드 내에 있는 하나의 비트는 두 가지 논리적 상태 가짐 : 논리적 1(ON) 조건 또는 논리적 0(OFF) 조건만 가진다.

② 10진수를 2진수로 변환하는 방법은 **그림 6-14**에서 보는 것과 같이, 2로 나눈 나머지를 취하고 다시 2로 나눈 나머지를 취하는 방법을 반복하여 몫이 '0' 또는 '1'이 될 때까지 반복적으로 수행하면 된다.

2) 47
2) 23 ······ 1
2) 11 ······ 1
2) 5 ······ 1
2) 2 ······ 1
1 ······ 0

그림 6-14 10진수를 2진수로 변환

③ **그림 6-15**에서 보는 것과 같이, 1개 또는 그 이상의 바이트(byte)를 워드(word)라고 한다.

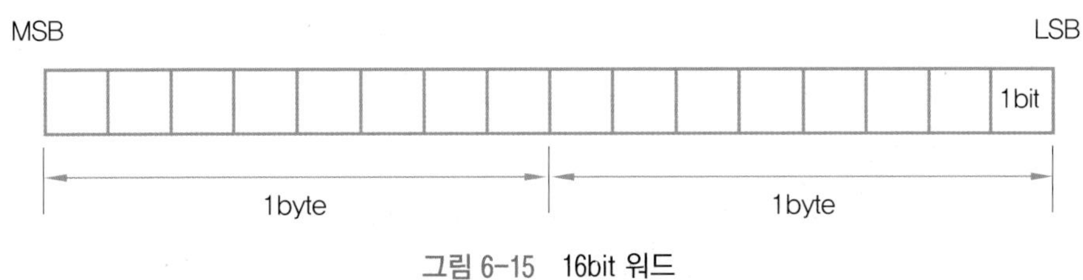

그림 6-15 16bit 워드

④ 2진수를 10진수로 변환하는 방법은 2진수의 값에 2진수의 제곱근을 곱해준 후 서로 더해 주면 된다. 2진수는 1, 2, 4, 8, 16, 32, 64, 128, 256, … 으로 상승하게 된다.

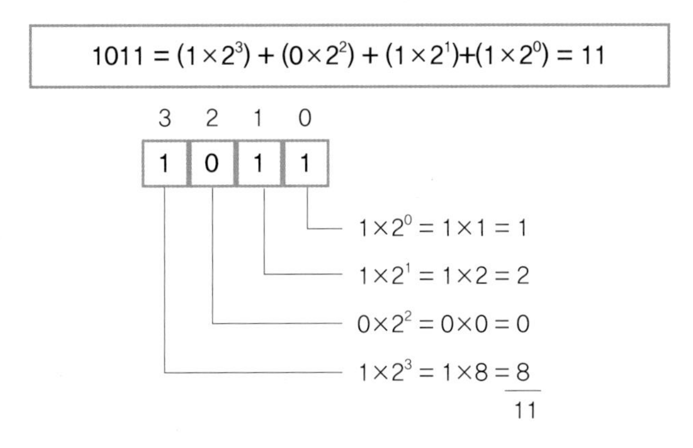

그림 6-16 2진수를 10진수로 변환

(4) 8진수 체계

① 8진수 : 0~8까지로 구성된다.

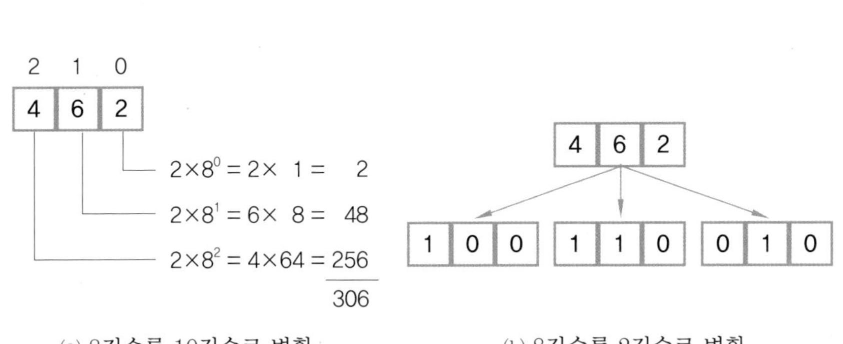

2진법	8진법
000	0
001	1
010	2
011	3
100	4
101	5
110	6
111	7

(a) 8진수를 10진수로 변환 (b) 8진수를 2진수로 변환 (c) 2진법과 8진법

그림 6-17 8진수 체계

② 그림 6-17에서 보는 것과 같이, 8진수를 10진수로 바꾸려면 각 숫자와 자릿값을 곱하여 모두 더하면 됩니다. 8진수를 2진수로 변환하려면 8진수의 숫자들을 하나씩 2진수로 바꾸어 3자리의 2진수로 각각을 표현하면 된다.

(5) 16진수 체계

① 16진수 : 0, 1, 2, 3, 4, 5, 6, 7, 8, 9, a, b, c, d, e, f로 총 16개로 구성된다. 여기서 a=10(10), b=11(10), c=12(10), d=13(10), e=14(10), f=15(10)를 뜻한다.

② 그림 6-18에서 보는 것과 같이, 16진수를 10진수로 변환하는 방법은 2진수를 10진수로 변환하는 방법과 비슷하다. 맨 뒤부터 16의 0제곱, 1제곱, 2제곱, 3제곱, …, n제곱을 하여 모두 더하면 된다.

③ 10진수에서 16진수로의 변환은 2진수로의 변환과 똑같이 10진수를 16으로 계속 나누어 주면 된다.

16진법	2진법	10진법
0	0	0
1	1	1
2	10	2
3	11	3
4	100	4
5	101	5
6	110	6
7	111	7
8	1000	8
9	1001	9
A	1010	10
B	1011	11
C	1100	12
D	1101	13
E	1110	14
F	1111	15

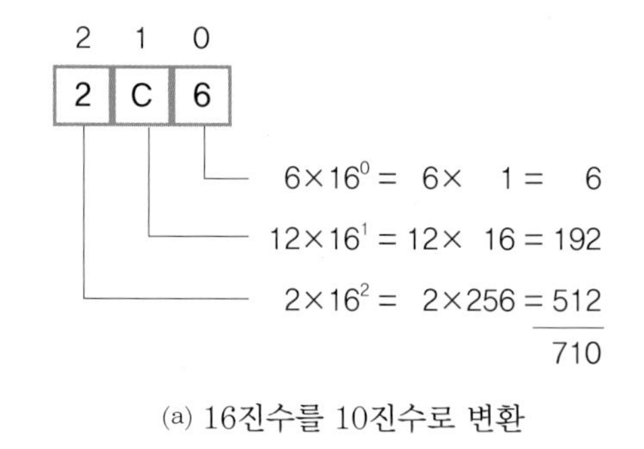

(a) 16진수를 10진수로 변환

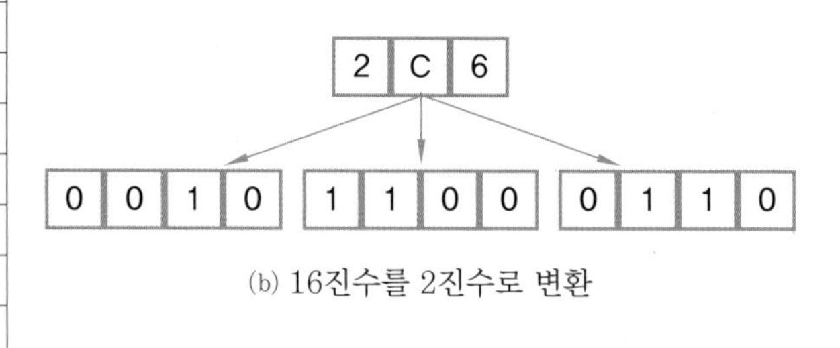

(b) 16진수를 2진수로 변환

그림 6-18 16진수 체계

(6) 실수형

① 부동소수점이라는 표현법을 이용해 소수점을 표현할 수 있는 숫자이다.

② 정수를 실수로 바꾸려면 float( )를 사용한다.

(7) 정수형과 실수형에 대한 형 변환 예제

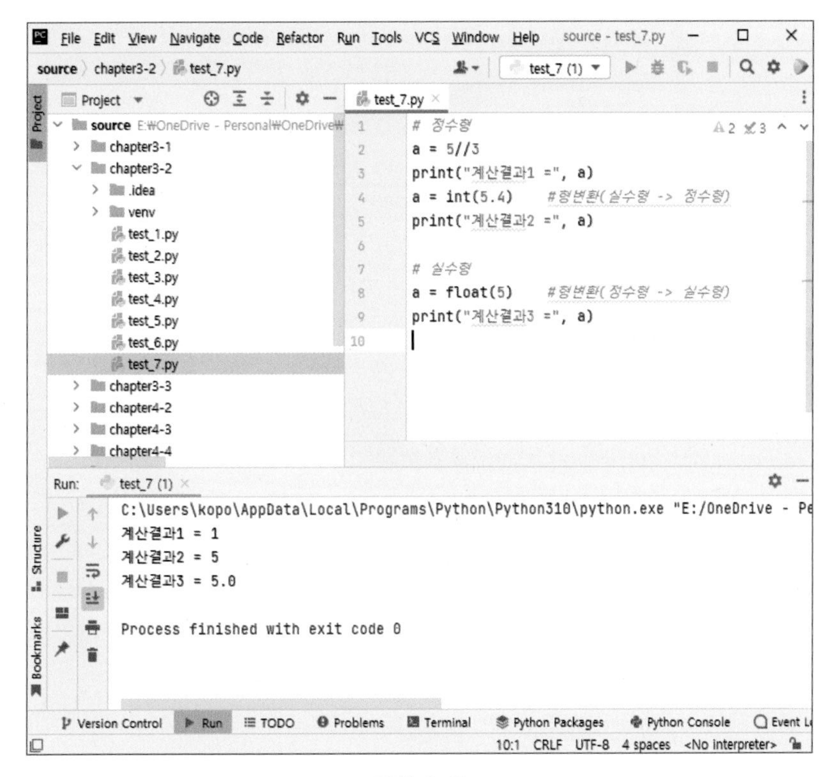

그림 6-19

3 자료형의 구성 및 기본 사용법

(1) 수치 자료형 (int, float, complex : 단순 숫자 타입)

① int형이란?

정수형에 대한 데이터 타입이다.

② float 형이란?

실수형에 대한 데이터 타입이다.

③ complex형이란?

복소수에 대한 데이터 타입이다.

④ 수치 자료형의 사용 예제

ⓐ '1024'는 정수이며 정수형의 데이터 타입을 확인하는 예제이다.

ⓑ '3.14'와 '314e-2'는 실수이며 실수형의 데이터 타입을 확인하는 예제이다.

ⓒ '3 + 4j'는 복소수이며 complex 타입을 확인할 수 있는 예제이다.

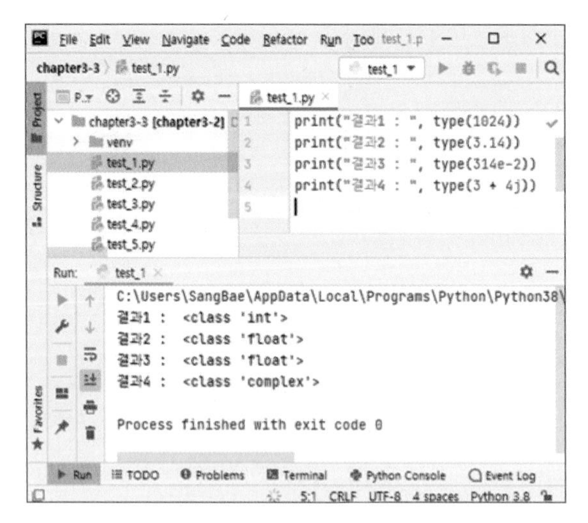

그림 6-20

(2) 불(bool) 자료형

① bool 형이란?

ⓐ 참(True) 또는 거짓(False)만을 담을 수 있는 데이터 타입이며 True는 '1'의 데이터값을 가지고 False는 '0'의 데이터 값을 가진다.

ⓑ 비교 연산자는 bool 값('0' 또는 '1')을 Return한다.

② 불 자료형 사용 방법에 대한 예제

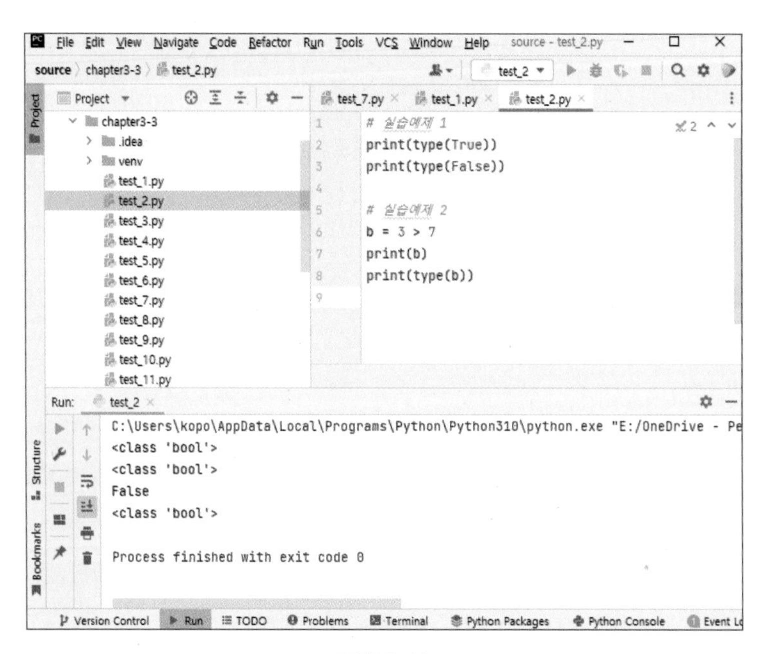

그림 6-21

ⓐ 실습 예제 1 : 불(bool) 자료형의 데이터 타입을 확인할 수 있다.

ⓑ 실습 예제 2 : '3'과 '7'의 데이터를 비교했을 때 반환되는 값이 참(True)과 거짓(False)으로 표현됨을 확인할 수 있다.

(3) 군집 자료형

① 문자열(str)이란?

ⓐ str : string의 약자(character string : 문자열)이다.

ⓑ 숫자를 문자로 바꾸려면 str( ) 함수를 사용한다.

② 문자열(str)의 기본 사용 방법에 대한 예제

ⓐ ❶은 str( ) 함수를 사용한 예제로 정수형 값을 문자형 값으로 변환하는 방법과 그 결과이다. 반면에 ❷는 정수형 값을 그대로 출력한다.

ⓑ Input( ) 함수의 반환값은 문자열이기 때문에 연산을 위해서는 정수형 값으로 형 변환(type casting)을 해야 한다.

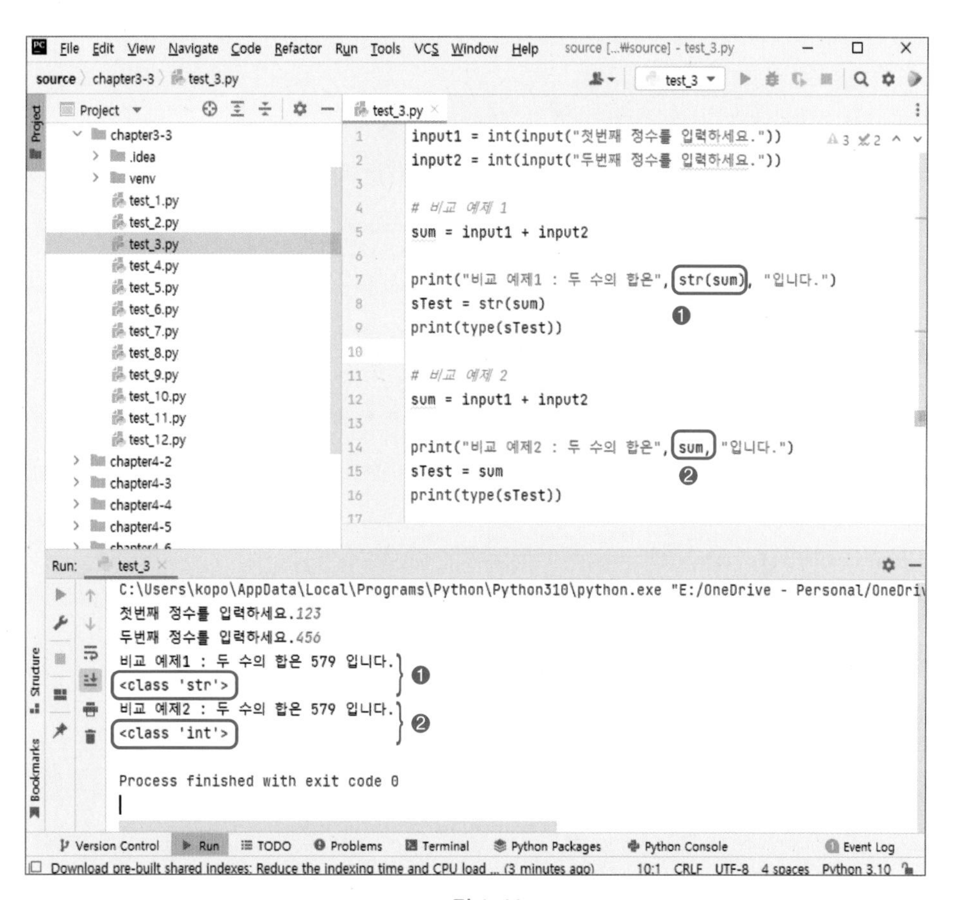

그림 6-22

③ 데이터의 슬라이싱(slicing)이란?

ⓐ 슬라이싱(slicing) or 슬라이스(slice) : 연속적인 객체들에(예 리스트, 튜플, 문자열) 범위를 지정해 선택해서 객체들을 가져오는 방법 및 표기법을 의미한다.

ⓑ 슬라이싱을 하면 새로운 객체를 생성하게 된다. 즉, 일부분을 복사해서 가져온다고 생각하면 된다.

④ 슬라이싱의 기본 형태

ⓐ a라는 연속적인 객체들의 자료 구조(예 리스트, 튜플, 문자열)가 있다고 가정을 했을 때 기본 형태는 아래와 같다.

a[start : end : step]

ⓑ 각각 start, end, step 모두 양수와 음수를 가질 수 있다.

- start : 슬라이싱을 시작할 시작 위치이다.
- end : 슬라이싱을 끝낼 위치로 end는 포함하지 않는다.
- step : stride라고도 하며 몇 개씩 끊어서 가져올지를 정한다(옵션).

⑤ 슬라이싱의 인덱스 값 위치

ⓐ 위에 설명한 대로 값들을 양수 혹은 음수를 가질 수 있다.

- 양수 : 연속적인 객체들의 제일 앞에서부터 0을 시작으로 번호를 매긴다.
- 음수 : 연속적인 객체들의 제일 뒤에서부터 −1을 시작으로 번호를 매긴다.

ⓑ 아래는 ['a', 'b', 'c', 'd', 'e']라는 리스트가 있을 때 인덱스를 의미한다.

a = ['a', 'b', 'c', 'd', 'e']

```
// Index References
------------------------
| a | b | c | d | e |
------------------------
| 0 | 1 | 2 | 3 | 4 | // 양수의 경우
------------------------
|-5 |-4|-3 |-2 |-1| // 음수의 경우
------------------------
```

⑥ 문자열(str) 및 리스트(list) 데이터의 슬라이싱(slicing) 사용 방법

ⓐ 본 예제는 문자열에 대한 슬라이싱 방법을 적용한 결과이다. 그림 6-23에서 실습 예제 1은 문자로 구성된 데이터 값들이고, 실습 예제 2는 숫자로 구성된 리스트 값들이다. 슬라이싱 기법을 잘 사용하면 반복문의 사용을 크게 줄일 수 있다.

ⓑ 본 예제를 살펴보면, '[0:6]'은 인덱스 0부터 시작해서 5까지 6글자를 의미한다. '[7:]'로 리스트 인덱스를 선언하면 7번째에 있는 리스트 값부터 마지막까지의 값들을 의미하게 된다. '[7:-4]'라고 리스트의 위치를 선언하면 7번째에 있는 리스트 값부터 리스트의 마지막 위치에서 거꾸로 -5번째 사이의 값들을 의미하게 된다.

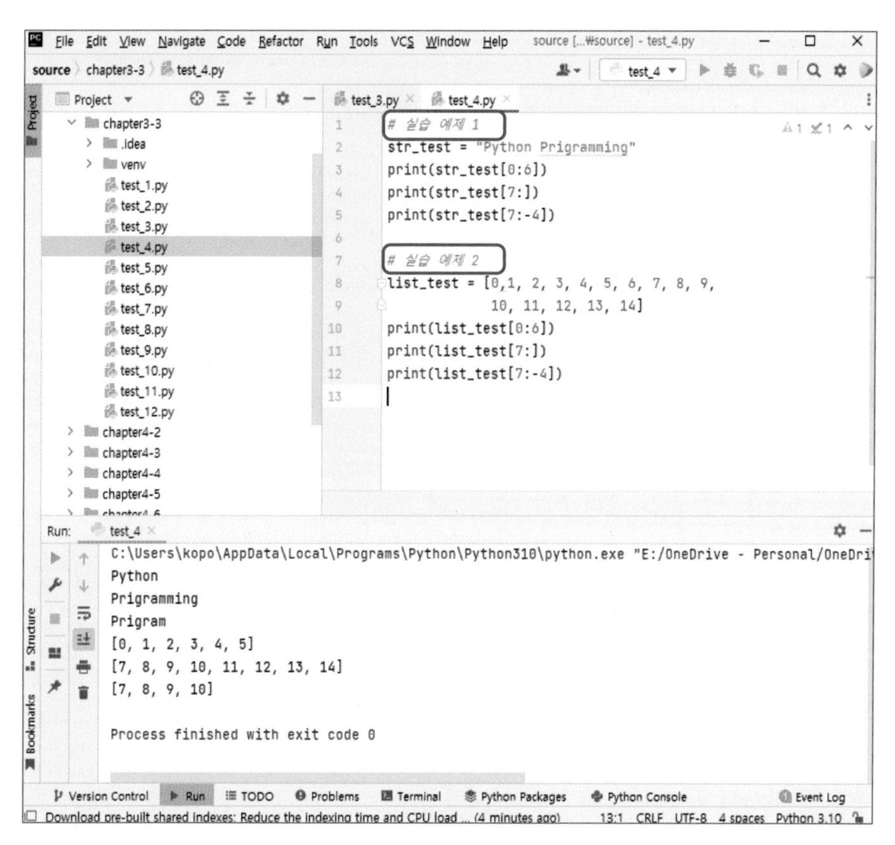

그림 6-23

⑦ 리스트형(list type)이란?

ⓐ 원소(element)라고 부르는 값들의 집합이다.

ⓑ 각 값은 순서 정보를 가지며 대괄호로 묶어 표현한다.

ⓒ 값의 사이에는 콤마(,)가 있다.

ⓓ List( )라는 함수 또는 [ ]로 빈(empty) 리스트를 만들 수 있다.

예 'alist = [10, 20, 30]'(1차원 리스트)이라고 정의한다면, 변수 alist는 값이 [10, 20, 30]인 리스트 객체를 레퍼런스하기 위한 이름, 즉 alist를 리스트 변수라 한다. alist[0]의 값은 10, alist[1]의 값은 20, alist[2]의 값은 30이 된다.

⑧ 2차원 리스트 사용 방법

ⓐ 리스트를 사용할 때 한 줄로 늘어선 1차원 리스트를 사용했을 때 평면 구조를 갖는 2차원 리스트는 가로×세로 형태로 이루어져 있으며 행(row)과 열(column) 모두 0부터 시작한다.

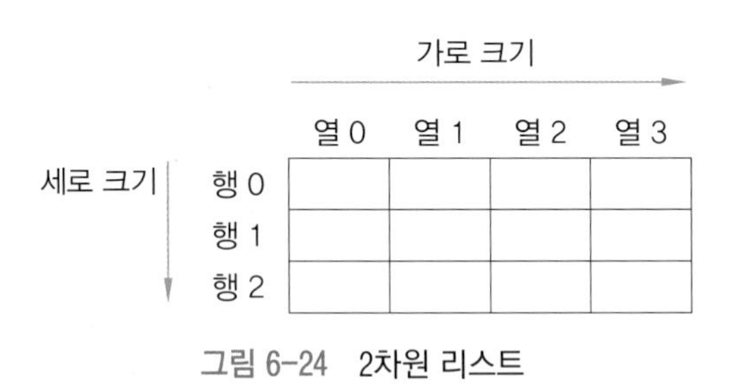

그림 6-24 2차원 리스트

ⓑ 2차원 리스트를 만들고 원소에 접근하기

- 2차원 리스트는 리스트 안에 리스트를 넣어서 만들 수 있으며 안쪽의 각 리스트는 ,(콤마)로 구분한다.

  리스트 = [[값, 값], [값, 값], [값, 값]]

- 2차원 리스트의 원소에 접근하거나 값을 할당할 때는 리스트 뒤에 [ ](대괄호)를 두 번 사용하며 [ ] 안에 세로(row) 인덱스와 가로(column) 인덱스를 지정해주면 된다.

  리스트[세로 인덱스][가로 인덱스]

  리스트[세로 인덱스][가로 인덱스] = 값

- 2차원 리스트도 인덱스는 0부터 시작한다. 따라서 리스트의 가로 첫 번째, 세로 첫 번째 원소는 a[0][0]이 된다.

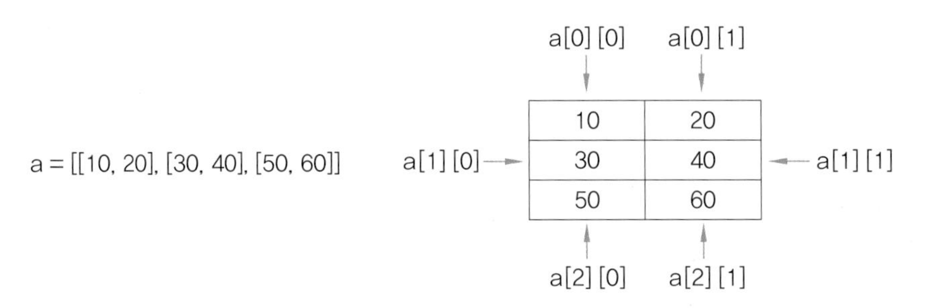

그림 6-25 인덱스로 2차원 리스트의 원소에 접근

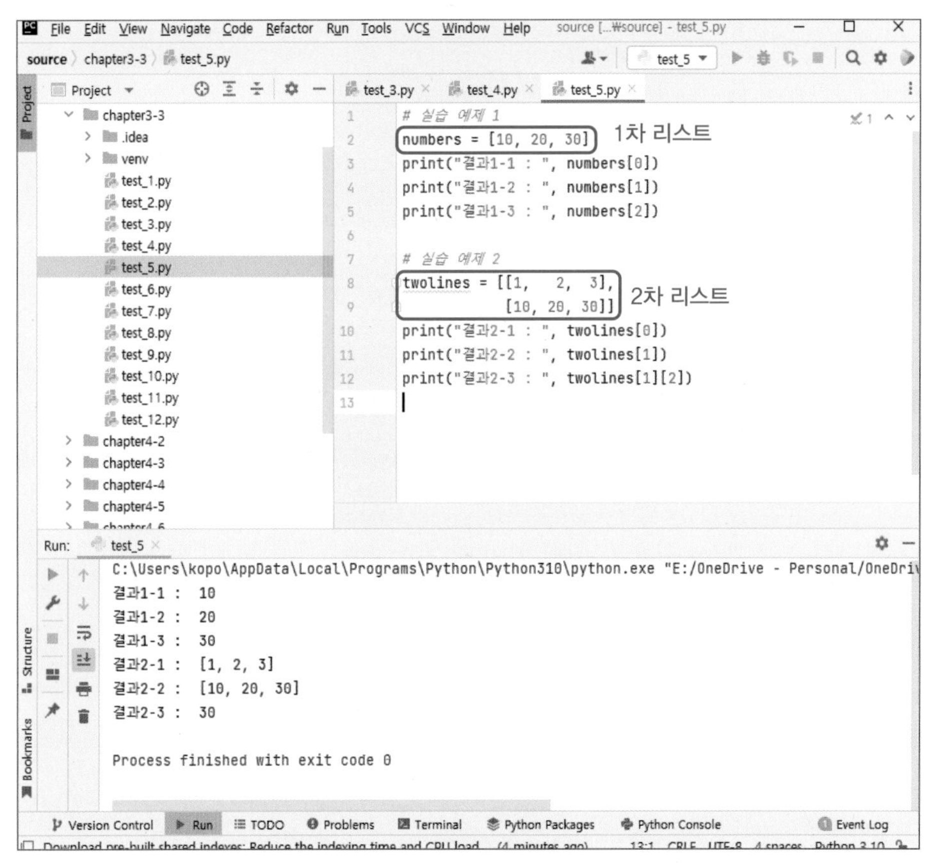

그림 6-26

⑨ 톱니형 리스트(jagged list)란?

ⓐ 2차원 리스트 [[10, 20], [30, 40], [50, 60]]는 가로 크기가 일정한 사각형 리스트이다. 특히 파이썬에서는 가로 크기가 불규칙한 톱니형 리스트도 만들 수 있다.

```
a = [[10, 20],
     [500, 600, 700],
     [9],
     [30, 40],
     [8],
     [800, 900, 1000]]
```

ⓑ 리스트 a는 가로 크기(행의 원소 개수)가 제각각이다. 이런 리스트는 원소가 배치된 모양이 톱니처럼 생겼다고 하여 톱니형 리스트라고 부른다.

ⓒ 톱니형 리스트는 다음과 같이 append 메소드 등을 사용하여 동적으로 생성할 수도 있다.

[예제 코드]

```
a = [ ]
a.append([ ])
a[0].append(10); a[0].append(20)
a.append([ ])
a[1].append(500); a[1].append(600)
a[1].append(700)
print(a)
```

[실행 결과]

```
[[10, 20], [500, 600, 700]]
```

⑩ 리스트의 원소 추가/삭제, 위치 반환 방법에 대한 예제

그림 6-27

ⓐ append( ) : 리스트의 마지막에 원소를 추가할 수 있는 메소드

- 결과1-1은 'a' 리스트 끝에 '4'의 원소를 추가하는 과정이다. append 메소드는 주로 시계열 데이터로 입력되는 값을 리스트에 누적하고 싶을 때 많이 사용된다.

ⓑ insert( ) : 원하는 리스트의 위치에 원소를 추가할 수 있는 메소드

- 결과1-2는 'a' 리스트의 2번째 인덱스에 '10'의 데이터를 추가하는 과정이다.

ⓒ remove( ) : 원하는 리스트 값을 삭제할 수 있는 메소드

- 결과1-3은 'a' 리스트의 값에서 '3'의 원소를 삭제하는 과정이다.

ⓓ del : 원하는 위치의 리스트 원소 삭제

- 결과1-4는 'a' 리스트에서 '0'번째 인덱스에 해당하는 원소를 삭제하는 과정이다.

ⓔ index( ) : 리스트 값의 위치를 반환

- 결과2-1은 'a' 리스트에서 '10'의 원소가 있는 인덱스의 값을 반환하는 과정이다.

ⓕ '+' 연산자 : 리스트끼리 더하면 리스트의 원소들을 하나의 리스트로 만듦

- 결과2-4는 'a' 리스트와 'b' 리스트를 더하여 하나의 리스트를 만드는 과정이다.

ⓖ '+=' 연산자 : 연산자의 왼쪽 값과 오른쪽 값을 더하여 왼쪽 값에 mapping 한다.

⑪ 딕셔너리형(dictionary type)이란?

ⓐ 사전처럼 키(key)와 키에 대한 의미(value)의 쌍을 여러 개 가지고 있는 집합형을 딕셔너리형(dictionary type)이라 한다.

ⓑ 쌍 사이에 콤마(,)가 있고 함수 dict( )로 초기화된다.

ⓒ 순서를 가지지 않고 키(key)를 이용하여 값(value)을 찾을 수 있다.

ⓓ 키값이 중복되면 안되고, 리스트나 딕셔너리를 키값으로 사용할 수 없다.

ⓔ 딕셔너리형은 '{', '}' 사이에 key와 value를 할당하고 key와 value 구분은 ':'로 분리되어 있다.

[예제 코드]

countries = {"대한민국":"서울", "미국":"워싱턴DC", "노르웨이":"오슬로"}

[설명] countries["대한민국"]의 값은 "서울"이고, countries["미국"]의 값은 "워싱턴DC"

⑫ 딕셔너리형 사용 방법에 대한 기본 예제

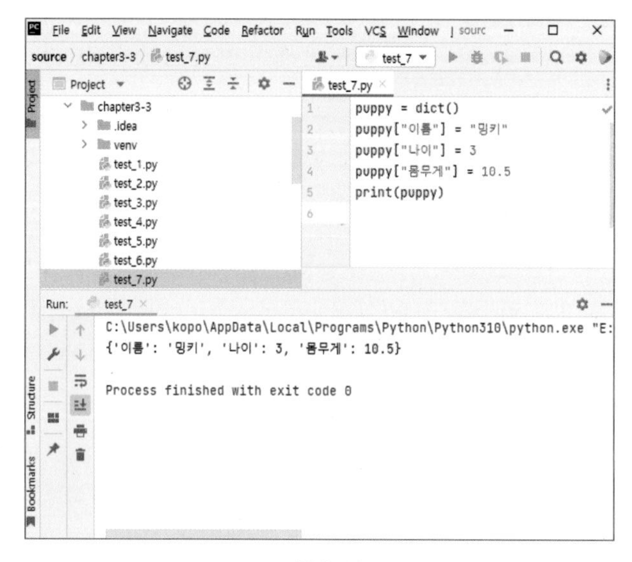

그림 6-28

⑬ 딕셔너리형에 대한 데이터 컨트롤 방법에 대한 예제

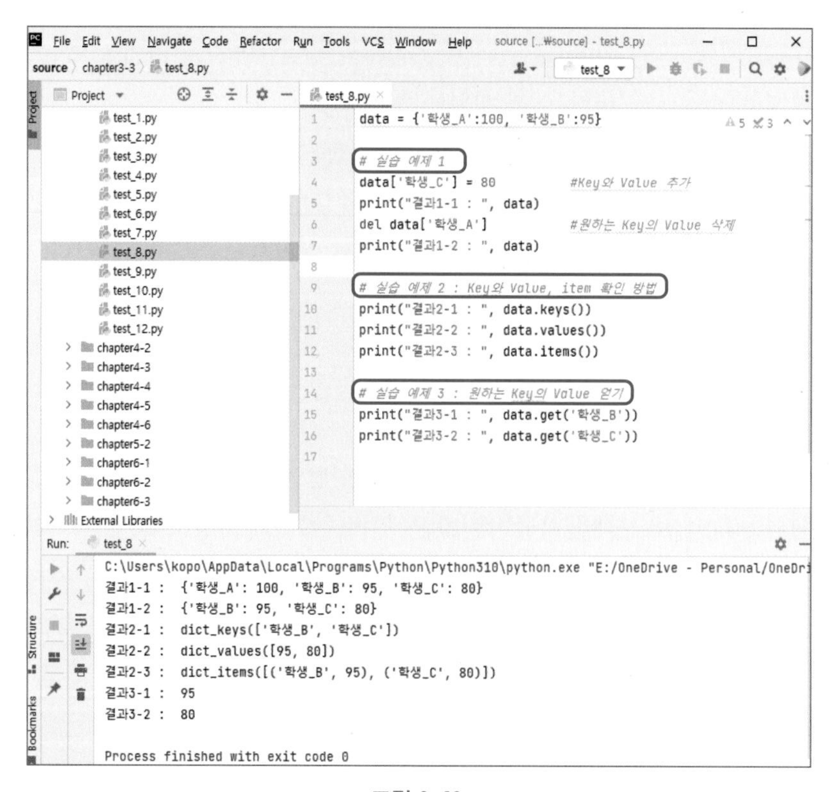

그림 6-29

ⓐ 실습 예제 1 : Key와 Value를 추가하는 방법과 삭제하는 방법

- key 추가 : 추가하고 싶은 key를 'data['학생_C']'처럼 할당
- value 추가 : key('data['학생_C']')에 해당하는 value 값을 '= 80' 처럼 추가
- key와 value 삭제 : del 키워드를 사용하여 삭제하고자 하는 key를 'data['학생_A']' 처럼 작성하여 삭제할 수 있다.

ⓑ 실습 예제 2 : keys( ), values( ), items( ) 함수를 사용하여 각각의 데이터를 확인할 수 있다.

ⓒ 실습 예제 3 : get( ) 함수를 사용하여 원하는 key에 해당하는 value를 얻을 수 있다.

⑭ 집합형(set type)이란?

ⓐ 원소(element)라고 부르는 값들의 집합이다.

ⓑ 리스트와 다르게 순서가 없고, 원소값이 중복되지 않는다.

ⓒ 중괄호{ }로 묶어 표현하고 값의 사이에는 콤마(,)가 있다.

ⓓ 순서가 없으므로 원소의 위치(index)를 알 수 없다.

ⓔ 집합 연산자들

- 교집합(&), 합집합(|), 차집합(−)
- 원소를 추가 : add( )
- 여러 원소를 함께 추가 : update( )
- 원소를 삭제 : remove( )

⑮ 집합형 연산자의 사용 방법에 대한 기본 예제

ⓐ 실습 예제 1 : data1과 data2의 합집합을 연산하기 위하여 '|' 연산자를 사용하거나 'union( )' 함수를 사용하여 계산할 수 있다(합집합 : 집합 A에 속하거나 B에 속하는 원소로 이루어진 집합).

ⓑ 실습 예제 2 : data1과 data2의 교집합을 연산하기 위하여 '&' 연산자를 사용하거나 'intersection( )' 함수를 사용하여 계산할 수 있다(교집합 : 두 집합 A, B에 대하여 집합 A에도 속하고 B에도 속하는 원소로 이루어진 집합).

ⓒ 실습 예제 3 : data1과 data2의 차집합을 연산하기 위하여 '−' 연산자를 사용하거나 'difference( )' 함수를 사용하여 계산할 수 있다(차집합 : 두 집합 A, B에 대하여 A의 원소 중에서 B에 속하지 않는 모든 원소들로 이루어진 집합).

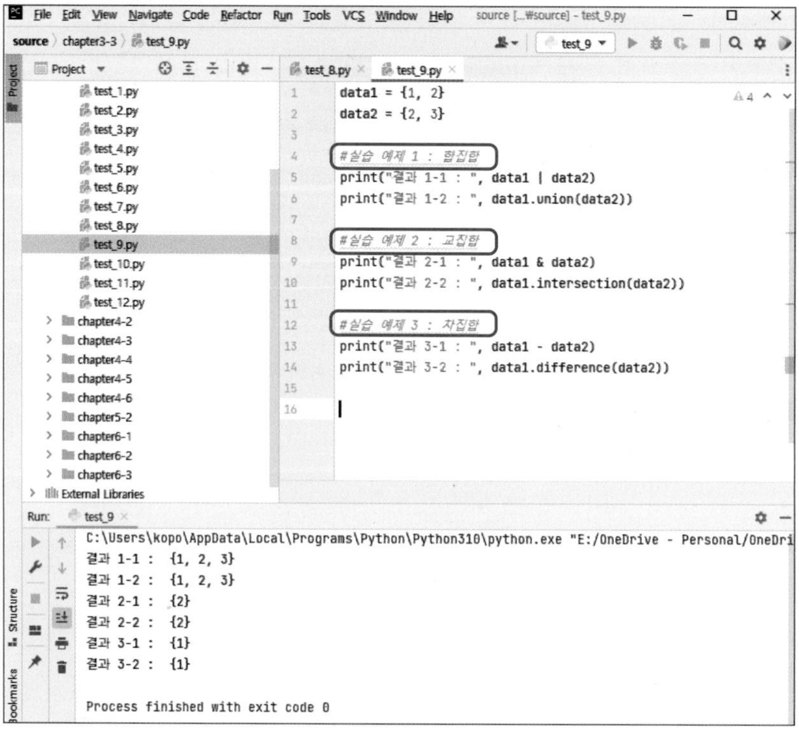

```python
data1 = {1, 2}
data2 = {2, 3}

#실습 예제 1 : 합집합
print("결과 1-1 : ", data1 | data2)
print("결과 1-2 : ", data1.union(data2))

#실습 예제 2 : 교집합
print("결과 2-1 : ", data1 & data2)
print("결과 2-2 : ", data1.intersection(data2))

#실습 예제 3 : 차집합
print("결과 3-1 : ", data1 - data2)
print("결과 3-2 : ", data1.difference(data2))
```

```
C:\Users\kopo\AppData\Local\Programs\Python\Python310\python.exe "E:/OneDrive - Personal/OneDri
결과 1-1 :  {1, 2, 3}
결과 1-2 :  {1, 2, 3}
결과 2-1 :  {2}
결과 2-2 :  {2}
결과 3-1 :  {1}
결과 3-2 :  {1}

Process finished with exit code 0
```

그림 6-30

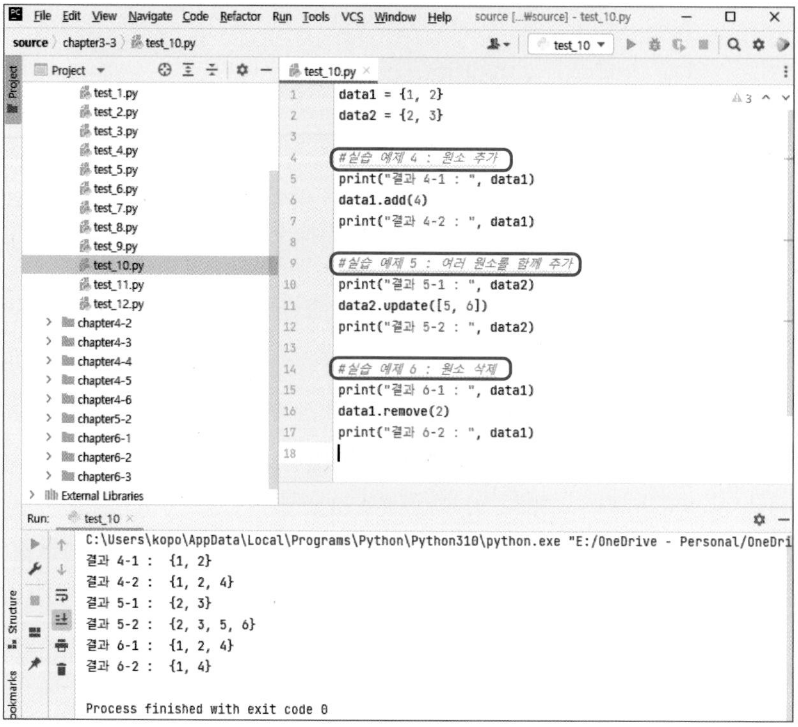

```python
data1 = {1, 2}
data2 = {2, 3}

#실습 예제 4 : 원소 추가
print("결과 4-1 : ", data1)
data1.add(4)
print("결과 4-2 : ", data1)

#실습 예제 5 : 여러 원소를 함께 추가
print("결과 5-1 : ", data2)
data2.update([5, 6])
print("결과 5-2 : ", data2)

#실습 예제 6 : 원소 삭제
print("결과 6-1 : ", data1)
data1.remove(2)
print("결과 6-2 : ", data1)
```

```
C:\Users\kopo\AppData\Local\Programs\Python\Python310\python.exe "E:/OneDrive - Personal/OneDri
결과 4-1 :  {1, 2}
결과 4-2 :  {1, 2, 4}
결과 5-1 :  {2, 3}
결과 5-2 :  {2, 3, 5, 6}
결과 6-1 :  {1, 2, 4}
결과 6-2 :  {1, 4}

Process finished with exit code 0
```

그림 6-31

ⓓ 실습 예제 4 : add( ) 함수를 사용하여 원하는 원소를 추가할 수 있다.

ⓔ 실습 예제 5 : update( ) 함수를 사용하면 여러 원소를 함께 추가할 수 있다.

ⓕ 실습 예제 6 : remove( ) 함수를 사용하여 원하는 원소를 삭제할 수 있다.

⑯ 튜플형(tuple type)이란?

ⓐ 리스트형과 유사하다.

ⓑ 리스트는 여러 원소들을 대괄호 '[ ]'로 묶어 표현하지만, 튜플은 원소들을 소괄호'( )'로 묶어 표현하거나 콤마로 나열하여 표현한다.

예 a = (1, 2, 3) 또는 a = 1, 2, 3으로 표현

ⓒ 원소의 값들은 새로운 원소값의 추가, 변경, 삭제가 가능하지만 튜플은 변경할 수 없다.

ⓓ 튜플은 한 개의 원소를 갖는 경우 한 개의 원소 뒤에 콤마를 찍어 표현한다.

ⓔ 인덱싱, 슬라이싱, 더하기, 곱하기, 튜플 원소 개수 구하기가 가능하다.

⑰ 튜플형(tuple type) 사용 방법의 기본 예제(1)

그림 6-32

ⓐ 실습 예제 1

- 튜플 변수 뒤에 대괄호를 '[ ]'을 사용하여 범위를 지정하면 그 범위만큼의 데이터를 선택/출력할 수 있다.
- 데이터 선택 : 대괄호 '[ ]' 안에 원하는 원소의 인덱스를 적거나 ':' 기호를 사용하여 원하는 범위('시작 인덱스 : 종료 인덱스)의 인덱스를 지정하면 그 범위만큼의 원소들을 선택할 수 있다.

ⓑ 실습 예제 2 : '+' 연산 기호를 사용하면 튜플형 데이터의 원소들을 합칠 수 있다.

ⓒ 실습 예제 3 : '*' 연산 기호를 사용하면 튜플형 데이터의 길이를 늘릴 수 있다.

ⓓ 실습 예제 4 : len( ) 함수를 사용하면 튜플형 변수의 길이를 알 수 있다.

⑱ 튜플형(tuple type) 사용 방법의 기본 예제(2)

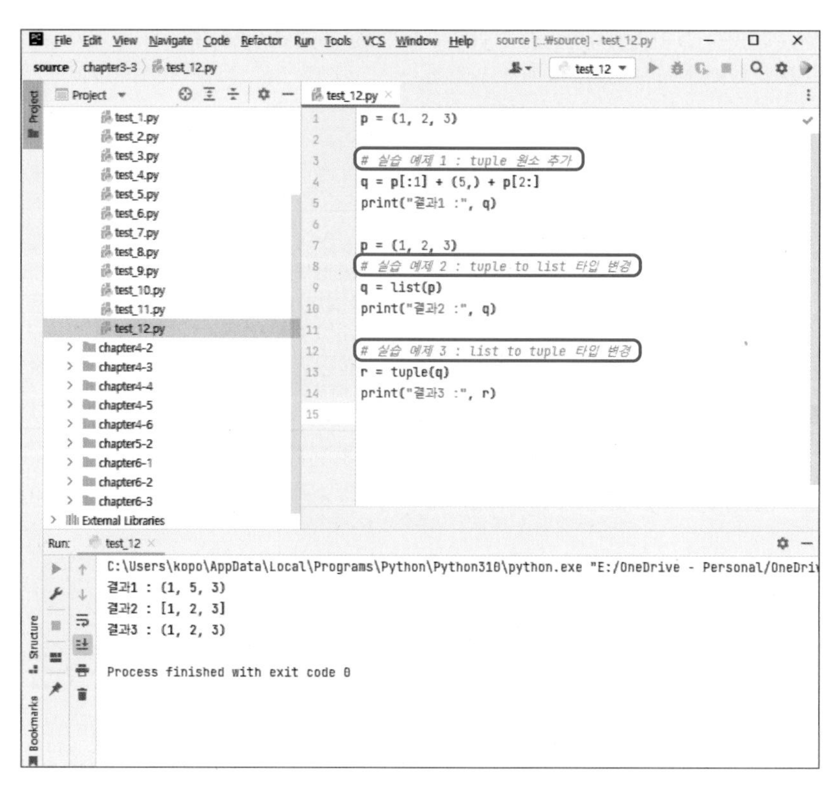

그림 6-33

ⓐ 실습 예제 1

- 튜플(tuple) 원소를 추가한다.
- 튜플은 리스트와 달리 원소값을 직접 바꿀 수 없기 때문에, 문자열 예제에서 했던 것처럼 데이터들을 오려 붙이는 방법을 써야 한다.

ⓑ 실습 예제 2 : 튜플형(tuple type) 데이터 타입을 'list( )' 함수를 사용하면 리스트형 데이터 타입으로 변경할 수 있다.

ⓒ 실습 예제 3 : 리스트 데이터 타입을 'tuple( )' 함수를 사용하면 튜플형 데이터 타입으로 변경할 수 있다.

6-4 연산자(operator)

1 파이썬의 기본 연산자

(1) 정의

피연산자를 이용하여 연산자의 정의에 맞게 계산한 후, 하나의 값을 결괏값으로 제시하는 과정이다.

(2) 연산자의 기본 구성

① 산술(arithmetic)연산자 : +, −, *, /, %, ** 등

② 값의 크기를 비교(comparison)하는 비교 연산자 : <, <=, >, >=, ==, !=, is 등

③ True와 False 값을 갖는 논리형의 피연산자를 대상으로 논리합, 논리곱, 논리 부정을 수행하는 논리(logical) 연산자(or, and, not)이다.

2 산술 연산자

표 6-3

연산자	의미(피연산자의 데이터 형)	예제	결괏값
+	덧셈(정수형, 실수형)	6.5 + 3	9.5
+	문자열 잇기(문자열형)	'6.5' + '3'	'6.53'
−	뺄셈(정수형, 실수형)	6.5 − 3	3.5
*	곱셈(정수형, 실수형)	6.5 * 3	19.5
*	반복(문자열형, 정수형)	'6.5' * 3	'6.56.56.5'
**	지수(정수형, 실수형)	6.5 ** 3	274.625
/	나눗셈(정수형, 실수형)	6.5 / 3	2.1666665
//	나눗셈(정수형, 실수형)	6.5 // 3	2.0
%	나머지 구하기(정수형)	5 % 3	2

(1) 설명

정수형 또는 실수형의 덧셈은 우리가 쉽게 생각하는 덧셈으로 연산된다. 그리고 그 결과도 정수형 또는 실수형으로 도출된다. 하지만 문자열형끼리 덧셈을 하게 되면 그 결과는 문자열형으로 도출되기 때문에 사칙 연산에 문자가 발생할 소지가 크다. 따라서 사칙 연산을 할 경우에는 항상 데이터 타입을 정수형이나 실수형으로 변경하여 연산하는 것이 바람직하다. 아래 테이블에서 많이 사용되는 몇 가지 연산자를 살펴보면, '**' 연산자는 지수 연산을 사용할 때 표현하는 방식이다. '/'와 '//'의 차이점은 '/' 연산자의 경우 우리가 일반적으로 알고 있는 나누기 연산자이며 '//' 연산자는 나누기 연산 후 소수점 이하의 수를 버리고, 정수 부분의 수만 결과로 도출할 수 있게 하는 연산자이다. 그리고 '%' 연산자는 C언어에서 사용되는 연산자와 똑같이 나누기 연산 후 몫이 아닌 나머지를 구할 때 사용되는 연산자이다.

(2) 실습 예제

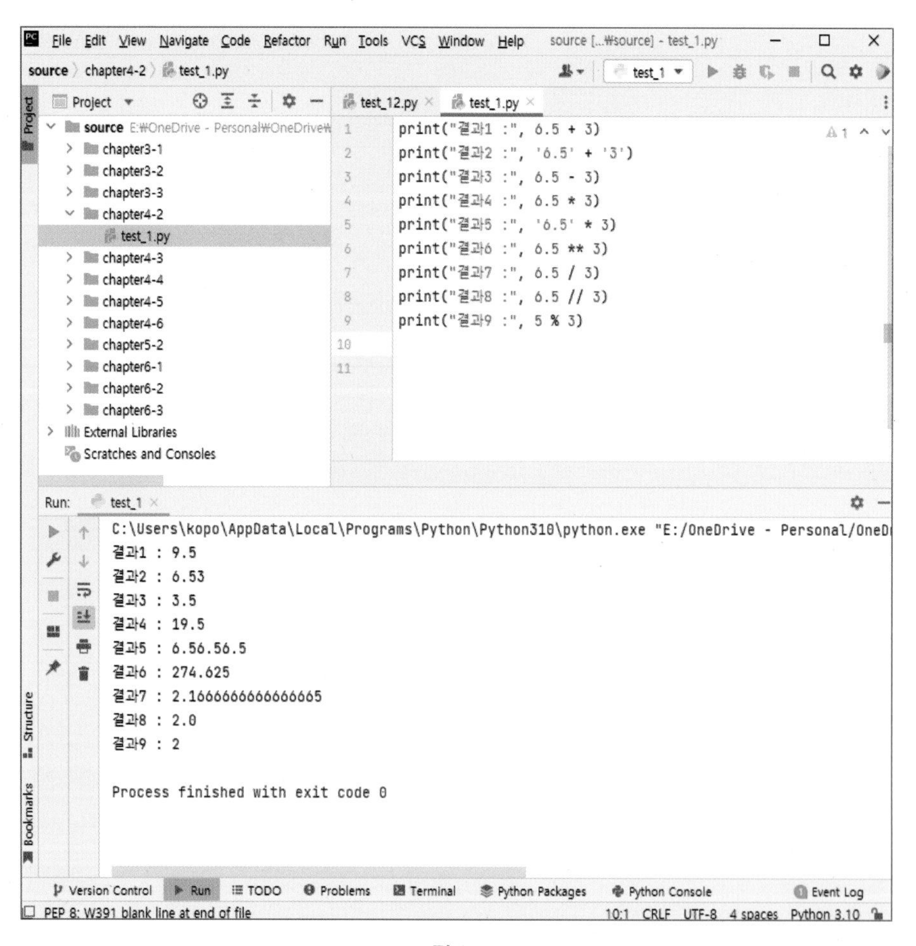

그림 6-34

3 비교 연산자

(1) 설명

'is'와 'in' 연산자는 C언어에서는 사용되지 않는 연산자이다. 하지만 이 연산자로 인해 편리한 연산을 많이 할 수 있다. 'is' 연산자는 변수의 값을 비교하는 것이 아니고 레퍼런스를 비교하는 연산자이다. 따라서 '==' 연산자와는 차이가 있다. C언어로 설명하면 변수의 포인터를 의미한다고 말할 수 있다. 하지만 C언어가 아니기 때문에 변수를 포인터처럼 엑세스할 수는 없다. '==' 연산자는 데이터를 비교하는 연산자이다. 'in' 연산자와 함께 'not in' 연산자는 어떤 배열이 있을 때 그 배열에 특정한 값이 있는지 찾아서 그 값이 있으면 'True'(참)를, 없으면 'False'(거짓)를 결과로 도출하게 된다. 'not in' 연산자는 'in'연산자와 반대로 포함되어 있지 않을 때를 의미한다. 그 외에 '!=' 연산자는 왼쪽 데이터와 오른쪽 데이터가 같은지 비교하는 연산자이다.

표 6-4

연산자	의미(피연산자의 데이터형)	예제	결괏값
==	같다. (딕셔너리 제외한 모든 형)	3 == 3	True
!=	같지 않다. (딕셔너리 제외한 모든 형)	3 != 3	False
<, <=	작다, 작거나 같다. (딕셔너리 제외한 모든 형)	3 < 3	False
>, >=	크다, 크거나 같다. (딕셔너리 제외한 모든 형)	3 >= 3	True
is	변수의 대상체(id)가 같다.	3 is 3	True
in	연산자 왼쪽 값이 오른쪽 포함되어 있다. (포함 연산자)	2 in [1, 2, 3]	True

(2) 실습 예제

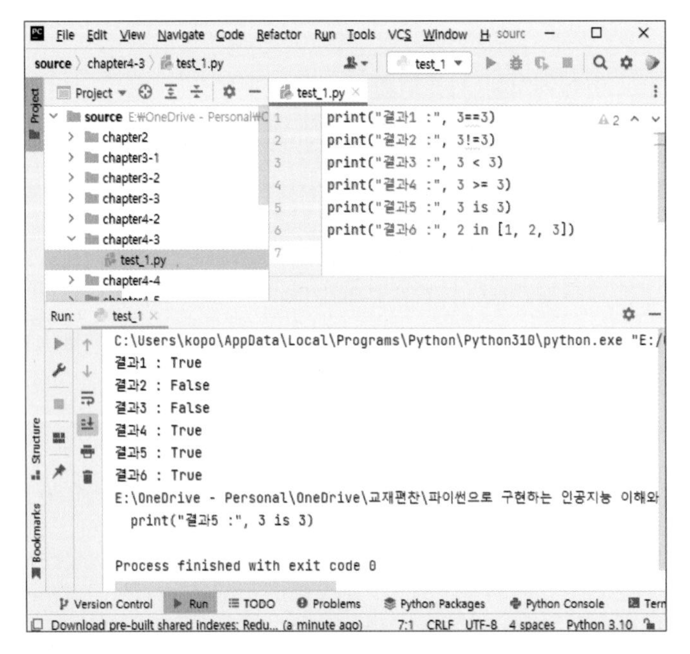

그림 6-35

4 논리 연산자

표 6-5

연산자	의미(피연산자의 데이터 형)	예제	결괏값
or	논리합(bool형)	True or False	True
and	논리값(bool형)	True or False	False
not	논리부정(bool형)	not True	False

(1) 설명

논리 연산자는 위의 테이블에서 보는 것과 같이 'or', 'and', 'not' 연산자가 있다. 'or' 연산자는 아래 그림에서 보듯이 입력 중에 하나라도 True(참)면 결과가 True(참)인 결과를 도출하고 입력 모두 False(거짓)이면 결과가 False(거짓)으로 도출된다. 'and' 연산자는 입력 모두 True(참)인 상황에서만 결과가 True(참)인 결과를 도출하게 된다. 'not' 연산자는 입력 데이터에 대한 반전 데이터를 결과로 도출하게 된다. 즉, 입력 데이터가 True(참)이면 결과는 False(거짓)이고, 입력 데이터가 False(거짓)이면 결과가 True(참)으로 도출된다. 프로그램에서 True는 '0'이 아닌 숫자를 의미하며 False는 '0'을 의미한다. 따라서 프로그램 작성 시 'True' 또는 'False'로 참과 거짓을 표현할 수 있으며 정수형 '0' 또는 '1'로도 참과 거짓을 표현할 수 있다.

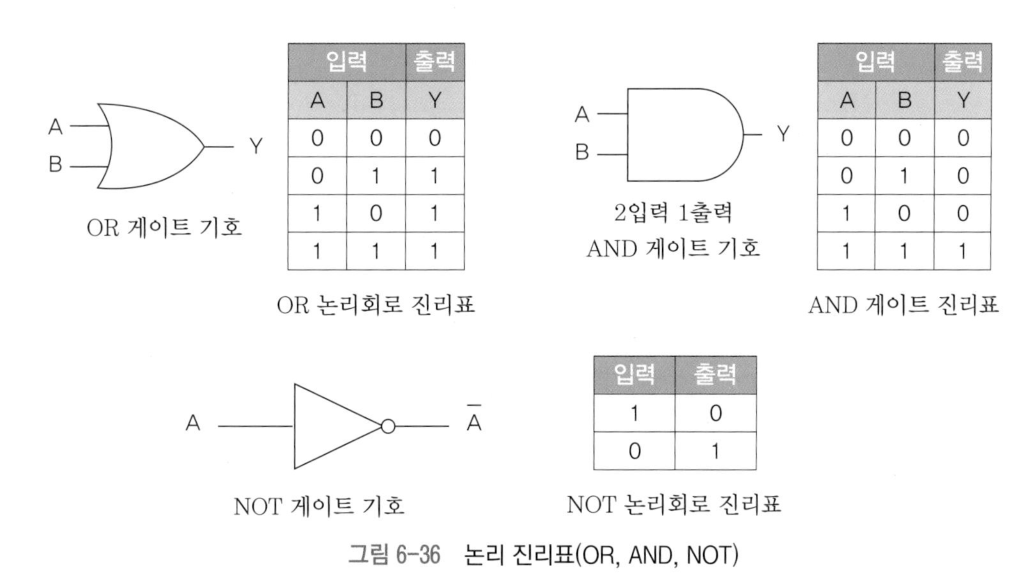

입력		출력
A	B	Y
0	0	0
0	1	1
1	0	1
1	1	1

OR 논리회로 진리표

입력		출력
A	B	Y
0	0	0
0	1	0
1	0	0
1	1	1

AND 게이트 진리표

입력	출력
1	0
0	1

NOT 논리회로 진리표

그림 6-36 논리 진리표(OR, AND, NOT)

(2) 실습 예제

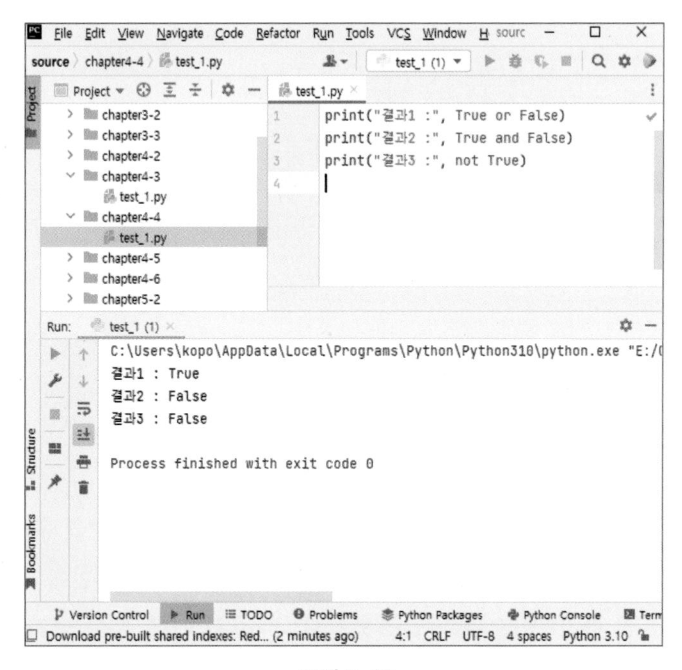

그림 6-37

5 비트 연산자

(1) 설명

논리 연산자는 연산자의 좌우 데이터를 활용하여 True(참) 또는 False(거짓)으로 결과를 도출하지만 비트 연산자는 아래 표에서 보는 것과 같이, 데이터를 2진수의 비트로 표현했을 때 각각의 비트들을 서로 연산하여 결과를 도출하게 된다. exclusive-or은 입력되는 두 수가 서로 다를 때만 '1'로 결과를 출력하고 서로 다른 경우에는 '0'으로 결과를 출력한다. 비트 단위의 보수 연산에서 보수란 컴퓨터에서 음의 정수를 표현하기 위한 방법을 말한다. 따라서 비트 단위의 보수 연산은 입력되는 데이터를 비트로 바꾼 후 보수를 취한 결과를 말한다.

표 6-6

<table>
<tr><th>연산자</th><th>의미(피연산자의 데이터형)</th><th>예제</th><th>결괏값</th></tr>
<tr><td>&</td><td>비트 단위의 'and' 연산</td><td>5&3</td><td>1</td></tr>
<tr><td>|</td><td>비트 단위의 'or' 연산</td><td>5|3</td><td>7</td></tr>
<tr><td>^</td><td>비트 단위의 xor(exclusive-or) 연산
A, B → Y
XOR 게이트 기호
<table>
<tr><th colspan="2">입력</th><th>출력</th></tr>
<tr><th>A</th><th>B</th><th>Y</th></tr>
<tr><td>0</td><td>0</td><td>0</td></tr>
<tr><td>0</td><td>1</td><td>1</td></tr>
<tr><td>1</td><td>0</td><td>1</td></tr>
<tr><td>1</td><td>1</td><td>0</td></tr>
</table>
XOR 논리 회로 진리표</td><td>5^3</td><td>6</td></tr>
<tr><td>~</td><td>비트 단위의 보수(complement) 연산</td><td>~5</td><td>-6</td></tr>
<tr><td><<</td><td>비트 단위로 왼쪽으로 밀기</td><td>5<<3</td><td>40</td></tr>
<tr><td>>></td><td>비트 단위로 오른쪽 밀기</td><td>5>>3</td><td>0</td></tr>
</table>

(2) 비트 연산의 원리

① 비트 단위의 AND 연산 방법 : 아래 그림에서 보는 것과 같이, 178, 219를 각각 비트로 표현하면 '10110010', '11011011'이다. 여기서 'DEC'는 10진수를 의미한다. AND 연산은 연산되는 입력의 수가 모두 '1'일 때만 결과를 '1'로 표현하고 한쪽의 데이터가 '0' 또는 두 숫자 모두 '0'일 때 '0'으로 결과를 출력한다. 따라서 아래의 두 숫자(178, 219)를 비트 단위로 연산을 하게 되면 '146'(10010010)이라는 결과를 얻게 된다.

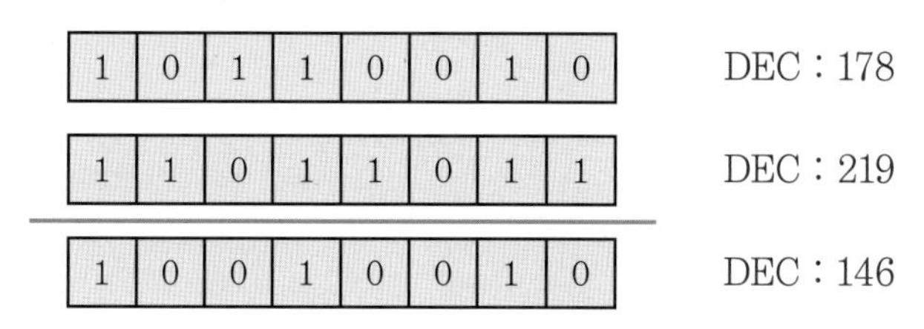

그림 6-38 비트 단위 AND 연산

② 비트 단위의 OR 연산 방법 : OR 연산은 입력 비트 중에 하나의 비트가 '1'이면 결과를 '1'로 출력하게 된다. 그리고 입력 비트가 모두 '0'이면 '0'을 출력하게 된다.

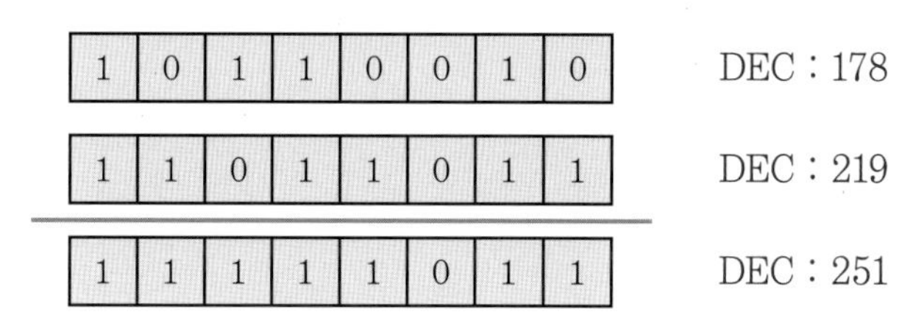

그림 6-39 비트 단위 OR 연산

③ 보수 연산 방법 : 아래 그림은 '+3'을 '−3'으로 보수를 취하여 변경하는 과정이다.

[순서 1] +3을 16비트 크기의 2진수로 표현

[순서 2] +3의 2진수 값을 1의 보수로 변환

[순서 3] 1의 보수 값에 1을 더함

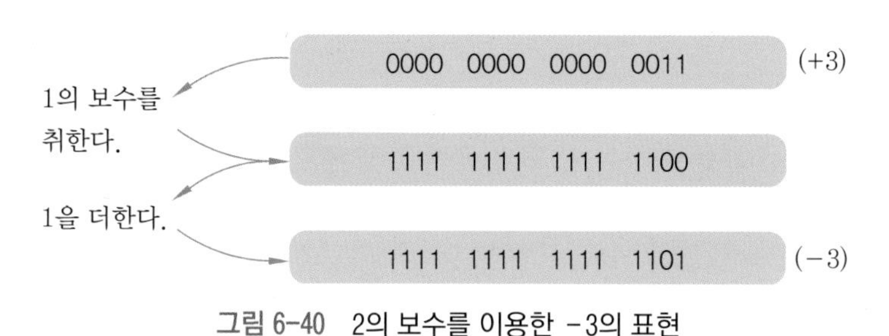

그림 6-40 2의 보수를 이용한 −3의 표현

(3) 실습 예제 1

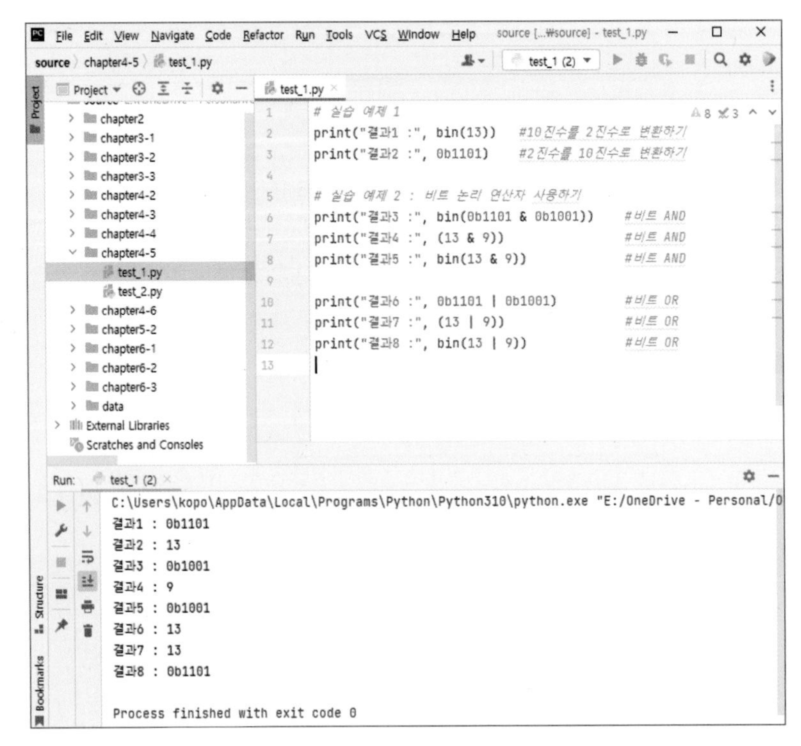

그림 6-41

(4) 실습 예제 2

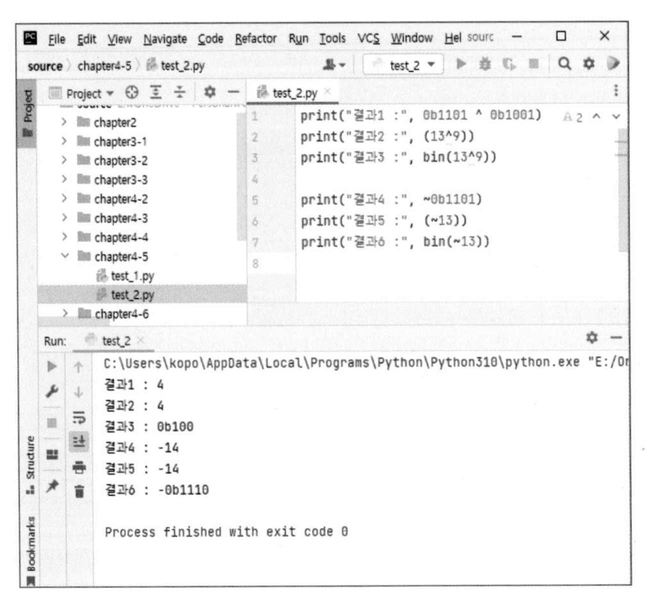

그림 6-42

6 시프트 연산자

(1) 설명

시프트 연산자는 데이터를 비트 단위로 이동시켜 값을 증감시키는 연산자이다.

(2) 실습 예제

File Edit View Navigate Code Refactor Run Tools VCS Window Help source - test_1.py

source 〉 chapter4-6 〉 test_1.py

Project: chapter2, chapter3-1, chapter3-2, chapter3-3, chapter4-2, chapter4-3, chapter4-4, chapter4-5, chapter4-6, test_1.py, chapter5-2, chapter6-1, chapter6-2, chapter6-3, data

test_2.py test_1.py

```
# 실습 예제 : 시프트 연산자 사용하기
print("결과1 :", 0b0011 << 2) #비트를 왼쪽으로 2번 이동
print("결과2 :", bin(12))
print("결과3 :", 0b1100 >> 2) #비트를 오른쪽으로 2전 이동
print("결과4 :", bin(3))
print("결과5 :", bin(1), 0b0001 << 2)
print("결과6 :", bin(2), 0b0010 << 2)
print("결과7 :", bin(4), 0b0100 << 2)
```

Run: test_1 (3)

```
C:\Users\kopo\AppData\Local\Programs\Python\Python310\python.exe "E:/OneDrive - Persona
결과1 : 12
결과2 : 0b1100
결과3 : 3
결과4 : 0b11
결과5 : 0b1 4
결과6 : 0b10 8
결과7 : 0b100 16

Process finished with exit code 0
```

Version Control | Run | TODO | Problems | Python Packages | Python Console | Terminal | Event Log

Download pre-built shared indexes: Reduce the indexing time and... (5 minutes ago) 9:1 CRLF UTF-8 4 spaces Python 3.10

그림 6-43

7 파이썬(Python)의 연산자 우선 순위 규칙

(1) 설명

연산자에는 우선 순위가 있다. 즉, 파이썬에서는 연산을 할 때 어떤 부분을 먼저 연산할지 정해져 있는데, 표 6-7이 우선 순위를 나타내는 표이다. 많은 독자들이 이걸 어떻게 다 외우냐고 막막해 할 것이다. 따라서 여러분들은 먼저 연산이 필요한 수식에 괄호('(수식)')를 사용하여 연산을 하면 편하게 외우지 않아도 될 것이다[괄호('(수식)')는 연산자 우선 순위에서 가장 높은 순위를 가지고 있다].

표 6-7

우선 순위	연산자	설명
1	(값, ...), [값...], {키:값...}, {값...}	튜블, 리스트, 딕셔너리, 세트 생성
2	x[인덱스], x[인덱스:인덱스], X(인수...), x.속성	리스트(튜플) 첨자, 슬라이싱, 함수 호출, 속성 참조
3	await x	await 표현식
4	**	거듭제곱
5	+x, −x, ~x	단항 덧셈(양의 부호), 단항 뺄셈(음의 부호), 비트 NOT
6	*, @, /, //, %	곱셈, 행렬 곱셈, 나눗셈, 버림 나눗셈, 나머지
7	+, −	덧셈, 뺄셈
8	<<, >>	비트 시프트
9	&	비트 AND
10	^	비트 XOR
11	|	비트 OR
12	in, not in, is, is not, <, <=, >, >=, !=, ==	포함 연산자, 객체 비교 연산자, 비교 연산자
13	not x	논리 NOT
14	and	논리 AND
15	or	논리 OR
16	if else	조건부 표현식
17	lambda	람다 표현식

8 연산식(expression)

(1) 설명

① 피연산자와 연산자들의 집합으로 이루어진 것을 연산식 또는 식이라 한다.

② 평가(evaluation)가 가능하며 하나의 값을 가진다.

③ 피연산자로 변수, 상수, 함수 등의 다양한 객체가 사용 가능하다.

(2) 유의사항

① 연산자의 우선 순위를 정확하게 기억하지 못하면 연산의 결과를 보장할 수 없다.

② 연산자 우선 순위가 기억나지 않을 때에는 소괄호('( )')를 사용한다.
소괄호는 어떤 연산자보다 높은 우선 순위를 가진다.

③ 연산자 '=='와 '='의 차이를 구별해서 사용해야 한다.

ⓐ 연산자 '==' : 두 개의 피연산자 값이 동일한지 여부를 판단하는 비교 연산자이다.

ⓑ 연산자 '=' : 오른쪽 피연산자 값을 왼쪽 피연산자에게 부여하는 치환 연산자이다.

6-5 선택문

1 조건문(선택문) 활용(if–elif–else문)

(1) 정의

if–elif–else문은 문장을 순차적으로 처리하는 것이 아니라 선택적으로 처리하며 사용되는 명령어이다. 그리고 각 조건문 뒤에는 ':'을 항상 사용해야 하며 조건에 해당하는 문장은 라인을 맞춰서(들여쓰기) 코드를 작성해야 한다.

(2) 조건문에 대한 프로그램 Flow 예시 : 절댓값 구하기

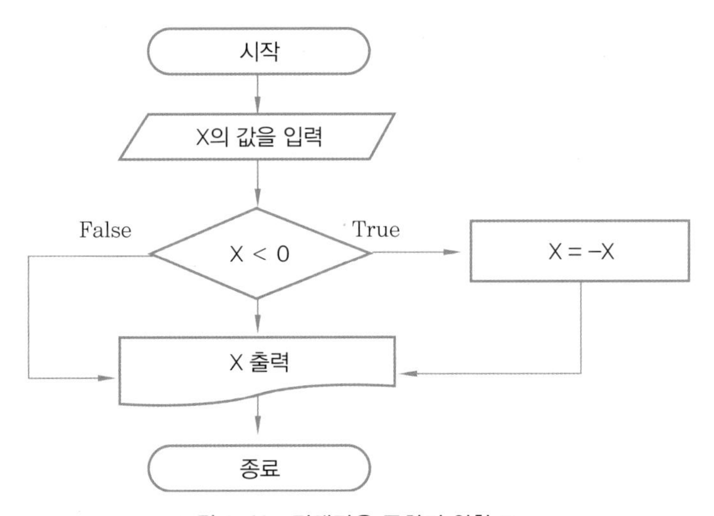

그림 6-44 절댓값을 구하기 위한 Flow

절댓값을 구하기 위해서는 입력값이 음수인지 아닌지 판단해야 한다. 이때 우리는 그림 6-44에서 보는 것과 같이, 조건문(비교문)을 사용하여 문제를 해결할 수 있다. 입력되는 값이 음수이면 음수를 곱하여(−1) 양수로 만들어 출력하면 된다. 그리고 양수이면 입력된 값을 그대로 출력하면 된다. 이처럼 조건문은 조건에 따라 선택적으로 처리할 수 있는 명령어이다.

2 선택문의 종류

(1) 설명

선택문은 표 6-8에서 보는 것과 같이, 크게 4종류의 형태로 구현될 수 있다. Case1은 if문만 사용했을 경우이며, if문의 조건식이 '참'인 경우에만 문장1과 문장2를 수행하게 된다. Case2는 if문과 else문을 함께 사용했을 경우이다. if문의 조건식이 '참'인 경우 문장1과 문장2가 수행되고 '거짓'인 경우에는 else문 아래의 문장3과 문장4를 수행하게 된다. Case3은 if의 조건식1이 거짓인 경우 elif문의 조건식2를 판단하고 '참'인 경우 문장3과 문장4를 수행하게 된다. 만약 조건식2가 '거짓'인 경우 else문으로 내려와 문장5와 문장6을 실행하게 된다. Case4는 여러 경우의 조건들을 판단할 때 elif문을 여러 번 사용하여 조건을 판단하는 경우에 사용된다.

표 6-8

Case1	Case2	Case3	Case4
if 조건식 : 　문장1 　문장2 　…	if 조건식 : 　문장1 　문장2 　… else : 　문장3 　문장4 　…	if 조건식1 : 　문장1 　문장2 　… elif 조건식2 : 　문장3 　문장4 　… else : 　문장5 　문장6 　…	if 조건식1 : 　문장1 　문장2 　… elif 조건식2 : 　문장3 　문장4 　… elif 조건식n : 　문장5 　문장6 　… else : 　문장7 　문장8 　…

(2) 선택문의 순서도

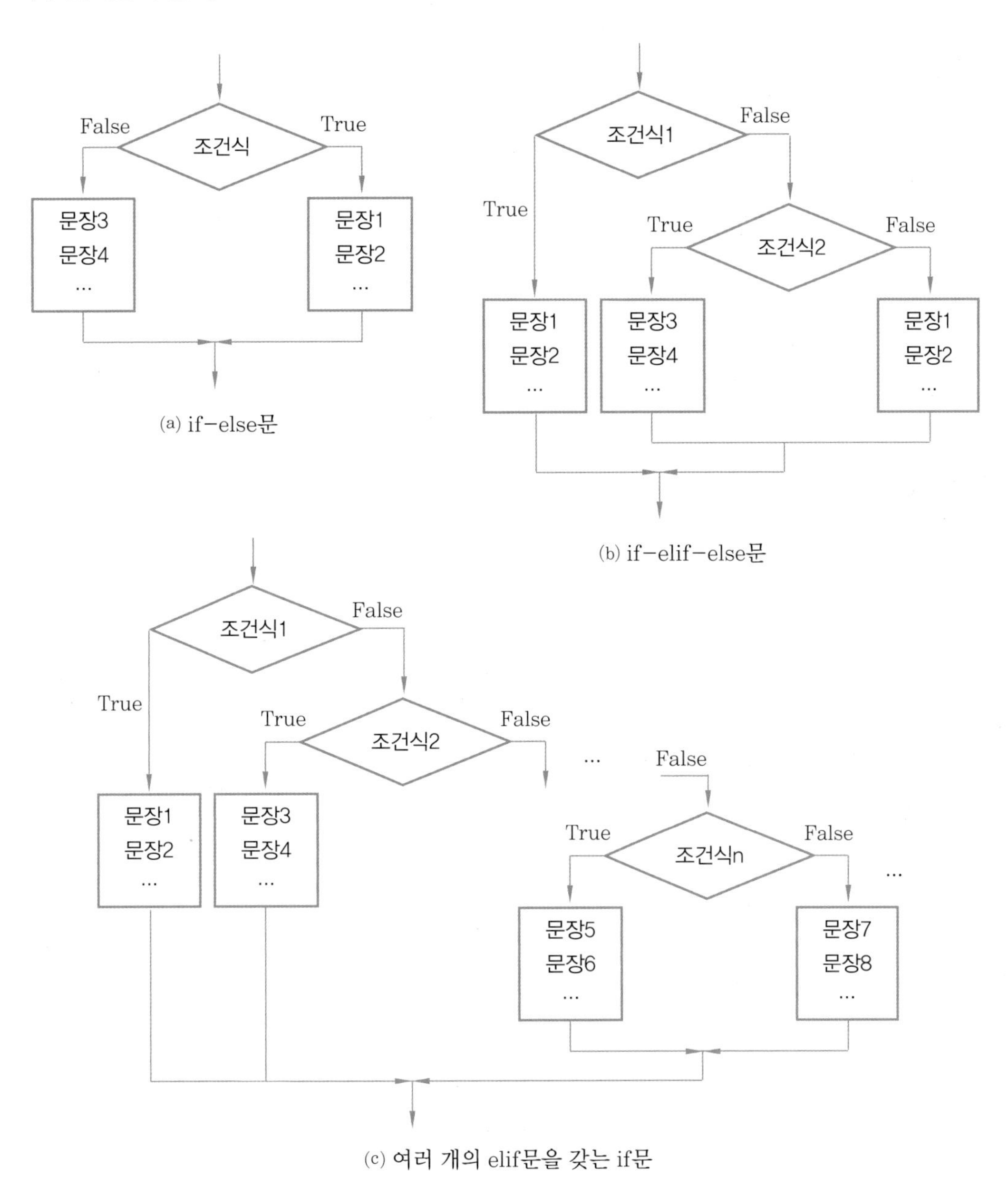

그림 6-45 선택문 관련 순서도 비교

(3) 실습 예제 1

eval( ) 함수 : expression 인자에 string 값을 넣으면 해당 값을 그대로 실행하여 결과를 출력한다.

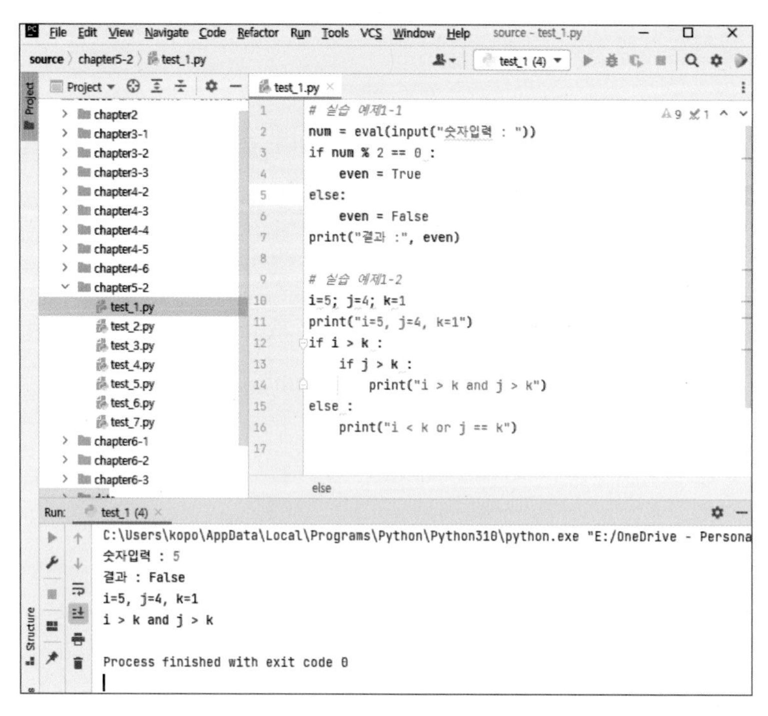

그림 6-46

(4) 실습 예제 2 : eval( ) 함수 사용 방법 확인

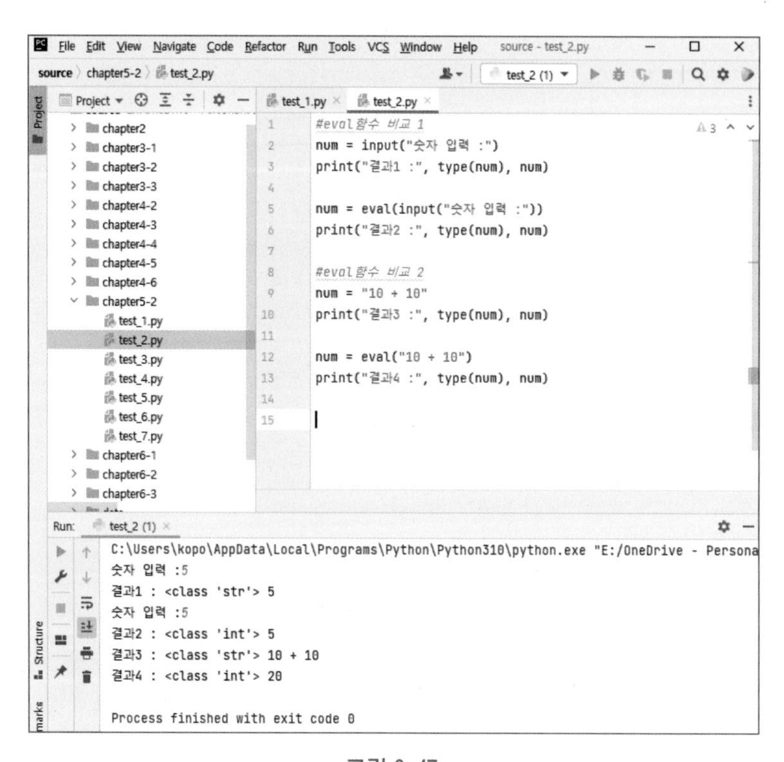

그림 6-47

(5) 실습 예제 3 : eval( ) 함수와 조건문을 함께 사용

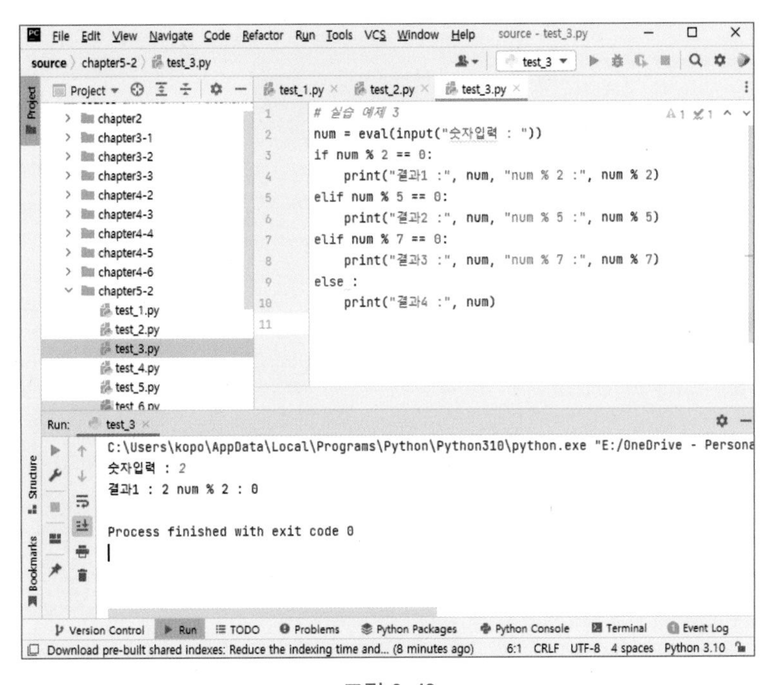

그림 6-48

(6) 실습 예제 4 : eval( ) 함수와 조건문을 함께 사용

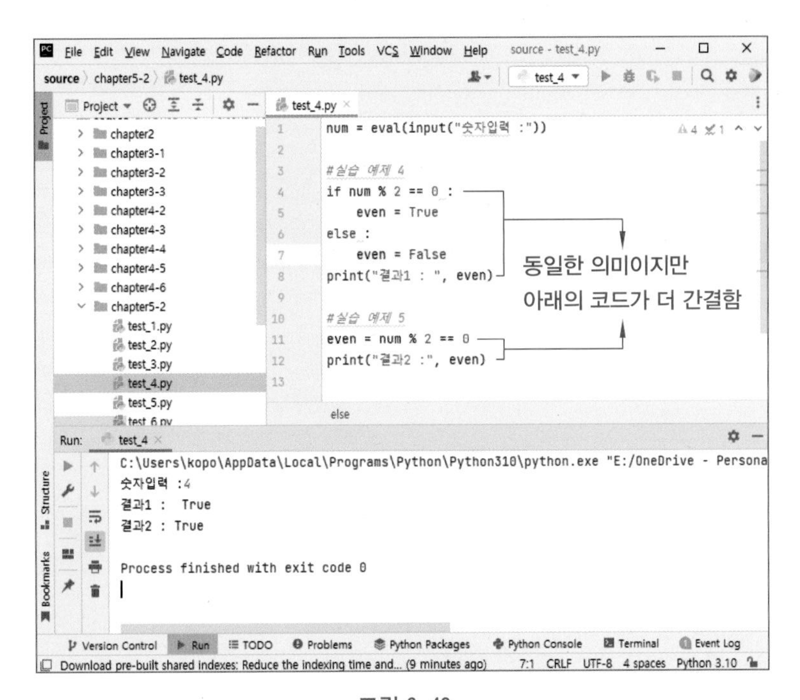

그림 6-49

(7) 실습 예제 5 : eval( ) 함수와 조건문을 함께 사용

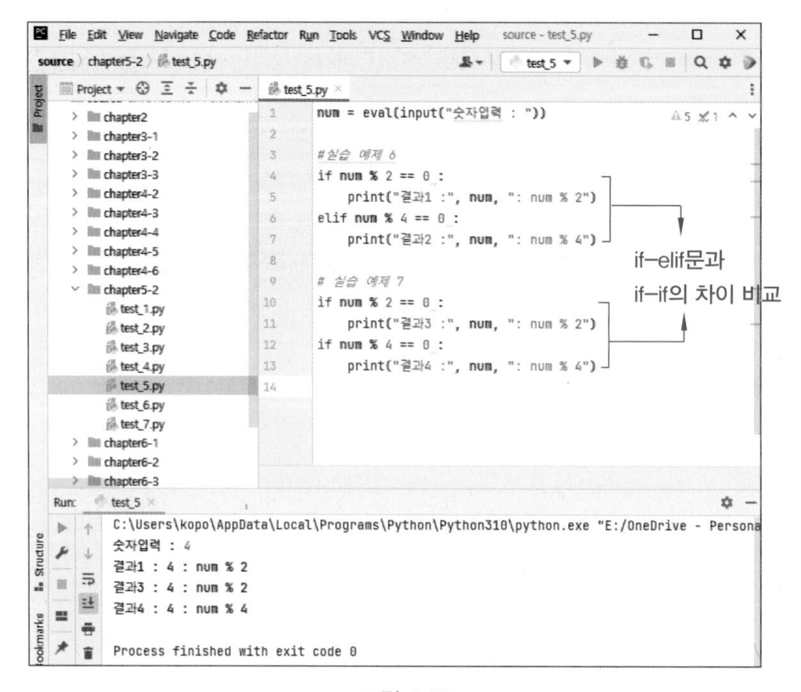

그림 6-50

(8) 인라인 조건 선택문

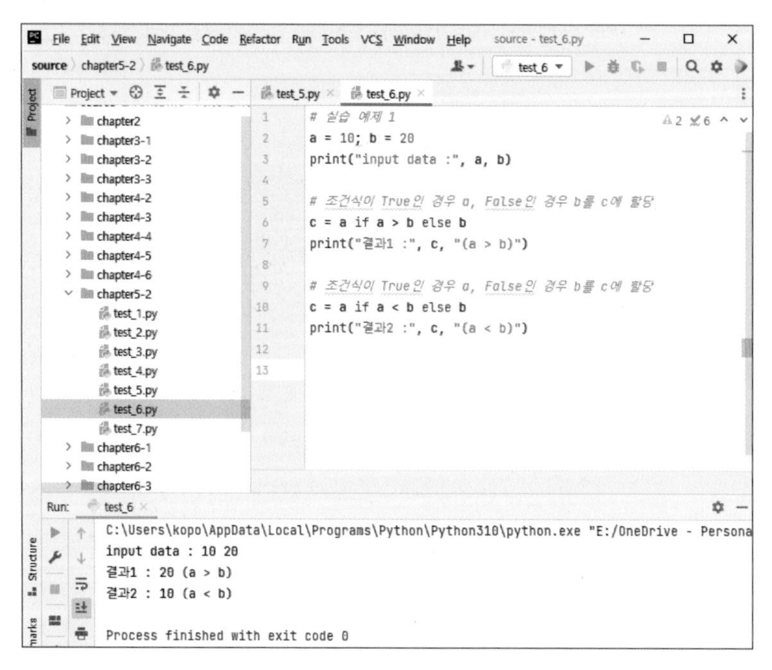

그림 6-51

① 인라인 제어문 : 라인 내 삼항 연산자를 이용하여 제어문 표시

② 사용 방법 : [True인 경우 수행문] if [조건식] else [False인 경우 수행문]

(9) 특정 값을 사용한 조건 판단(switch) 설명

① 특정 조건의 결과가 딕셔너리(dict)의 키(key)로 정의되며, 해당 값이 함수로 저장된다.

② 특정 조건 판별 시 딕셔너리를 조회하여 함수를 가져와서 실행하면 스위치 구문과 같은 방식으로 처리된다.

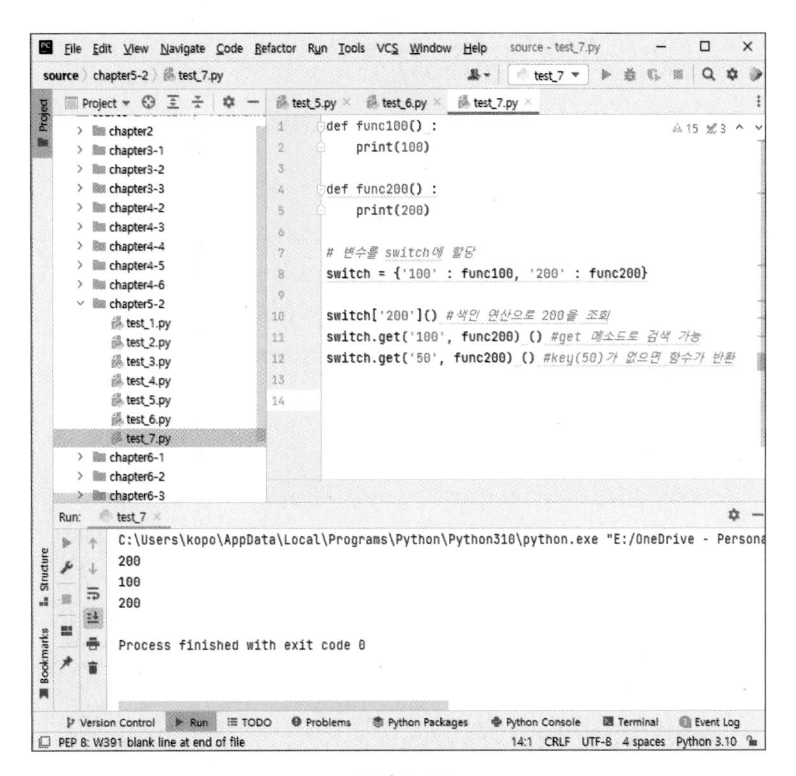

그림 6-52

6-6 반복문

1 반복문의 활용

(1) 정의

① 특정 문장 집합을 여러 번 반복적으로 사용할 때 사용된다.

② 종류 : for, while

표 6-9

for문	while문
for 변수 in 리스트(또는 튜플, 문자열) : 수행할 문장1 수행할 문장2 …	while 〈조건식〉 : 수행할 문장1 수행할 문장2 …

#사용 예
for i in range(0, 8) :
print("반복문")
	#사용 예
	i=0
	while i < 8 :
	print("반복문")
	i = i + 1;

(2) 일반적인 for문 사용 예

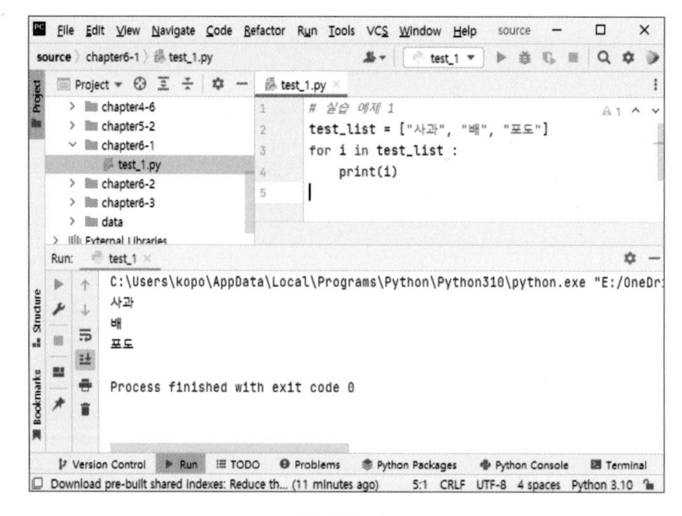

그림 6-53

[단계 1] ["사과", "배", "포도"] 리스트의 첫 번째 요소인 "사과"가 먼저 'i' 변수에 대입된 후, 'print(i)' 문장을 수행한다.
[단계 2] 다음에 두 번째 요소 "배"가 'i' 변수에 대입된 후, 'print(i)' 문장을 수행한다.
[단계 3] 리스트의 마지막 요소까지 이것을 반복한다.

2 for문의 이해 및 실습

(1) for문 + if문 사용 예제

① 문제 : 학생 5명이 시험을 보았는데 시험 점수가 60점을 넘으면 합격이고 60점 미만이면 불합격이다. 합격과 불합격 판단 프로그램을 작성하시오.

② 설명 : 'score_list'의 리스트 변수에 학생들의 점수를 입력한다. 그리고 for문을 통해 'score_list'의 리스트 변수 안에 있는 데이터를 순차적으로 꺼내어 'score' 변수에 넣게 된다. 'score' 변수에는 학생들의 점수가 있기 때문에 이 점수를 if문을 사용하여 60보다 작은지 판단한 후, 결과를 print 함수를 사용하여 출력하게 된다. 'num' 변수는 학생들의 순번을 출력하기 위하여 for문이 반복 호출될 때마다 '1'씩 증가하는 형태로 구성되어 있다.

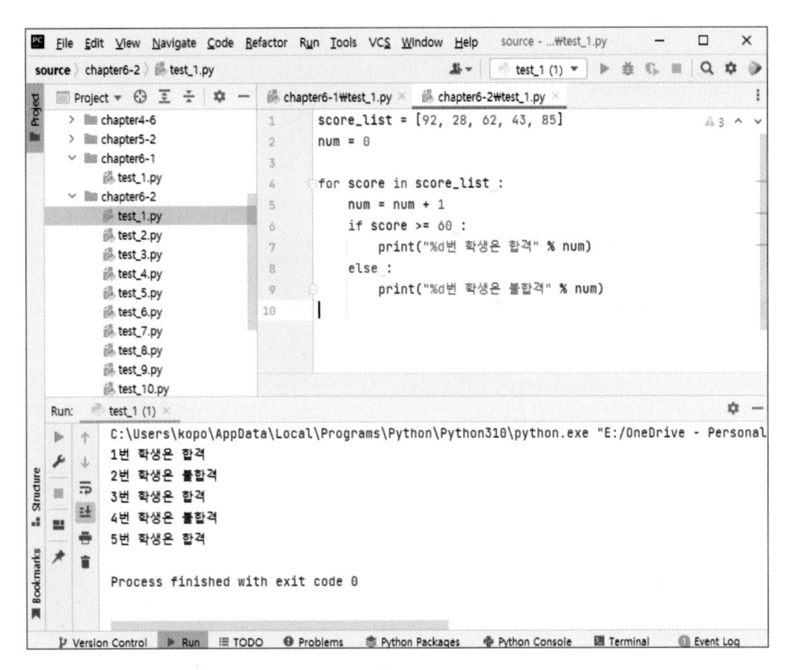

그림 6-54

(2) for문 + continue 함수 사용 예제

① continue문 : for문 안의 문장을 수행하는 도중에 continue문을 만나면 for문의 처음으로 돌아가게 된다.

② 문제/설명 : 그림 6-55는 'score_list'의 리스트 변수 안에 있는 점수들 중에 60점 이상 되는 학생만 분류하는 프로그램이다. 60점 미만의 학생들은 if문을 사용하여 각 점수가 60점 미만인지 판단하고 60점 미만의 경우에는 continue문을 사용하여 for문의 처음으로 돌아가게 된다.

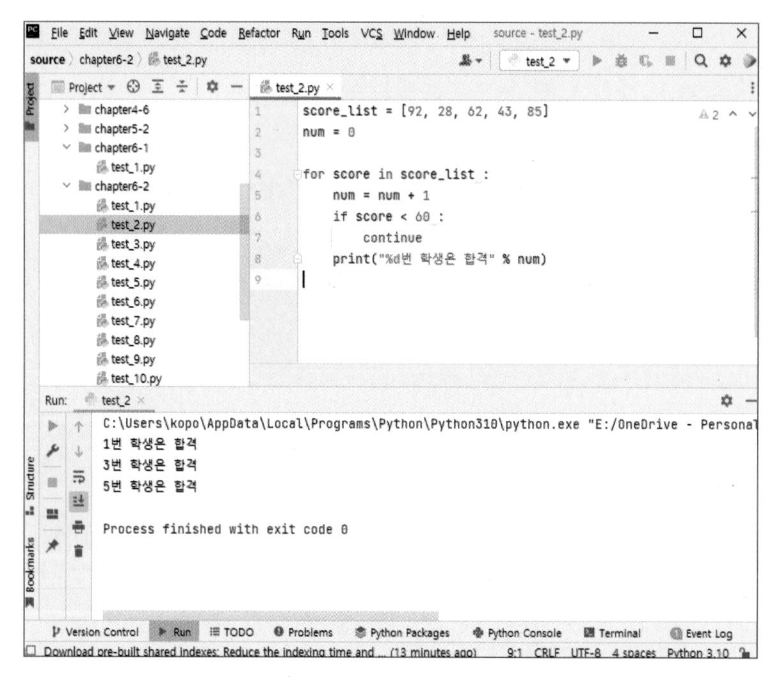

그림 6-55

(3) for문 + range( ) 함수 사용 예제 1

① range( ) 함수 : 일련의 정수들로 이루어진 리스트를 결괏값으로 가진다.

예 range(6) 라고 하면, [0, 1, 2, 3, 4, 5]를 생성('6'은 포함 안 됨)

② 그림 6-56에서 실습 예제 1은 range( ) 함수를 사용하여 [0, 1, 2, 3, 4, 5]까지의 리스트 데이터를 생성하여 결과를 확인할 수 있는 프로그램이다. 그리고 실습 예제 2는 range( ) 함수를 사용하여 생성할 리스트 데이터의 범위 설정([1, 2, 3, 4, 5])하여 생성된 리스트 데이터를 for문을 사용하여 반복적으로 리스트 데이터를 더해주는 프로그램이다.

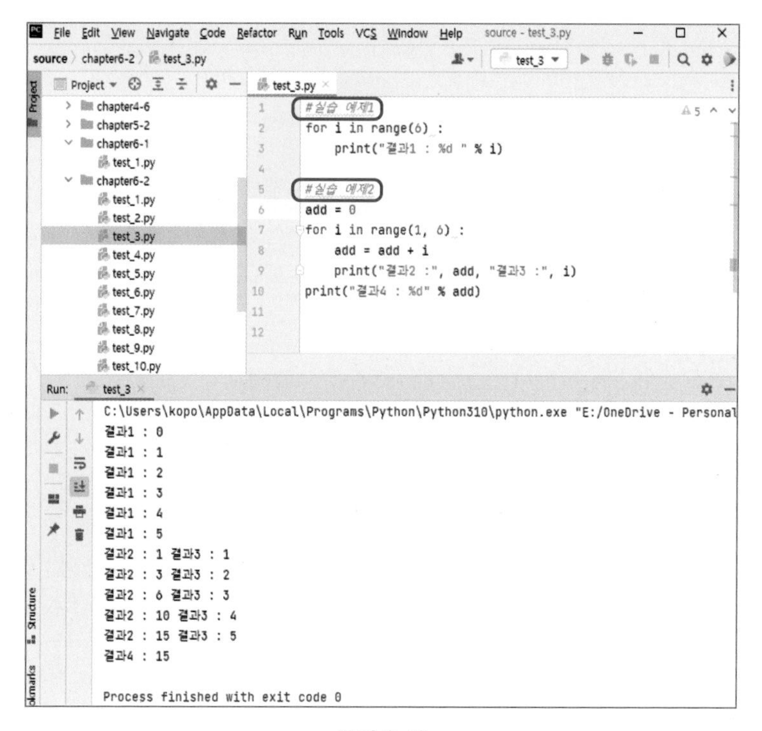

그림 6-56

(4) for문 + if문 + range( ) 함수 사용 예제

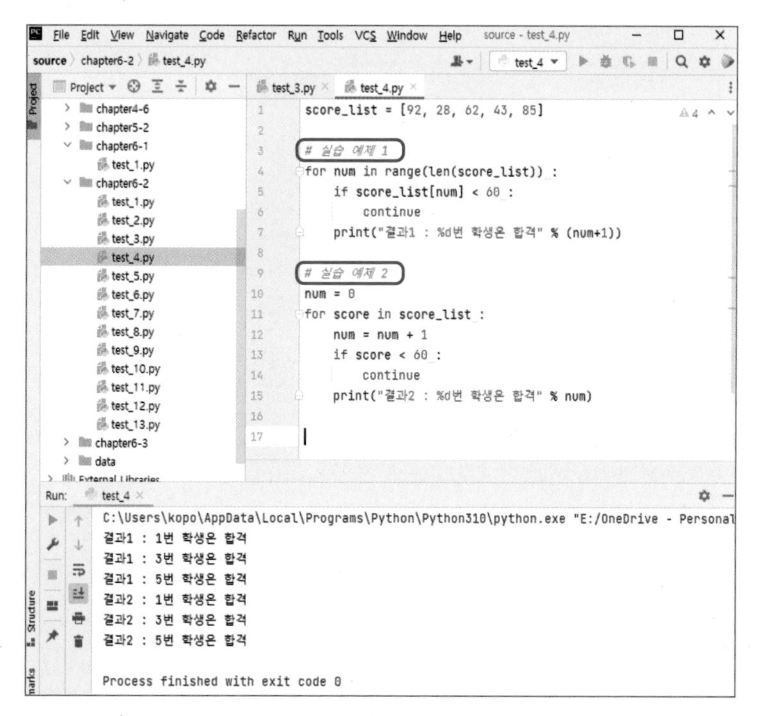

그림 6-57

그림 6-57의 실습 예제 1과 실습 예제 2의 결과는 같으며, 두 실습예제 모두 합격 학생을 분류하는 프로그램이다. 실습 예제 1에 대한 프로그램의 특징은 len( ) 함수를 사용하여 'score_list'의 리스트 변수의 길이를 구하여 반복 횟수를 만들고 'score_list' 변수의 값을 하나하나 비교하는 방법으로 합격자를 분류하였다. 그리고 실습 예제 2는 'score_list'의 리스트 변수의 값들을 'score' 변수가 받아서 if문으로 60점 이상의 점수에 해당하는 학생만 출력하는 프로그램이다.

(5) for문 + range( ) 함수 사용 예제 1

그림 6-58의 실습 예제 1은 'in range(5)'를 통해 [0, 1, 2, 3, 4]의 리스트 데이터를 생성하여 'value' 변수를 통해 결과를 출력하는 내용의 프로그램이다. 그리고 실습 예제 2는 range( )함수 내에 ('in range(5, 10, 2)') 생성 리스트 값의 범위를 5~9까지 설정하고 데이터 생성 시 증가 값을 2씩 증가하도록 설정한 내용을 담고 있다. 따라서 'in range(5, 10, 2)'로 설정하면 [5, 6, 7]의 리스트 데이터를 생성하고 'value' 변수를 통해 결과를 출력하게 되는 프로그램이다.

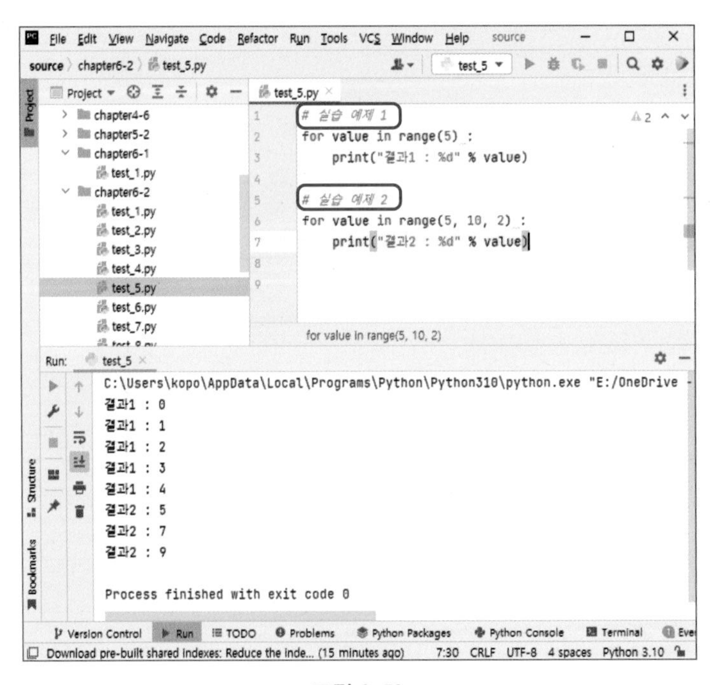

그림 6-58

(6) for문 + break문

① break문 : for문에서 제어 흐름을 벗어나기 위해 사용된다.

② for문을 사용하여 for문 안쪽 구문이 10번 반복되도록 'range(10)'으로 설정했다. 그리고 if문을 통해 'i' 값이 5이면 break문을 통해 for문을 벗어나게 된다.

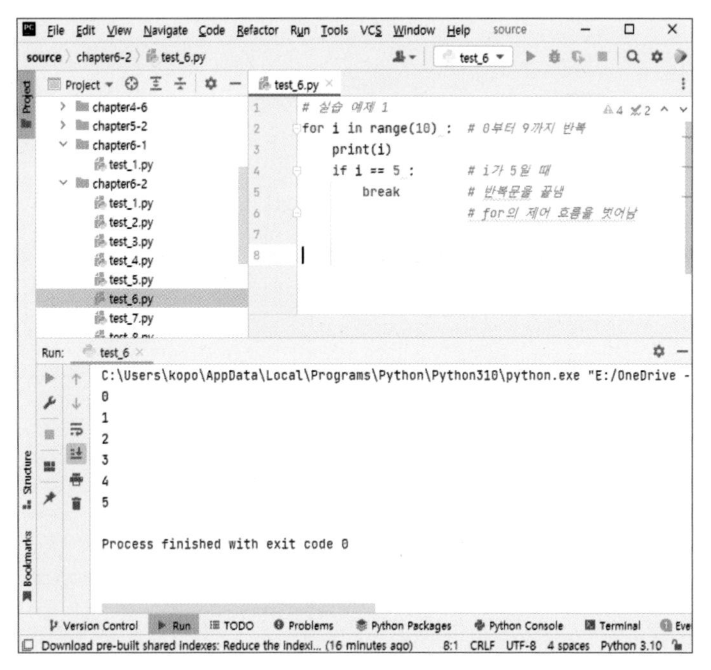

그림 6-59

(7) for문 사용 시, continue와 break문 비교

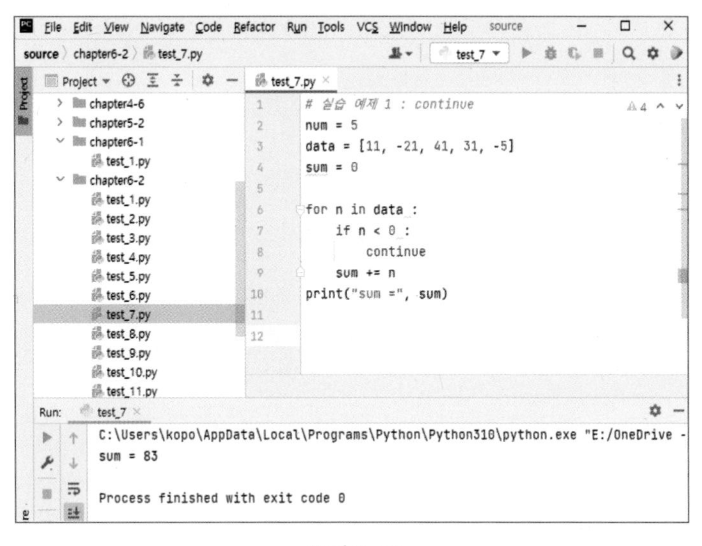

그림 6-60

```
# 실습 예제 2 : break
num = 5
data = [11, -21, 41, 31, -5]
sum = 0

for n in data :
    if n < 0 :
        break
    sum += n
print("sum =", sum)
```

```
C:\Users\kopo\AppData\Local\Programs\Python\Python310\python.exe "E:/OneDrive -
sum = 11

Process finished with exit code 0
```

그림 6-61

그림 6-60, 그림 6-61에서 continue문을 사용한 코드는 데이터가 '0'보다 작으면 'sum' 변수와 더해주지 않고 for문 위로 올라가게 된다. 반면 break문을 사용한 코드에서는 데이터가 '0'보다 작으면 for문을 벗어나는 방법을 사용하였다. 그래서 각각의 결괏값이 continue문을 사용했을 때는 'sum'의 값이 83으로 출력됐고, break문을 사용했을 때는 'sum'의 값이 11이 출력되었다.

(8) for문 사용 시, pass문과 continue문의 차이점

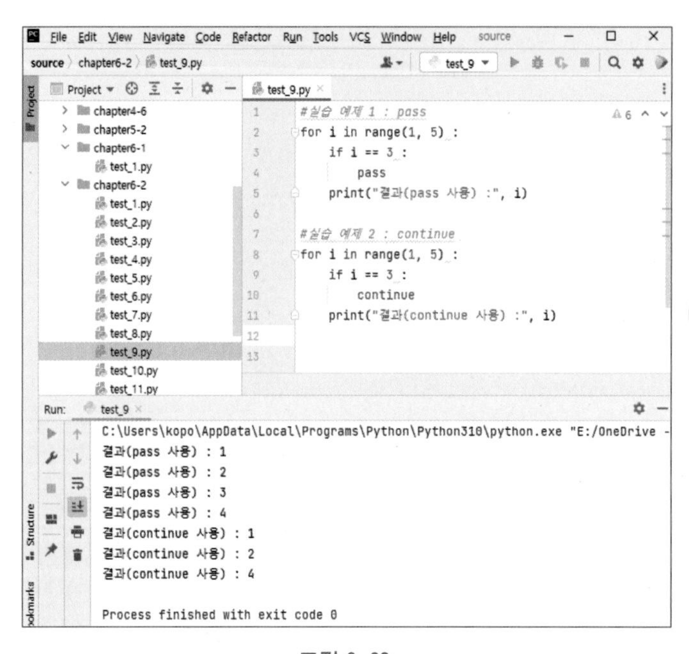

그림 6-62

pass는 실행할 것이 아무 것도 없다는 것을 의미한다. 즉, 아무런 동작을 하지 않고 다음 코드를 실행한다.

(9) for문 - 리스트 내포(list comprehension) 사용 방법

① 장점 : 좀 더 편리하고 직관적인 프로그램을 제작할 수 있다.

② 리스트 내포의 일반 문법

[표현식 for 항목 in 반복 가능 개체 if 조건문]

③ for문을 여러 개 사용할 때의 문법

[표현식 for 항목1 in 반복 가능 객체1 if 조건문1
　for 항목2 in 반복 가능 객체2 if 조건문2
　... for 항목n in 반복 가능 객체n if 조건문n]

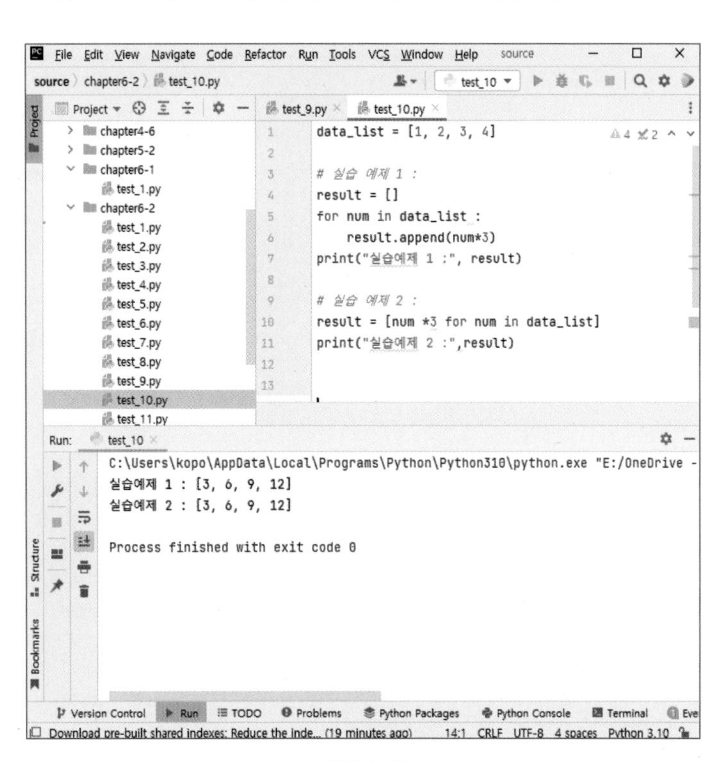

그림 6-63

④ for문 – 리스트 내포(list comprehension)를 사용한 예제 1

ⓐ 'data_list'에서 짝수에만 3을 곱하여 담고 싶다면 리스트 내포 안에 'if 조건'을 사용한다.

ⓑ 짝수를 구하기 위하여 조건식으로 'if num % 2 == 0'을 사용하였으며 '%' 연산자는 나머지를 구하기 위한 연산자이다.

ⓒ 3을 곱하기 위하여 표현식에 'num * 3'을 사용하였다.

ⓑ 반환 값들은 리스트 타입으로 반환된다.

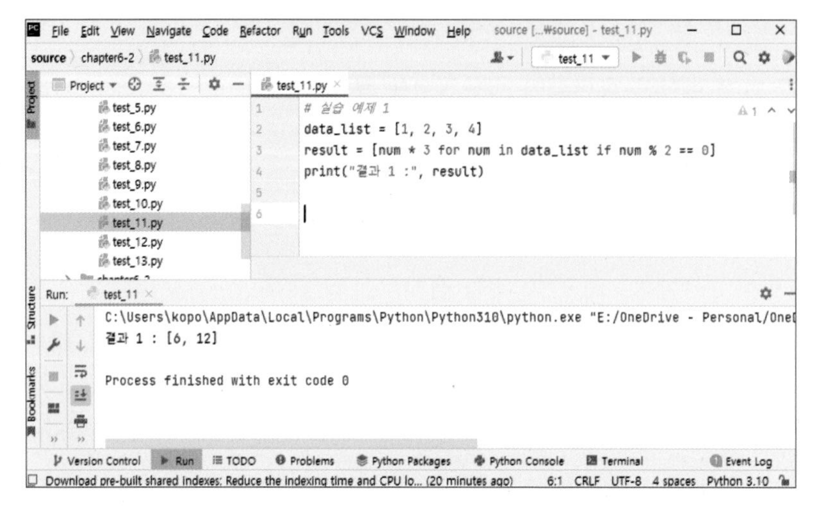

그림 6-64

⑤ for문 – 리스트 내포(list comprehension)를 사용한 예제 2

ⓐ 구구단의 모든 결과를 리스트에 담고 싶다면 리스트 내포를 사용하여 간단하게 구현할 수 있다.

ⓑ 본 예제는 이중 for문을 사용한 구조이며 'y'변수에는 1~9까지 반복되는 숫자를 받게 되는 변수이면 'x' 변수는 구구단의 2단부터 9단까지 구구단의 단수를 바꾸어 주는 역할을 한다.

ⓒ 표현식으로 'x*y'를 사용하여 두 변수를 곱하여 주고 그 결과는 리스트 타입으로 'result' 변수에 반환해주는 방법을 취하고 있다.

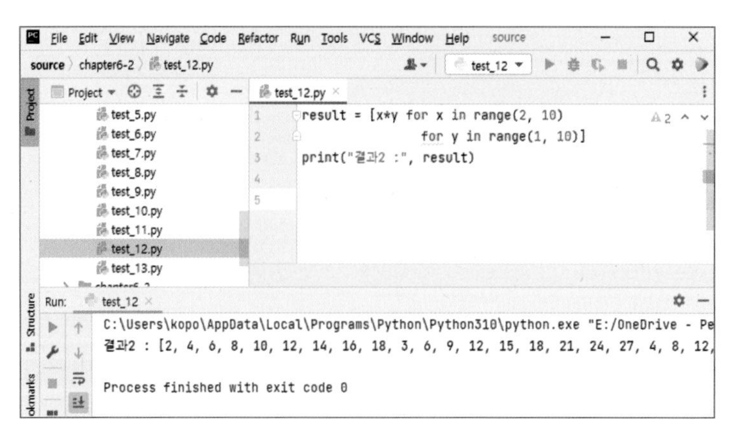

그림 6-65

(10) 딕셔너리(dictionary) 타입과 함께 쓰는 for문의 사용 방법

① 딕셔너리 이름으로 순회하면서 key들을 불러오는 방법

프로그램

```
d = {'apple':1000, 'banana':2500, 'lemon':800, 'mango':1300}
for k in d:
    print(k)
```

결과

```
apple
banana
lemon
mango
```

그림 6-66

② 딕셔너리 이름으로 순회하면서 values들을 불러오는 방법

프로그램

```
d = {'apple':1000, 'banana':2500, 'lemon':800, 'mango':1300}
for k in d.values():
    print(k)
```

결과

```
1000
2500
800
1300
```

그림 6-67

③ key와 value 쌍을 묶어서 순회하며 출력하는 방법

프로그램

```
d = {'apple':1000, 'banana':2500, 'lemon':800, 'mango':1300}
for k in d.items():
    print(k)
```

결과

```
('apple', 1000)
('banana', 2500)
('lemon', 800)
('mango', 1300)
```

그림 6-68

④ 딕셔너리를 순회하며 아이템을 쌍으로 가져오며서 key 값은 'k'변수에, value 값은 'v' 변수에 대입하여 서식과 함께 출력하는 방법

프로그램

```
d = {'apple':1000, 'banana':2500, 'lemon':800, 'mango':1300}
for k,v in d.items():
    print("{}은 {}원 입니다.".format(k, v))
```

결과

```
apple은 1000원 입니다.
banana은 2500원 입니다
lemon은 800원 입니다.
mango은 1300원 입니다.
```

그림 6-69

(11) for문 – 중첩 루프(nested loop)

① 중첩 루프 : '루프(loop)'라는 용어는 반복을 의미하고 '중첩(nested)'이라는 것은 여러 개

가 겹치는 것을 의미한다. 즉, 반복문을 여러 개 겹친 구조를 중첩 루프라고 한다.

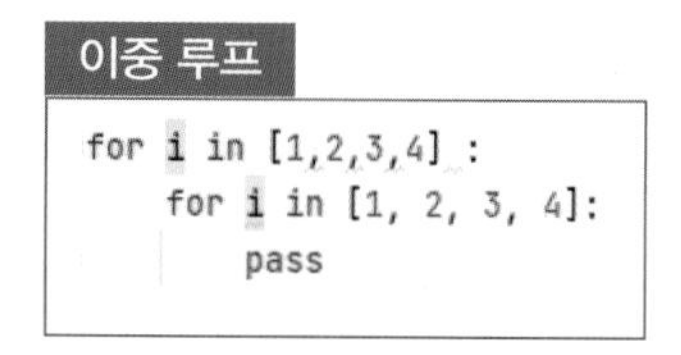

그림 6-70

② 중첩 리스트 접근 방법

그림 6-71과 **그림 6-72**에서 보는 것처럼 2차 리스트의 데이터에 접근하는 방법은 대괄호('[ ]') 기호를 사용한다. 첫번째 대괄호는 행을 뜻하며 두 번째 대괄호는 열을 뜻한다. 즉, 'nested_loop[0][1]'의 표현은 행으로 '0'번째, 열은 '1'번째이며 결과는 '102'를 출력하게 된다.

101	102	103	104
201	202	203	204
301	302	303	304
401	402	403	404

행 ↓ / 열 →

그림 6-71 2차원 데이터의 표현

③ 중첩 리스트 사용 방법에 대한 예제

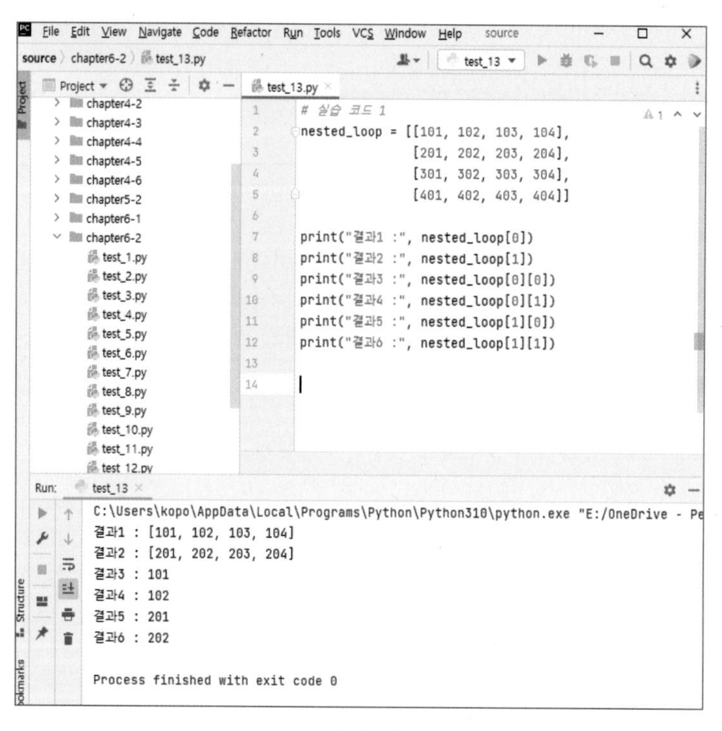

그림 6-72

④ for문 – 중첩 루프(nested loop) 사용 예제 1

프로그램

```
for i in range(5) :                          # 5번 반복, 바깥쪽 루프는 세로 방향
    for j in range(5) :                      # 5번 반복, 안쪽 루프는 가로 방향
        print('j:',j,sep='', end='')         # j값 출력, end에 ''를 지정하여 줄바꿈 대신 한 칸 띄움
    print('i:',i,'\n',sep='')                # i값 출력, 가로 방향으로 숫자를 모두 출력한 뒤 다음 줄로 넘어감
                                             # (print는 기본적으로 출력 후 다음 줄로 넘어감)
```

결과

```
j:0j:1j:2j:3j:4i:0

j:0j:1j:2j:3j:4i:1

j:0j:1j:2j:3j:4i:2

j:0j:1j:2j:3j:4i:3

j:0j:1j:2j:3j:4i:4
```

그림 6-73

⑤ for문 – 중첩 루프(nested loop) 사용 예제 2

프로그램

```
x = int(input("출력을 반복할 횟수 :"))
for i in range(1, x+1) :
    print(i, "번째 실행")
    for j in range(1,6) :
        print(j, end=" ")
    print()
```

결과

```
출력을 반복할 횟수 :3
1 번째 실행
1 2 3 4 5
2 번째 실행
1 2 3 4 5
3 번째 실행
1 2 3 4 5
```

그림 6-74

3 while문의 이해 및 실습

(1) while문의 기본 구조

① while문이란?

ⓐ 반복해서 문장을 수행해야 할 경우 while문을 사용한다.

ⓑ while문은 조건문이 참(True)인 동안에 while문 아래의 문장이 반복해서 수행된다.

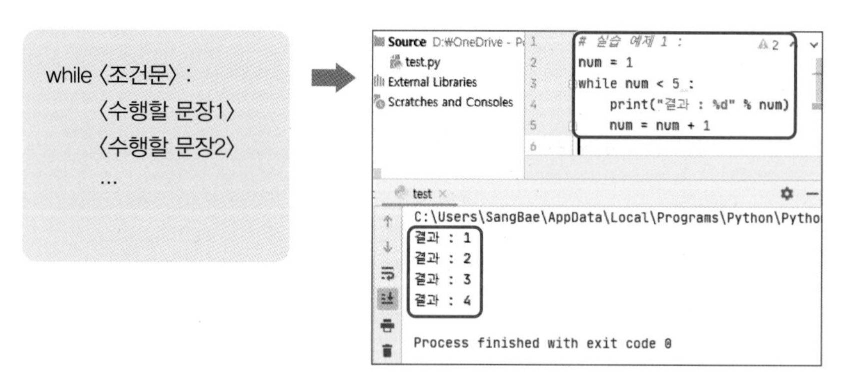

그림 6-75　while문의 기본 구조

(2) while문 + break문 사용 방법

① while문에서 강제로 빠져나가고 싶을 때 break문을 사용한다.

② 예제 프로그램

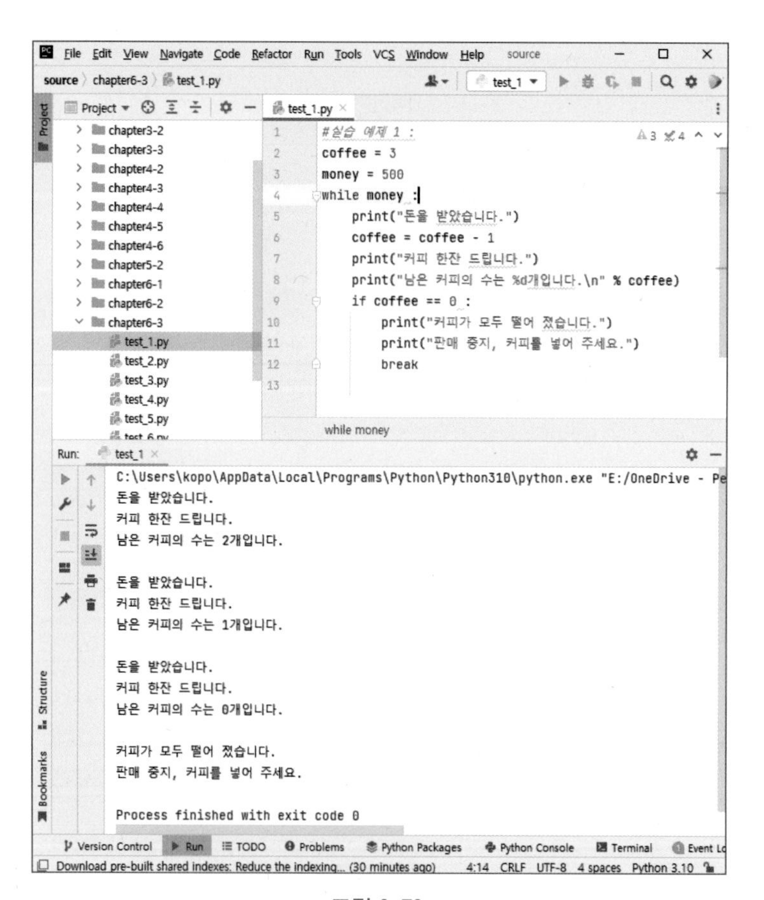

그림 6-76

(3) while문 + continue문 사용 방법

① while문으로 인해 프로그램이 반복적으로 실행되다가 continue문을 만나면 그 아래의 코드를 수행하지 않고 while문의 조건을 판단하는 곳으로 점프하게 된다.

② 예제 프로그램

num 값이 '5'일 때는 화면에 '5'가 출력되지 않은 채로 다시 while문의 조건식(num < 10)으로 이동한다.

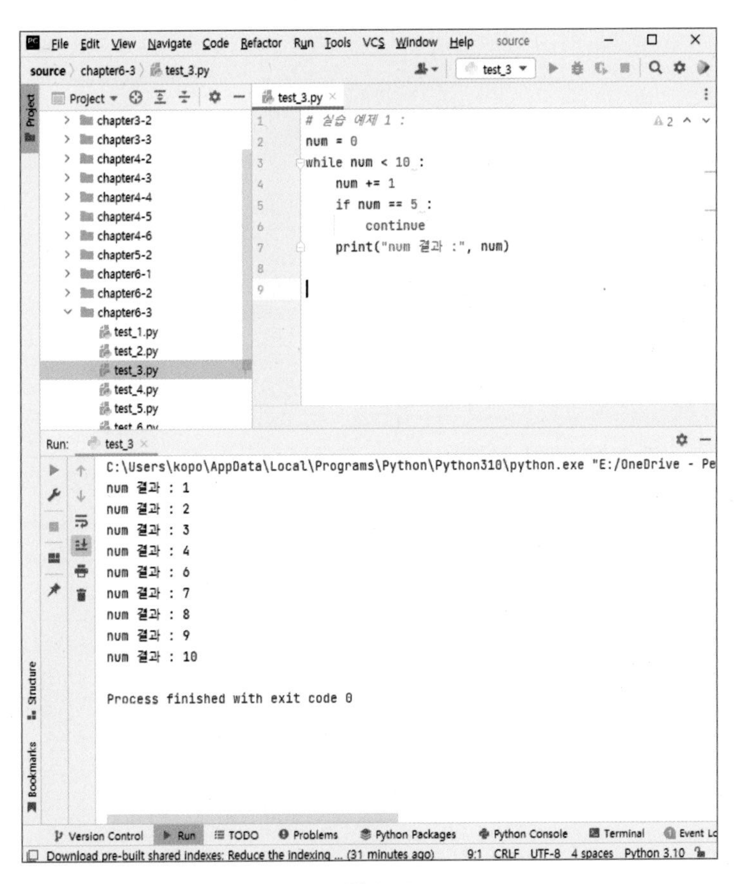

그림 6-77

(4) while문 - 무한 루프 처리

① 무한 루프 : 무한히 반복한다는 의미

② 무한 while문의 기본 구조

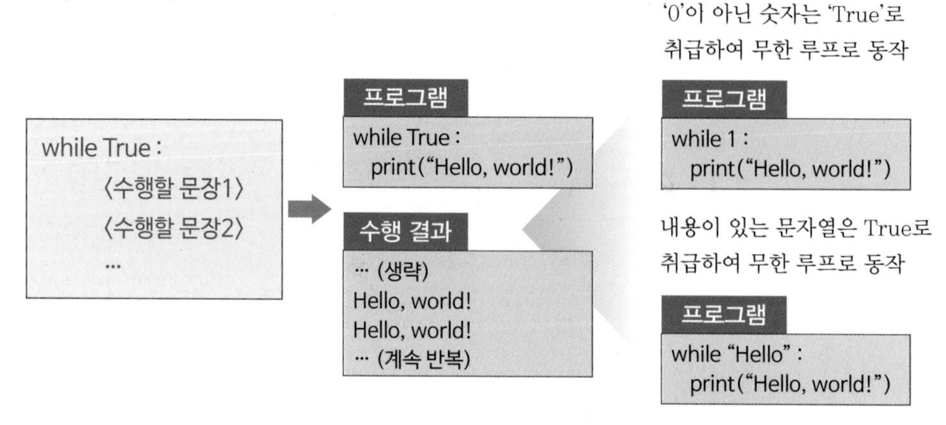

그림 6-78 무한 while문의 기본 구조 프로그램 예제

(5) 예제를 통한 while문과 for문 비교

① 문제 : 학급 학생의 키를 조사하여 가장 작은 키, 가장 큰 키, 평균 키를 구하는 프로그램을 만들어 보세요(데이터는 리스트로 처리).

ⓐ for문을 사용한 문제 해결 프로그램

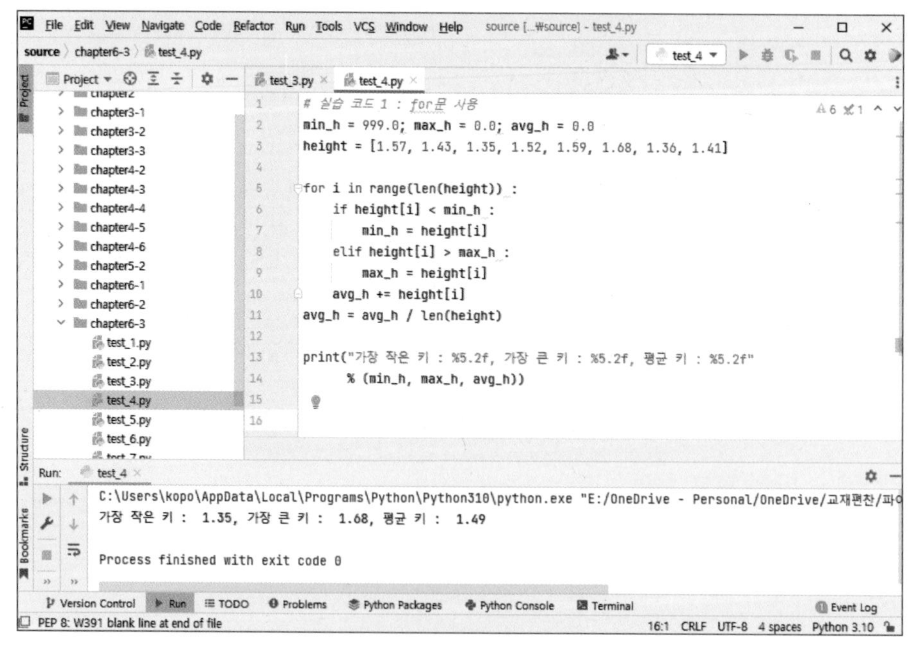

그림 6-79

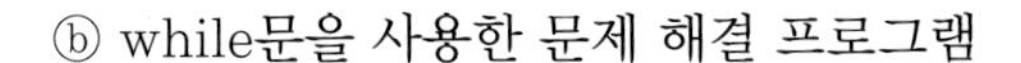

ⓑ while문을 사용한 문제 해결 프로그램

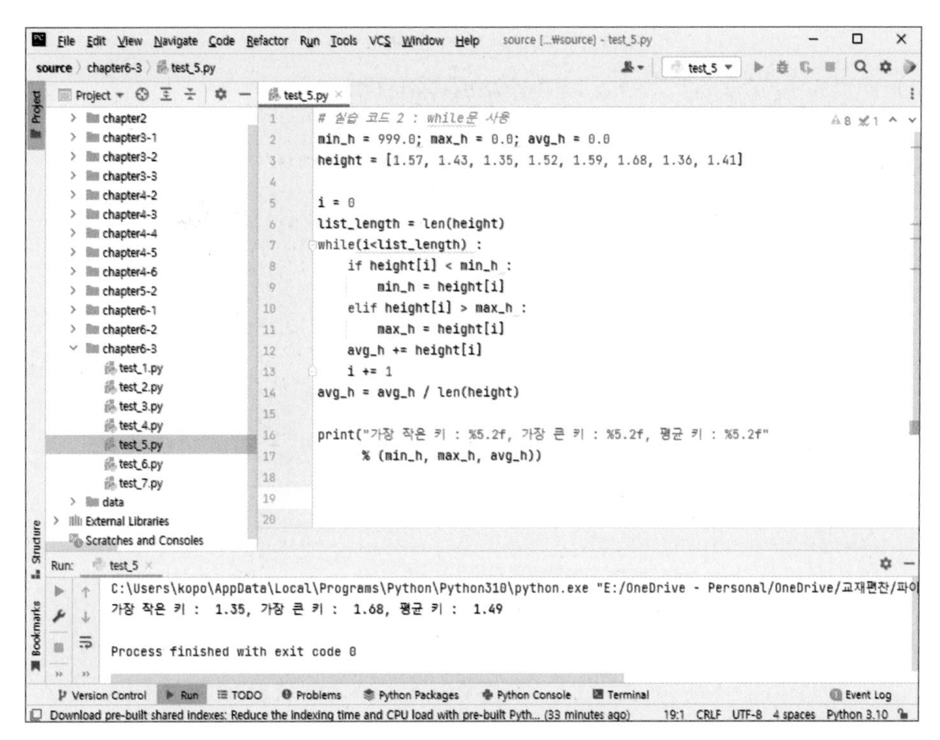

그림 6-80

② while문과 for문을 사용하지 않고 동일한 결과를 추정하는 방법

ⓐ python에서 제공하는 함수를 사용하거나 'numpy' 패키지에서 다운받아서 numpy에서 제공해주는 함수를 사용하면 사용자가 제어문을 이용하여 코드를 작성하지 않아도 쉽게 프로그램을 만들 수 있다.

ⓑ import : 사용할 패키지를 호출/선언하는 과정으로 C#에서 사용하는 using, C언어에서 사용하는 include 등과 비슷한 개념으로 생각하면 된다. import 방법은 크게 2가지 방법이 있다. 첫 번째는 'import 모듈' 방법이다. 이 방법은 모듈의 전체를 가져오겠다는 뜻이다. 두 번째는 'from 모듈 import 이름'을 사용하면 모듈 내에서 필요한 것만 가져오는 방법이다.

ⓒ as : 사용할 패키지(모듈)명을 줄여서 사용할 때 as를 사용한다. 코드 안에서는 줄인 코드명 다음에 도트('.')를 사용하여 함수를 호출한다.

ⓓ python은 다양한 패키지들이 존재하기 때문에 패키지를 많이 활용할수록 프로그램 개발 속도를 높일 수 있다.

ⓔ python의 기본 함수를 사용하여 가장 작은 키, 가장 큰 키, 평균 키를 구하는 프로그램 예제

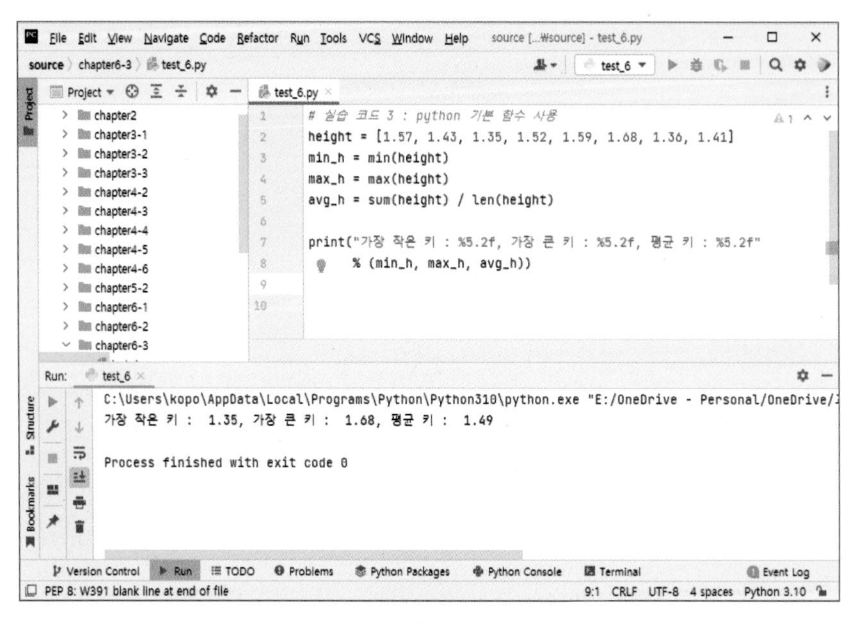

그림 6-81

ⓕ 'numpy' 패키지에서 제공하는 함수를 사용하여 가장 작은 키, 가장 큰 키, 평균 키를 구하는 프로그램 예제

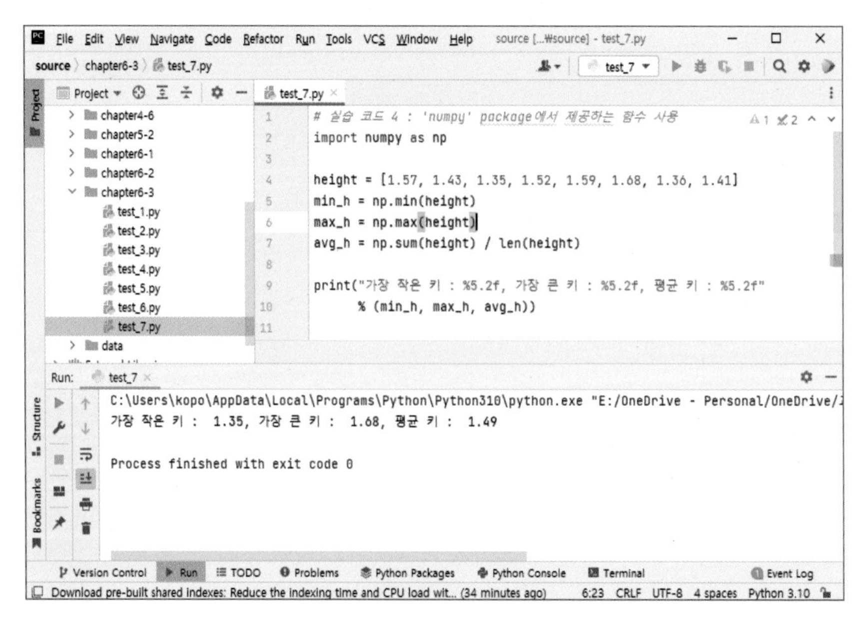

그림 6-82

제 7 장

파이썬 문법 중급

학습 목표
1. 파이썬을 이용하여 제어 프로그램과 객체 지향형 코드를 제작할 수 있다.
2. Tkinter 모듈을 활용하여 간단한 GUI 프로그램을 만들고 프로젝트화할 수 있다.

7-1 함수(function)

1 함수의 정의

(1) 함수란?

① 복잡한 문제는 분할하고 반복되는 문제는 함수로 정의한다.

② 분할한 각 함수는 입출력 인자로 정의하여 사용한다.

(2) 함수 사용의 장점

① 프로그램을 수정하고 재사용하기 용이하다.

② 프로그램을 이해하기가 용이하다.

③ 함수 반복 호출 시 프로그램 크기를 감소시키는 효과를 가진다.

(3) 함수의 정의

① 키워드 'def' 다음에 '함수명( )'을 사용한다.

② 인수(arguments) : 함수를 호출할 때 함수 내부에서 사용할 수 있도록 전달하는 데이터를 가리킨다.

③ 함수의 생성은 **그림 7-1**에서 보는 것처럼 크게 4종류로 작성할 수 있다. Function Type1은 인수와 return문 없이 기본적인 함수 생성을 말한다. Function Type2는 Function Type1에서 인수를 추가한 내용이다. 인수의 추가는 개발자에 의해 여러 개 생성할 수 있지만 너무 많이 생성하면 함수의 인수 관리가 어렵기 때문에 리스트 등의 형태로 만들어 인수에 넘기는 형태가 더 현명한 방법이다. Function Type3과 4의 함수는

return문에 값을 지정하거나 변수로 반환하는 값을 만들어 넘기는 방법과 반환하는 값을 리스트나 튜블 등의 형태로 넘길 수 있다는 내용을 설명하고 있다.

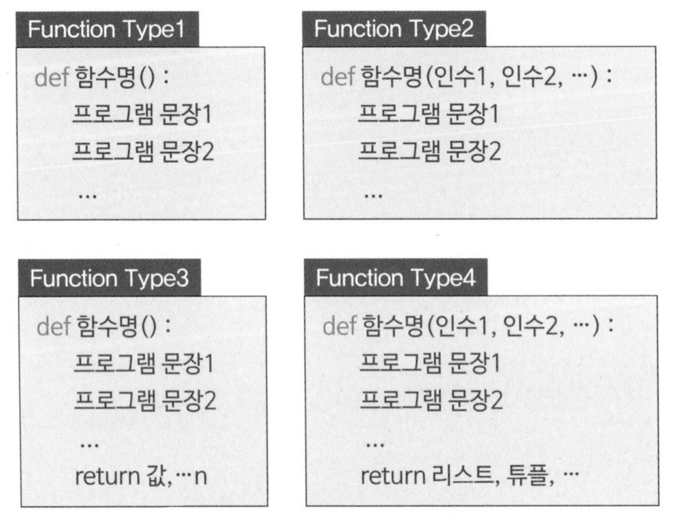

그림 7-1 함수의 4가지 형태 정의

(4) 함수의 정의 예

그림 7-2의 '실습 코드 1'은 반복되는 연산을 출력문(print)을 4번 사용하여 결과를 도출한 내용이다. 반면에 '실습 코드 2'는 반복되는 구문을 함수로 만들어 결과를 도출한 내용이다. 두 코드를 보면 함수를 사용한 '실습 코드 2'가 더 심플하게 간략하게 코드를 작성한 것을 확인할 수가 있다.

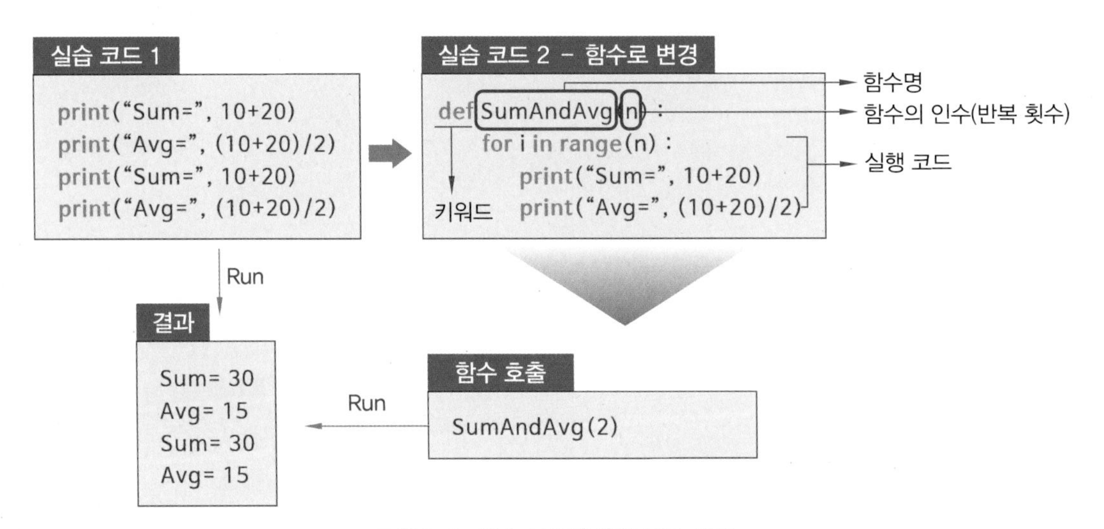

그림 7-2 함수 사용에 대한 코드 비교

2 함수의 인수 전달

(1) 함수의 인수

함수 정의 시, '함수명' 괄호 안은 전달받은 인수를 나타낸다.

(2) 매개 변수 지정을 통한 함수의 인수 전달

① 그림 7-3에서 보는 것과 같이, 함수를 실행하기 위해서는 함수를 호출하는 단계와 함수를 실행하는 단계, 함수 종료 단계를 거치게 된다. '실습 코드 3'은 'cal_upper' 함수를 호출하고 함수 인자 'price'에 1000의 값을 전달하여 'increment'와 'upper_price'의 계산에 반영하여 결과를 도출하도록 작정된 예제이다.

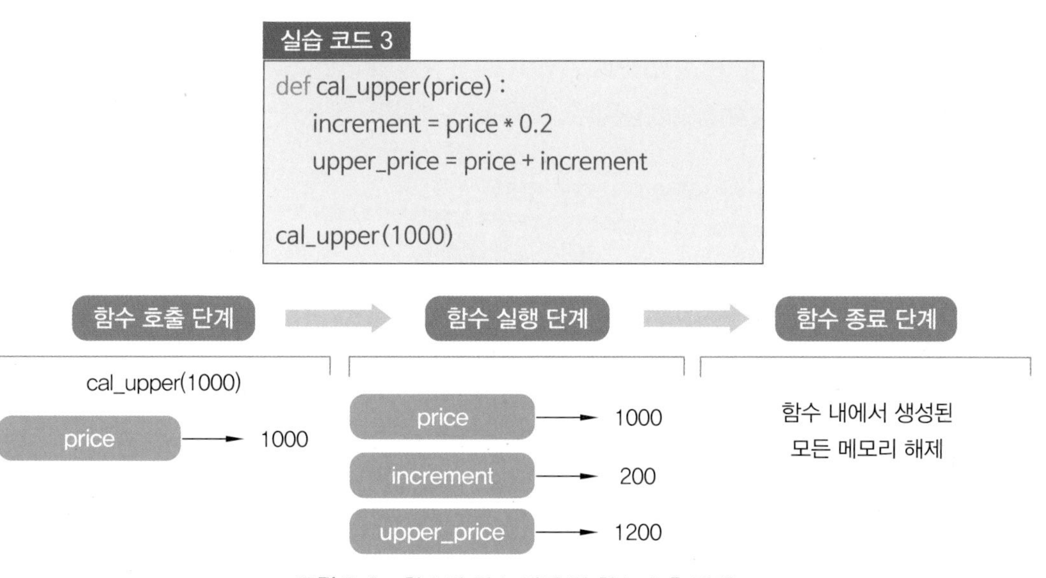

그림 7-3 함수의 인수 전달 및 함수 호출 단계

② 함수에 전달되는 인수 : 함수 선언 시 명시한 매개 변수의 순서에 따라 언제나 순서대로 저장된다.

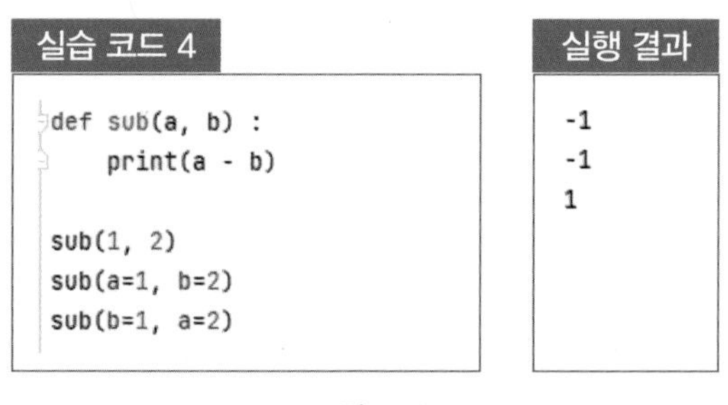

그림 7-4

(3) 매개 변수의 기본값 설정(default parameters)

① 함수를 호출할 때 선언 시 명시된 매개 변수의 개수보다 적거나 많은 인수를 전달할 경우 type error가 발생한다.

실습 코드 5

```
def total(a, b=5, c=10) :
    print(a + b + c)

total(1)
total(1, 2)
total(1, 2, 3)
```

실행 결과

```
16
13
6
```

실행할 수 없는 코드

```
def total(a=5,b,c=10) :
    print(a + b + c)

    total(1)
```

그림 7-5

② 함수를 선언할 때 미리 매개 변수의 기본값을 설정해 놓으면, 함수 호출 시 전달받지 못한 인수에 대해서는 설정해 놓은 기본값으로 자동 초기화할 수 있다.

(4) 가변 매개 변수 설정(variable parameters)

① 함수를 실제로 호출할 때 몇 개의 인수가 전달될지 미리 알 수 없다면, 사용자가 직접 매개 변수의 개수를 정할 수 있도록 선언할 수 있다.

② 가변 매개 변수 : 매개 변수명 앞에 별(*) 기호를 추가하여 선언한다(함수가 호출될 때 전달된 모든 인수가 튜플(tuple)의 형태로 저장된다).

사용 문법

```
def 함수명(*매개변수명):
    실행할 코드1
    실행할 코드2
        ⋮
```

그림 7-6

실습 코드 6

```
def add(*paras):
    print(paras)
    total = 0
    for para in paras:
        total += para
    return total

print(add(10))
print(add(10, 100))
print(add(10, 100, 1000))
```

실행 결과

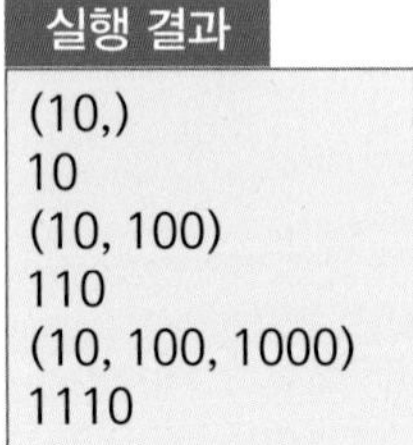

```
(10,)
10
(10, 100)
110
(10, 100, 1000)
1110
```

그림 7-7

③ 가변 매개 변수로 딕셔너리를 사용하려면, 하나의 별(*) 기호가 아닌 두 개의 별(**) 기호를 사용하여 선언해야 한다.

사용 문법

```
def 함수명(**매개변수명):
    실행할 코드1
    실행할 코드2
        ⋮
```

그림 7-8

실습 코드 7

```
def print_map(**dicts):
    for item in dicts.items():
        print(item)

print_map(하나=1)
print_map(one=1, two=2)
print_map(하나=1, 둘=2, 셋=3)
```

실행 결과

```
('하나', 1)
('one', 1)
('two', 2)
('하나', 1)
('둘', 2)
('셋', 3)
```

그림 7-9

(5) 람다(lambda)

① 람다(lambda) : 간단한 함수의 선언과 호출을 하나의 식으로 간략히 표현한 것이다.

② 일반 함수와는 달리 이름을 가지지 않으며, map( )이나 filter( ) 함수와 같이 함수 자체를 인수로 전달받는 함수에서 자주 사용된다.

③ '실습 코드 8' 설명 : add( ) 함수는 선언된 이후에 프로그램 내에서라면 언제라도 또다시 호출할 수 있지만, 람다는 단 한 번 밖에 사용할 수 없는 차이점을 가진다.

사용 문법

```
lambda 매개변수1, 매개변수2, ...: 매개변수를 이용한 표현식
```

그림 7-10

실습 코드 8

```
def add(a, b):
    return a + b

print(add(1, 2))
print((lambda a, b: a+b)(1, 2))
```

실행 결과

```
3
3
```

그림 7-11

7-2 모듈(module)

1 모듈의 정의

(1) 파이썬에서 모듈이란?

① '프로그램의 기능 단위'를 의미하며, 파일 단위로 작성된 파이썬 코드를 모듈이라고 한다.

② 사용 방법 : 파일 자체를 복사한 후 모듈을 임포트(import)하면 해당 파일(모듈)에 구현된 모든 함수 및 자료 구조를 사용할 수 있다.

(2) 모듈 사용 예시 : 'import' Operator 모듈 사용

그림 7-12에서 'Operator.py'는 개발자가 만든 모듈이며, 모듈 내에는 3개의 함수와 리스트형의 데이터를 담고 있다. 그리고 'test.py'는 'Operator.py' 함수들을 사용하기 위한 프로그램이다. 'Operator.py' 함수들을 사용하기 위해서는 'import' 키워드를 사용하여 'Operator'를 호출하면 된다. 그리고 각 함수는 '.'를 사용하여 함수에 접근 사용하면 된다.

Operator.py

```
1  def Add(element1, element2) :
2      return element1 + element2
3
4  def Sub(element1, element2) :
5      return element1 - element2
6
7  def Avg(element, length) :
8      return element / length
9
10 Data_List = [1, 2, 3, 4, 5, 6, 7, 8, 9, 10]
11
```

함수 (1~8행), 리스트 (10행), Operator 모듈

Operator.py

```
def Add(element1, element2) :
    return element1 + element2

def Sub(element1, element2) :
    return element1 - element2

def Avg(element, length) :
    return element / length

Data_List = [1, 2, 3, 4, 5, 6, 7, 8, 9, 10]
```

test.py

```
1  # 실습 코드 1 :
2  import Operator
3
4  print("결과(Add) : ", Operator.Add(Operator.Data_List[0], Operator.Data_List[1]))
5  print("결과(Sub) : ", Operator.Sub(Operator.Data_List[3], Operator.Data_List[2]))
6
7  sumData = Operator.Data_List[0]
8  for i in range(1, len(Operator.Data_List)) :
9      sumData = Operator.Add(sumData, Operator.Data_List[i])
10
11 print("결과(Avg) : ", sumData / len(Operator.Data_List))
```

실행 결과

```
Run: test_1
C:\Users\kopo\AppData\Local\Programs\Python\Python310\python.exe "E:/OneDrive - Personal/OneDrive/교재편찬/파이썬으로 구현하는
결과(Add) :  3
결과(Sub) :  1
결과(Avg) :  5.5

Process finished with exit code 0
```

그림 7-12

2 시간 관련 모듈 제어

(1) 시간 관련 모듈

① 시간과 날짜를 다루기 위해 time과 datetime이라는 기본 모듈을 사용하여 제어한다.

② 사용 방법 : time 모듈에서 현재 시각을 구하는 함수 time을 import하여 사용한다(time은 현재 시각을 반환).

실행 코드

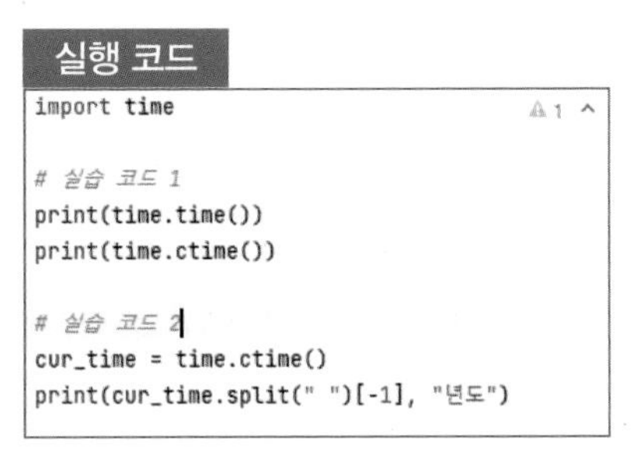

```
import time

# 실습 코드 1
print(time.time())
print(time.ctime())

# 실습 코드 2
cur_time = time.ctime()
print(cur_time.split(" ")[-1], "년도")
```

실행 결과

```
1639983476.540677
Mon Dec 20 15:57:56 2021
2021 년도
```

그림 7-13

(2) 시간 관련 모듈을 사용한 코드 수행 시간 측정 예

time 모듈 또는 timeit 모듈을 사용하여 자신이 구현한 코드의 수행 시간을 측정할 수 있다.

실행 코드1

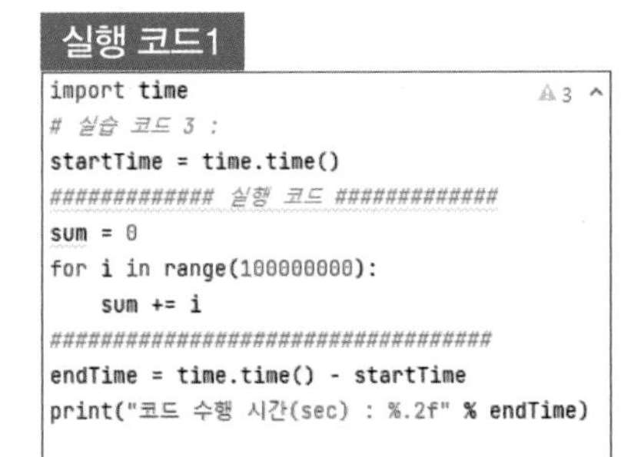

```
import time
# 실습 코드 3 :
startTime = time.time()
############# 실행 코드 #############
sum = 0
for i in range(100000000):
    sum += i
####################################
endTime = time.time() - startTime
print("코드 수행 시간(sec) : %.2f" % endTime)
```

실행 코드2

```
import timeit
# 실습 코드 4 :
startTime = timeit.default_timer()      #시작 시간 체크
############# 실행 코드 #############
sum = 0
for i in range(100000000):
    sum += i
####################################
endTime = timeit.default_timer() - startTime     #종료 시간 체크
print("코드 수행 시간(sec) : %.2f" % endTime)
```

수행 결과 1

```
코드 수행 시간(sec) : 9.21
```

수행 결과 2

```
코드 수행 시간(sec) : 9.67
```

그림 7-14

3 OS 모듈 제어

(1) OS 모듈이란?

OS는 Operating System의 약자로서 운영 체제에서 제공되는 여러 기능을 파이썬에서 수행할 수 있게 한다.

(2) 사용처

파이썬을 이용해 파일을 복사하거나 디렉터리를 생성하고 특정 디렉터리 내의 파일 목록을 구하고자 할 때 OS 모듈을 사용한다.

① os.getcwd( ) : 프로젝트 경로를 확인한다.

② os.listdir( ) : 프로젝트 폴더 내의 파일들을 확인할 수 있다. 반환되는 값은 리스트형이며 폴더 경로 지정 시, 해당 폴더의 내부 파일을 확인할 수 있다.

(3) OS 모듈을 import 하는 세 가지 방법

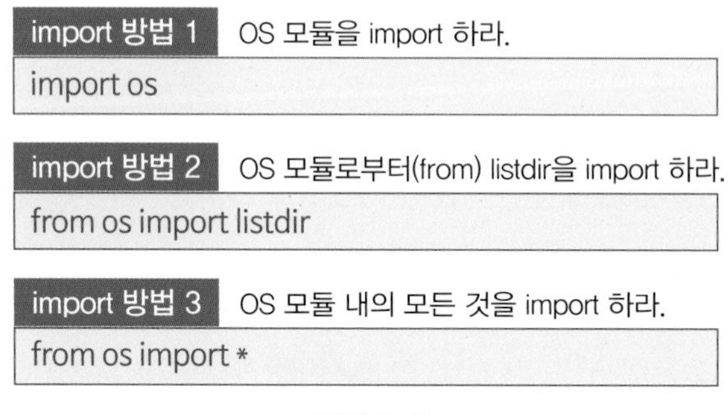

그림 7-15

(4) OS 모듈 사용 방법 예

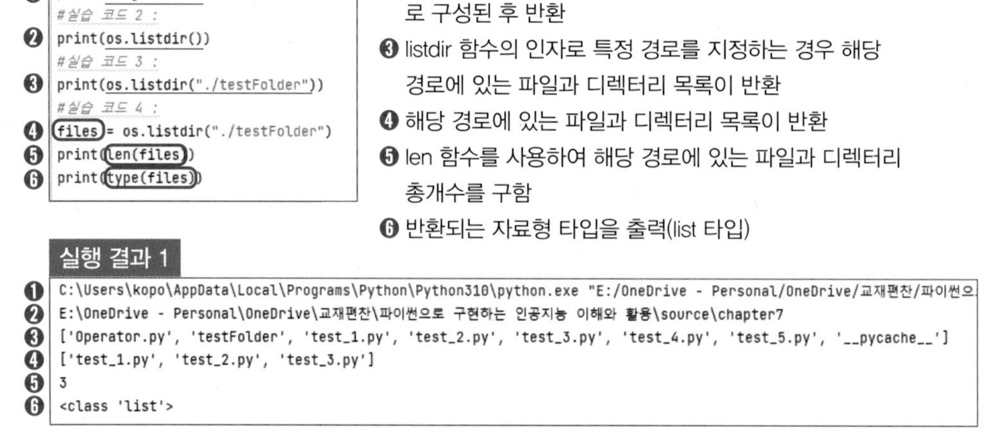

그림 7-16

7-3 클래스(class)

1 클래스의 정의

(1) 파이썬에서 클래스 지원

파이썬은 객체 지향 프로그래밍(object oriented programming)을 할 수 있는 클래스(class)를 지원한다.

① 클래스(class) : 프로그램이 실행되었을 때 생성되는 객체가 어떤 멤버 변수와 메소드를 가지는지 정의해둔 것
② 객체(object) : 클래스의 인스턴스를 인식할 수 있는 것을 통칭하는 말
③ 인스턴스(instance) : 클래스 정의로부터 실제 객체를 생성한 것
④ 속성(attribute) : 클래스에 포함되는 변수
⑤ 메소드(method) : 클래스에 포함되는 함수

tip

클래스 : 붕어빵을 계속해서 찍어낼 수 있는 틀을 클래스(class)

객체 : 붕어빵 틀에서 찍혀 나온 맛있는 붕어빵 하나하나를 객체(object)

2 객체 지향 프로그래밍(object oriented programming)

(1) 객체 지향 프로그램이란?

프로그래밍에서 필요한 데이터를 추상화시켜 상태와 행위를 가진 객체를 만들고 그 객체들 간의 유기적인 상호 작용을 통해 시스템을 구성하는 프로그래밍 방법이다.

(2) 객체 지향의 4대 특성

표 7-1 객체 지향의 4대 특성

특성	설명
캡슐화	외부에서는 생성한 객체가 어떤 메소드와 필드로 일을 수행하는지 몰라도 됨
상속화	자식클래스는 부모클래스를 물려받으며 확장 가능함(재사용)
추상화	공통된 속성/기능을 묶어 이름을 붙임(단순화 및 객체모델링)
다형성	부모클래스와 자식클래스가 동일한 요청을 다르게 처리할 수 있음(사용 편의성)

(3) 객체 지향 프로그래밍의 장점

① 코드 재사용 용이하다.

② 유지 보수가 쉽다.

③ 대형 프로젝트에 적합하다.

④ 강한 응집력과 약한 결합력을 가진다.

표 7-2

응집력	프로그램의 한 요소가 해당 기능을 수행하기 위해 얼마만큼의 연관된 책임과 역할을 뭉쳐 있는지를 나타내는 정도를 의미
결합력	프로그램 코드의 한 요소가 다른 것과 얼마나 강력하게 연결되어 있는지, 얼마나 의존적인지를 나타내는 정도

(4) 객체 지향 프로그래밍의 단점

① 객체들 간의 통신하는 오버헤드로 인해서 처리 속도가 상대적으로 느리다.

② 객체가 많으면 용량이 커지고 설계 시 많은 시간이 든다.

(5) 객체 지향 프로그래밍의 SOLID 원칙

표 7-3

SRP (Single Responsibility Principle)	한 클래스는 단 한가지 역할을 가져야 함
OCP (Open–Closed Principle)	사용 중인 코드를 변경하는 것이 아니라, 새로운 코드를 덧붙여서 기능을 확장
LSP (Liskov Substitution Principle)	상위 타입의 객체를 하위 타입의 객체로 치환해도 상위타입을 사용하는 프로그램은 정상적으로 동작해야 함
ISP (Interface Segregation Principle)	클라이언트가 자신이 사용하지 않는 메소드에 의존하지 않아야 함
DIP (Dependency Inversion Principle)	상위 모듈이 하위 모듈을 참조할 때 구현 클래스를 직접 사용하는 것이 아니라 interface를 참조해야 함

(5) 함수와 클래스의 차이점

① 데이터와 메소드들이 한 틀로 묶여 있다.

② 메소드가 접근할 수 있는 데이터를 제한시켜 데이터를 보호하거나 숨길 수 있다.

③ 문제에 포함된 객체를 정확히 표현 가능하다.

3 클래스 사용 방법

(1) 클래스 선언하기

① 'class' 키워드를 사용하여 클래스를 선언할 수 있으며, 그 내부에서 def 키워드를 사용하여 메소드를 선언할 수 있다.

② 속성은 변수를 선언하는 일반적인 방법과 같은 방법으로 선언할 수 있다.

(2) 클래스 선언 예

① Dog 클래스는 name, age, breed라는 3개의 속성과 bark( )라는 하나의 메소드로 구성되어 있다.

② bark( ) 메소드 선언 시 매개 변수로 사용된 self 매개 변수는 객체가 자기 자신을 참조하는 데 사용하는 매개 변수이다.

※ self : 인스턴스 객체 자신을 가리킴

그림 7-17

(3) 인스턴스 생성 예

① 인스턴스(instance)란 : 클래스를 기반으로 생성된 객체(object)를 가리킨다.

② 인스턴스 생성 : 클래스명에 소괄호(( ))를 사용한다.

③ 생성된 인스턴스에 닷(.) 연산자를 사용하면 해당 클래스의 속성이나 메소드를 호출할 수 있다.

인스턴스 작성 문법

```
인스턴스명 = 클래스 명()
```

프로그램 예시

```
class Dog:                # 클래스 선언
  name = " 착함이"        # 속성 선언
  age = 3
  breed = "골든 리트리버"
  def bark(self):         # 메소드 선언
    print(self.name + "가 멍멍하고 짖는다.")
```

```
my_dog = Dog()          #인스턴스 생성

print(my_dog.breed) #인스턴스의 속성 접근

my_dog.bark()       # 인스턴스의 메소드 호출
```

그림 7-18

(4) 객체 생성과 인스턴스 생성 예

① 객체(object)와 인스턴스(instance)는 전혀 별개의 것이 아니며, 객체를 바라보는 관점의 차이이다.

② 'my_dog는 인스턴스이다.'라고 하기보다는 'my_dog는 객체이다.'라고 말하는 것이 좀 더 정확한 표현이다.

③ 'my_dog는 Dog 클래스의 객체이다.'라고 하기보다는 'my_dog는 Dog 클래스의 인스턴스이다.'라고 말하는 것이 좀 더 정확한 표현이다.

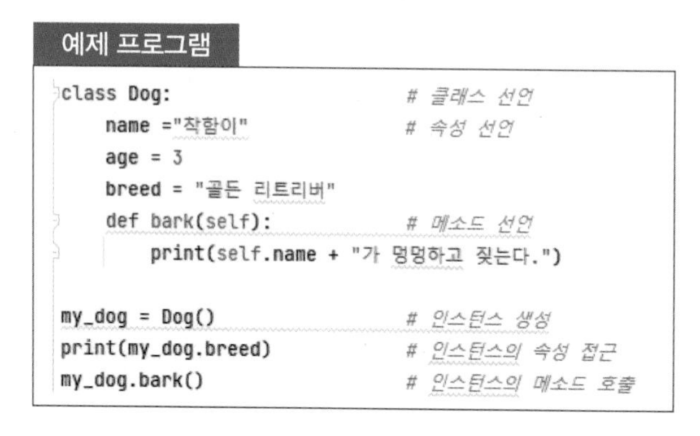

```
예제 프로그램
class Dog:                                  # 클래스 선언
    name ="착함이"                          # 속성 선언
    age = 3
    breed = "골든 리트리버"
    def bark(self):                         # 메소드 선언
        print(self.name + "가 멍멍하고 짖는다.")

my_dog = Dog()                              # 인스턴스 생성
print(my_dog.breed)                         # 인스턴스의 속성 접근
my_dog.bark()                               # 인스턴스의 메소드 호출
```

수행 결과

```
골든 리트리버
착함이가 멍멍하고 짖는다.
```

그림 7-19

(5) 클래스의 변수 접근과 인스턴스 변수

클래스에서도 변수가 선언된 위치에 따라 변수의 유효 범위 및 값을 변경할 수 있다.

표 7-4

구분	설명
클래스 변수 (class variable)	해당 클래스에서 생성된 모든 인스턴스가 값을 공유하는 변수
인스턴스 변수 (instance variable)	'__init__()' 메소드 내에서 선언된 변수로 인스턴스가 생성될 때마다 새로운 값이 할당되는 변수

프로그램 예시

```
class Cat:                        # 클래스 선언
    sound ="야옹"                 # 클래스 변수 선언
    def __init__(self, name) :    생성자 사용
        self.name = name          # 인스턴스 변수 선언
    def bark(self):               # 메소드 선언
        print(self.name + "가 야옹하고 운다.")

my_cat = Cat("착함이")       # 인스턴스 생성
your_cat = Cat("귀염이")     # 인스턴스 생성
print(my_cat.sound)          # 클래스 변수에 접근
print(my_cat.name)           # 인스턴스 변수에 접근
print(your_cat.sound)        # 클래스 변수에 접근
print(your_cat.name)         # 인스턴스 변수에 접근
```

그림 7-20

(6) 클래스의 변수 접근과 인스턴스 변수 예제 1

인스턴스 간에 값을 서로 공유하지 않아도 되는 변수는 인스턴스 변수로 선언하고, 같은 값을 공유해야만 하는 변수는 클래스 변수로 선언하는 것이 바람직하다.

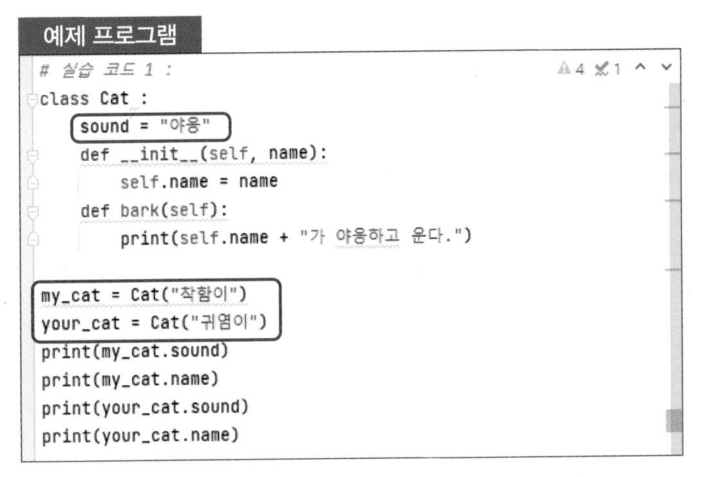

그림 7-21

(7) 클래스의 변수 접근과 인스턴스 변수 예제 2

객체가 선언될 때 생성자(def __init__(self))는 자동 호출된다.

예제 프로그램

```
# 실습 코드 2 :
class Student :
    def __init__(self):
        self.name = "홍길동"
        self.no = "2021-123456"
    def ptStudent(self):
        print("학생이름 =", self.name)
        print("학번 =", self.no)

student1 = Student()
student2 = Student()
student1.ptStudent()
student2.ptStudent()

student1.name = "춘향이"
student1.no = "2021-789123"

student1.ptStudent()
```

수행 결과

```
학생이름 = 홍길동
학번 = 2021-123456
학생이름 = 홍길동
학번 = 2021-123456
학생이름 = 춘향이
학번 = 2021-789123
```

그림 7-22

(8) 클래스의 변수 접근과 인스턴스 변수 예제 3

객체 생성 시 여러 개의 인자 전달이 가능하다.

예제 프로그램

```
# 실습 코드 3 :
class Student :
    def __init__(self, name, studentNo):
        self.name = name
        self.no = studentNo
    def ptStudent(self):
        print("학생이름 =", self.name)
        print("학번 =", self.no)

student1 = Student("홍길동", "2021-123456")
student1.ptStudent()
```

수행 결과

```
학생이름 = 홍길동
학번 = 2021-123456
```

그림 7-23

4 상속(inheritance)

(1) 상속이란

기존 클래스를 직접 수정하지 않고, 기능을 추가하거나 변경하고 싶을 때 유용하게 사용할 수 있다.

① 존재하던 클래스 : 부모 클래스(parent class) 또는 기초 클래스(base class)라고 부른다.

② 상속을 통해 새롭게 생성되는 클래스 : 자식 클래스(child class) 또는 파생 클래스(derived class)라고 부른다.

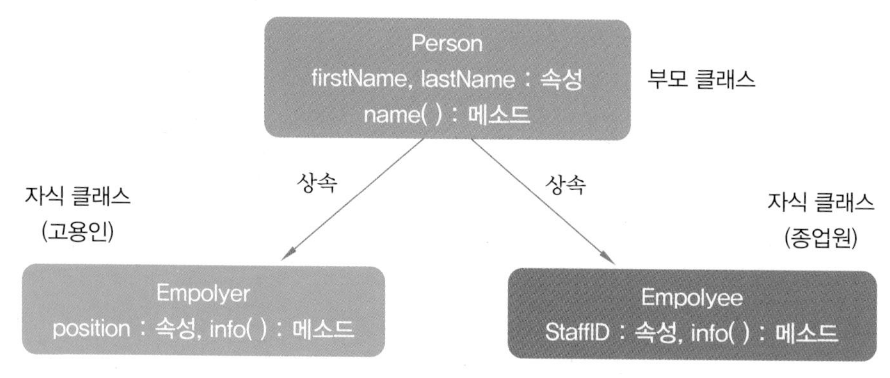

그림 7-24

(2) 클래스 상속하기

클래스를 선언할 때 다른 클래스를 상속받고 싶다면, 소괄호(( ))를 사용하여 그 안에 상속받고 싶은 클래스명을 넣어 전달함으로써 해당 클래스의 모든 멤버를 상속받을 수 있다.

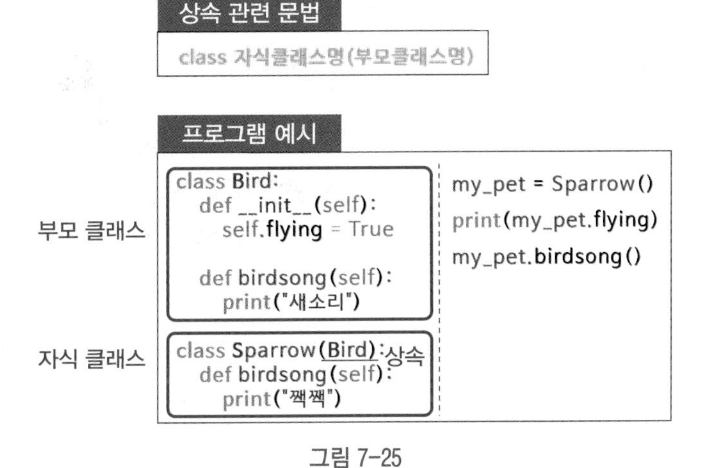

그림 7-25

(3) 클래스 상속하기 예제

① Sparrow 클래스가 Bird 클래스를 상속받아 선언되었으며, Sparrow 클래스의 my_pet 인스턴스를 생성하고 있다.

② Sparrow 클래스는 Bird 클래스를 상속받았기 때문에, Sparrow 클래스에서는 선언하지 않았지만 부모 클래스인 Bird 클래스에 존재하는 flying 속성을 사용할 수 있다.

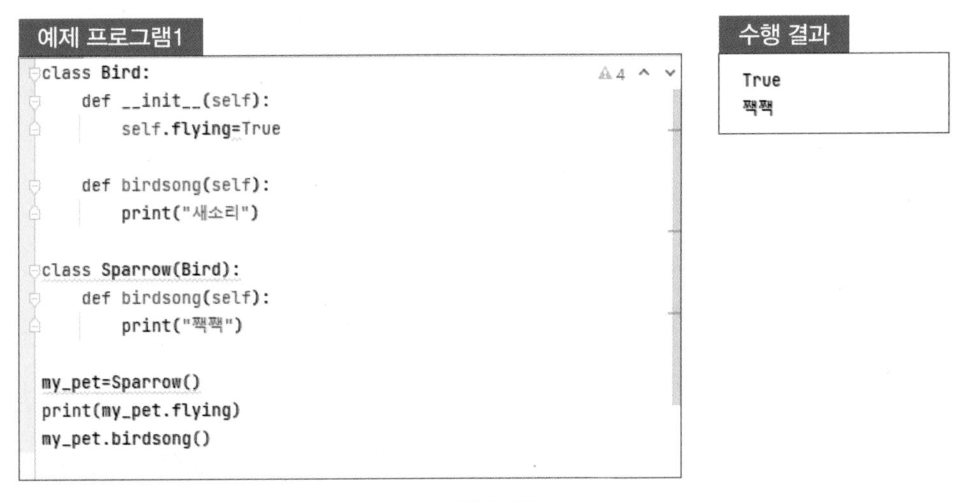

그림 7-26

(4) 메소드 오버라이딩(method overriding)

상속 관계에 있는 부모 클래스에서 이미 정의된 메소드를 자식 클래스에서 같은 이름으로 재정의하는 것을 말한다.

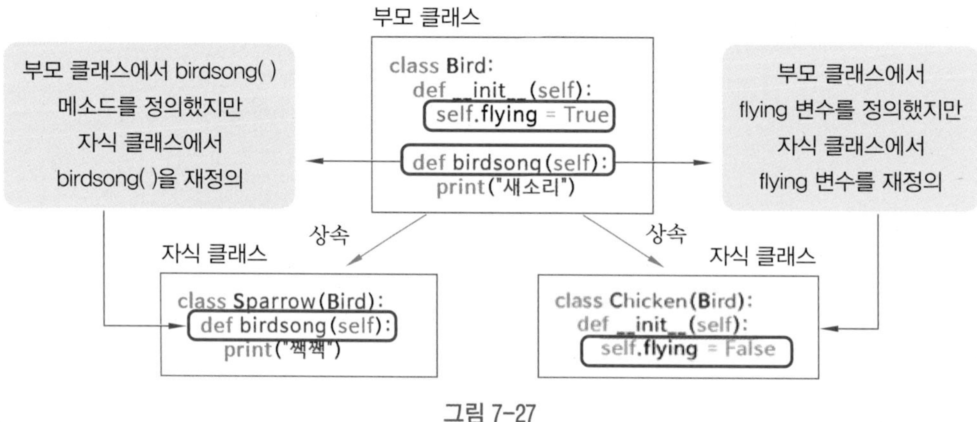

그림 7-27

(5) 메소드 오버라이딩(method overriding) 예제

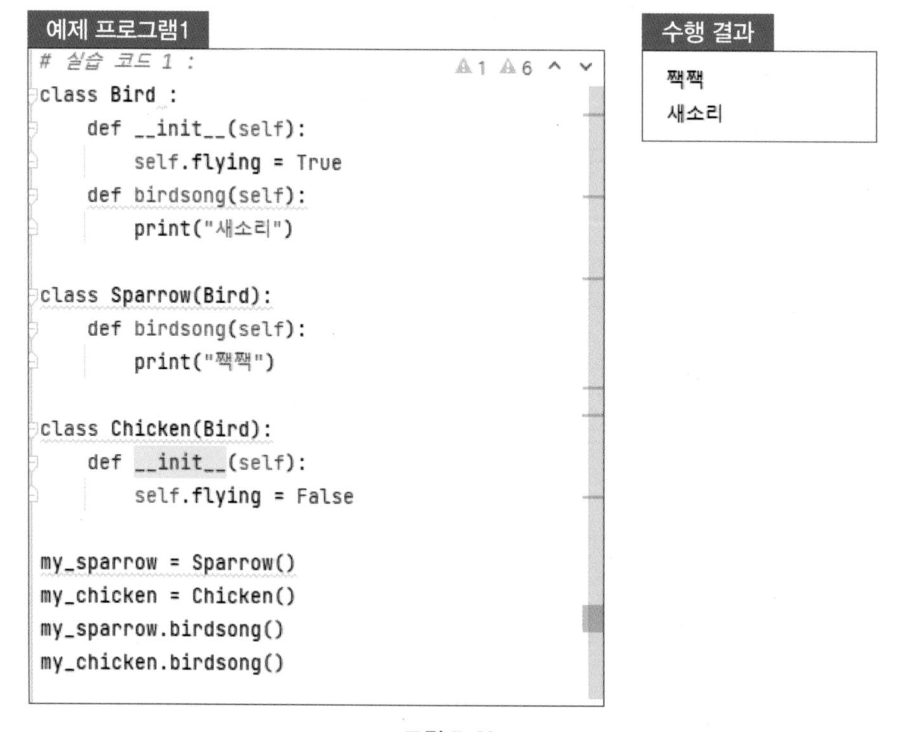


```
# 실습 코드 1 :
class Bird :
    def __init__(self):
        self.flying = True
    def birdsong(self):
        print("새소리")

class Sparrow(Bird):
    def birdsong(self):
        print("짹짹")

class Chicken(Bird):
    def __init__(self):
        self.flying = False

my_sparrow = Sparrow()
my_chicken = Chicken()
my_sparrow.birdsong()
my_chicken.birdsong()
```

그림 7-28

① Sparrow 클래스와 Chicken 클래스는 모두 Bird 클래스를 상속받는다.

② Sparrow 클래스는 birdsong( ) 메소드를 재정의하고, Chicken 클래스는 birdsong( ) 메소드를 재정의하지 않았다.

③ Chicken 클래스의 인스턴스는 부모 클래스인 Bird 클래스의 birdsong( ) 메소드를 그대로 사용하는 것을 확인할 수 있다.

(6) 접근 제어(access control)

① 접근 제어자를 사용하면 클래스 외부에서의 직접적인 접근을 허용하지 않는 속성이나 메소드를 선언할 수 있기 때문에 정보 은닉(data hiding)과 캡슐화(encapsulation)를 구체화할 수 있다.

② 파이썬에서는 접근 제어자를 사용하지 않고도, 변수나 메소드의 이름을 작성할 때 그 작명법(naming)에 따라 접근 제어를 구현하고 있다.

표 7-5

C++ 접근 제어자	파이썬
public	멤버 이름에 어떠한 언더스코어(_)도 포함되지 않음 예 name
private	멤버 이름 앞에 두 개의 언더스코어(__)가 접두사로 포함됨 예 __name
protected	멤버 이름 앞에 한 개의 언더스코어(_)가 접두사로 포함됨 예 _name

tip C++ 언어에서 사용할 수 있는 접근 제어자와 그 설명

접근 제어자	설명
public	선언된 클래스 멤버는 외부로 공개되며, 해당 객체를 사용하는 프로그램 어디에서나 직접 접근할 수 있음
private	선언된 클래스 멤버는 외부에 공개되지 않으며, 외부에서는 직접 접근할 수 없음
protected	선언된 클래스 멤버는 부모 클래스에 대해서는 public 멤버처럼 취급되며, 외부에서는 private 멤버처럼 취급됨

7-4 파일 입출력

(1) 파일 입출력 함수

파일에 저장된 내용을 읽고 쓰는 동작은 파일 객체(file object)를 사용하여 수행한다.

(2) 파일 열기

① 파일의 내용을 읽고 쓰기 위해서는 파일을 열어야만 한다.

② 내장 함수인 open( ) 함수를 사용하여 파일을 열 수 있다.

③ 파일 객체를 가지고 다양한 파일 입출력 작업을 수행할 수 있다.

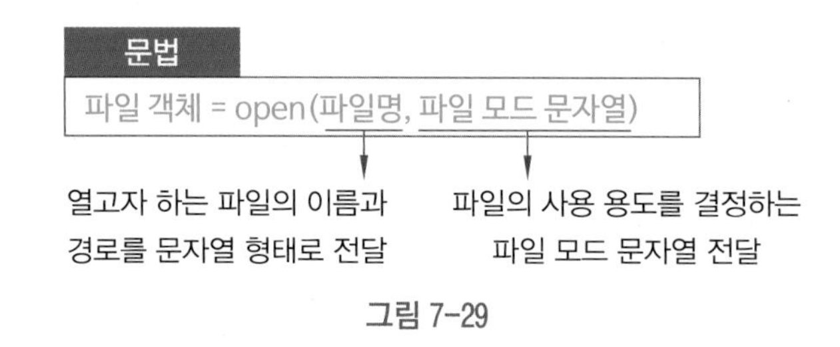

그림 7-29

(3) 파일 닫기

파일 입출력 작업이 모두 끝나면 파일 객체의 close( ) 함수를 사용하여 해당 파일 객체를 닫아줘야 한다.

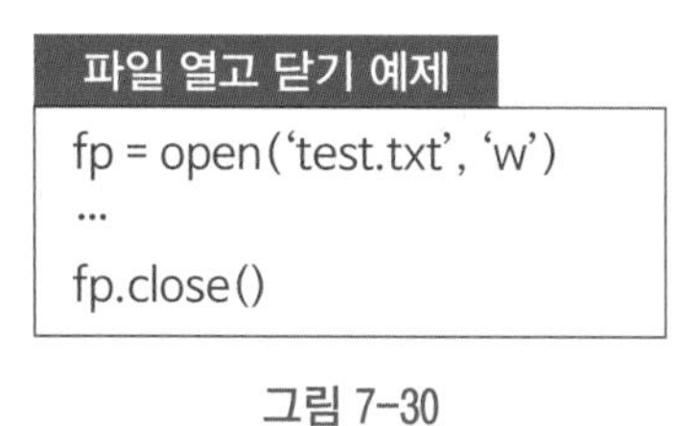

그림 7-30

(4) 파일 모드 문자열

① 해당 파일의 사용 용도를 결정하고 파일의 데이터를 어떤 방식으로 입출력할지를 결정하는 역할을 한다.

② 파일 모드 문자열을 생략할 경우 파일은 읽기 전용 모드(read mode)로 정의된다.

표 7-6

r (read mode)	읽기 전용 모드(기본값)
w (write mode)	쓰기 전용 모드
a (append mode)	파일의 마지막에 새로운 데이터를 추가하는 모드

③ 파일의 데이터를 어떤 방식으로 입출력할지를 결정하는 문자열이 이어지며, 이를 생략하면 파일은 텍스트 모드(text mode)로 정의된다.

표 7-7

t (text mode)	해당 파일의 데이터를 텍스트 파일로 인식하고 입출력함(기본값)
b(binary mode)	해당 파일의 데이터를 바이너리 파일로 인식하고 입출력함

④ 마지막으로 다음과 같은 파일 모드 문자열을 추가할 수 있다.

표 7-8

x (exclusive mode)	열고자 하는 파일이 이미 존재하면 파일 개방에 실패함
+ (update mode)	파일을 읽을 수도 있고 쓸 수도 있도록 개방함

(5) 파일 내용 읽기

① 파일의 내용을 읽기 위해 제공되는 함수들 : read( ), readline( ), readlines( ) 함수

표 7-9

read( ) 함수	해당 파일의 모든 내용을 읽어 들여 하나의 문자열로 반환

text.txt

```
1번째 라인입니다.
2번째 라인입니다.
3번째 라인입니다.
마지막 라인입니다.
```

Read()함수 사용 예시

```
fp = open('./test_file/text.txt', 'r', encoding='UTF8')

file_data = fp.read()
print(file_data)

fp.close()
```

수행 결과

```
1번째 라인입니다.
2번째 라인입니다.
3번째 라인입니다.
마지막 라인입니다.
```

그림 7-31

② readline( ) 함수 : 해당 파일의 내용을 한 라인씩 읽어 들여 문자열로 반환하며, 파일의 끝(EOF)에 도달하여 더 이상 가져올 라인이 없을 경우에는 None을 반환한다.

text.txt

```
1번째 라인입니다.
2번째 라인입니다.
3번째 라인입니다.
마지막 라인입니다.
```

Read()함수 사용 예시1

```
fp = open('./test_file/text.txt', 'r', encoding='UTF8')
file_data = fp.readline()
print(file_data)
fp.close()
```

수행 결과

```
1번째 라인입니다.
```

Read()함수 사용 예시2

```
fp = open('./test_file/text.txt', 'r', encoding='UTF8')
while True:
   file_line = fp.readline()
   if not file_line:
      break
   print(file_line, end='')
fp.close()
```

수행 결과

```
1번째 라인입니다.
2번째 라인입니다.
3번째 라인입니다.
마지막 라인입니다.
```

그림 7-32

③ readlines( ) 함수 : 해당 파일의 모든 라인을 순서대로 읽어 들여 각각의 라인을 하나의 요소로 저장하는 하나의 리스트를 반환한다.

④ readlines( ) 함수를 사용하여 파일의 내용을 읽어들일 때에는 개행 문자(' \n')까지 모두 함께 저장되는 것에 주의를 기울여야 한다.

text.txt

```
1번째 라인입니다.
2번째 라인입니다.
3번째 라인입니다.
마지막 라인입니다.
```

Read()함수 사용 예시

```
fp = open('./test_file/text.txt', 'r', encoding='UTF8')
file_lines = fp.readlines()
print(file_lines)
fp.close()
```

수행 결과

```
['1번째 라인입니다.₩n', '2번째 라인입니다.₩n', '3번째
라인입니다.₩n', '마지막 라인입니다.']
```

그림 7-33

⑤ 쓰기 전용 모드인 'w' : 만약 같은 이름의 파일이 이미 존재하면, 해당 파일에 저장되어 있는 모든 내용을 제거한 후 파일을 열게 된다.

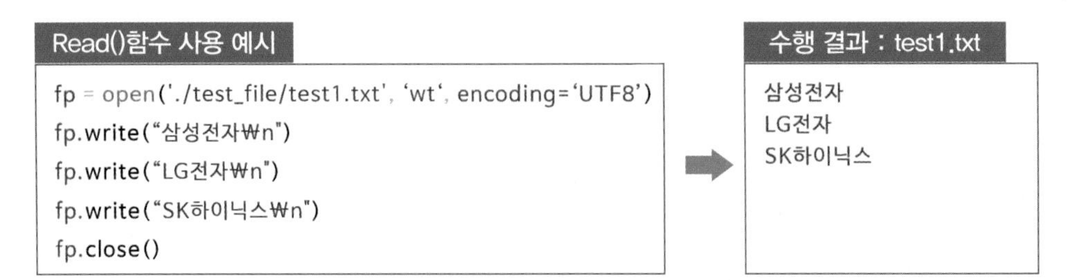

Read()함수 사용 예시

```
fp = open('./test_file/test1.txt', 'wt', encoding='UTF8')
fp.write("삼성전자₩n")
fp.write("LG전자₩n")
fp.write("SK하이닉스₩n")
fp.close()
```

수행 결과 : test1.txt

```
삼성전자
LG전자
SK하이닉스
```

그림 7-34

(6) 파일 내용 추가하기

'a' 모드 : 기존에 존재하는 파일에 새로운 내용 추가

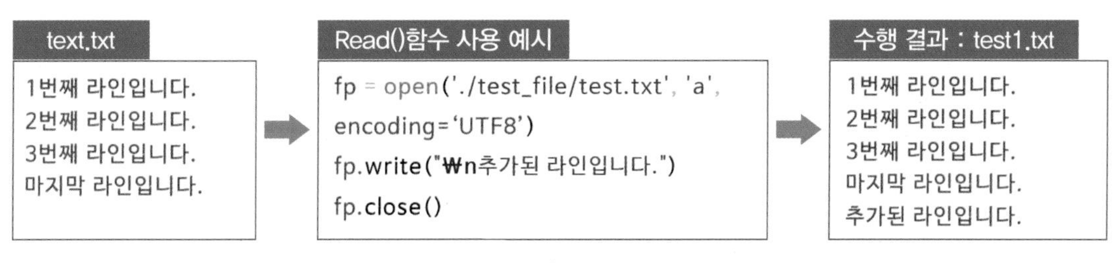

그림 7-35

(7) 자동으로 파일 닫기(with 문)

① with 문 : 해당 with 블록을 벗어남과 동시에 개방되었던 파일 객체를 자동으로 닫아 준다.

② 장점 : 열고 작업한 파일을 일일이 닫는 수고를 덜어주고 코드의 가독성을 향상 시킨다.

문법

```
with open(파일명, 파일 모드 문자열) as 파일 객체 :
    수행할 명령문
```

예제 1

```
fp = open('./test_file/test.txt', 'r',
encoding='UTF8')
file_data = fp.read()
print(file_data)
fp.close()
```

VS.

예제 2

```
with open('./test_file/test.txt', 'r', encodi
ng='UTF8') as fp:
    file_data = fp.read()
    print(file_data)
```

그림 7-36

7-5 다중 처리(multiprocessing)

(1) 다중 처리(multiprocessing)이란?

① 컴퓨터 시스템 한 대에 둘 이상의 중앙 처리 장치(CPU)를 이용하여 병렬로 처리하는 것을 말한다.

② 하나 이상의 프로세서를 지원하는 시스템의 능력, 또는 이들 사이의 태스크를 할당하는 능력을 가리킨다.

(2) 특징

① 프로세서를 여러 개 사용하여 여러 개의 작업을 동시에 수행함으로써 작업 속도를 높일 수 있다.

② 프로세서 중 일부에 문제가 발생하더라도 다른 프로세서를 이용해 처리할 수 있으므로 신뢰성이 높다.

(3) 스레드와 프로세스의 차이

하나의 프로세스는 하나 이상의 스레드를 가진다.

표 7-10

프로세스(process)	일반적으로 CPU에 의해 처리되는 사용자 프로그램, 시스템 프로그램, 실행 중인 프로그램을 의미하며, 작업(job) 태스크(task)라고도 함
스레드(thread)	프로세스 내에서 실행되는 흐름의 단위

(4) Thread 사용에 따른 장점

① 하나의 프로세스 안에서 여러 개의 루틴을 만들어서 병렬적으로 실행할 수 있다.

② 단순 반복하는 작업을 분리해서 처리할 수 있다.

③ CPU 사용률 향상 및 코드 유지 보수성을 향상시킬 수 있다.

④ 효율적인 자원 활용 및 응답성을 향상시킬 수 있다.

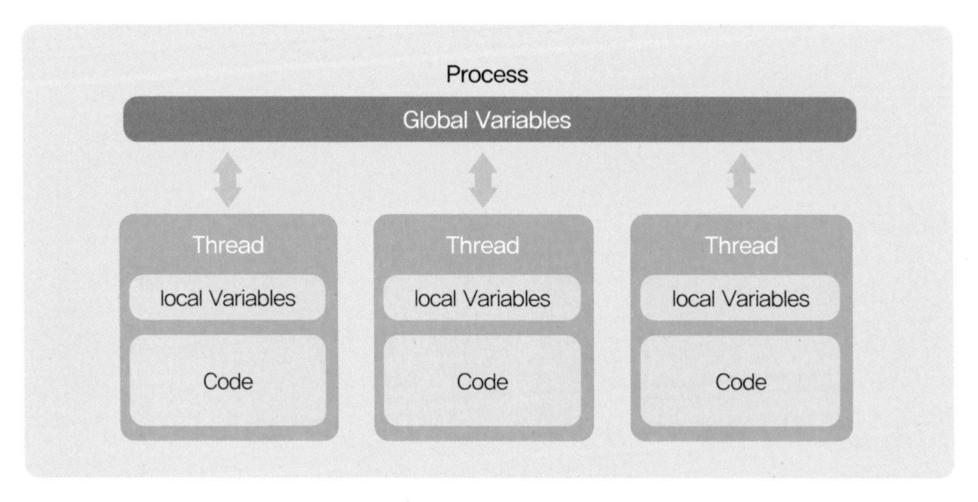

그림 7-37 Thread 구조

(5) Thread 사용 예제 1

예제 프로그램

```
import threading

def execute(number) :
    #쓰레드에서 실행할 함수
    print(threading.current_thread().name, number)

if __name__ == '__main__' :
    for i in range(1, 6) :
        my_thread = threading.Thread(target=execute, args=(i,))
        my_thread.start()
```

스레드로 실행할 execute 함수 선언

execute 함수 할당

start 메소드 호출

수행 결과

```
Thread-1 (execute) 1
Thread-2 (execute) 2
Thread-3 (execute) 3
Thread-4 (execute) 4
Thread-5 (execute) 5
```

그림 7-38

(6) Thread 사용 예제 2

① 다중 Thread 사용에 따른 수행 시간 비교

예제 프로그램 1 : Thread 1개 사용

```
import threading
import time

def sum(low, high):
    total = 0
    for i in range(low, high):
        total += i
    print("Subthread", total)

if __name__ == '__main__' :
    start = time.time()  # 시작 시간 저장
    t = threading.Thread(target=sum, args=(1, 100000000))
    t.start()
    t.join()
    print("Main Thread")
    # 현재시각 - 시작시간 = 실행 시간
    print("time(s) : %.3f" % float(time.time() - start))
```

수행 결과

```
Subthread 4999999950000000
Main Thread
time(s) : 4.876
```

그림 7-39

예제 프로그램 2 : Thread 2개 사용

```
import threading
import time

def sum(low, high):
    total = 0
    for i in range(low, high):
        total += i
    print("Subthread", total)

if __name__ == '__main__' :
    start = time.time()  # 시작 시간 저장
    t1 = threading.Thread(target=sum, args=(1, 50000000))
    t2 = threading.Thread(target=sum, args=(50000000, 100000000))
    t1.start()
    t2.start()
    t1.join()
    t2.join()
    print("Main Thread")
    # 현재시각 - 시작시간 = 실행 시간
    print("time(s) : %.3f" % float(time.time() - start))
```

수행 결과

```
Subthread 1249999975000000
Subthread 3749999975000000
Main Thread
time(s) : 5.210
```

그림 7-40

② Thread 2개를 사용했더니 더 느려진 이유?

ⓐ 파이썬에서 제공하는 GIL(Global Interpreter Lock) 기능 때문이다.

ⓑ Thread 대신 Process를 만들어 주는 multiprocessing 라이브러리를 사용하여 문제를 해결할 수 있음

표 7-11

GIL (Global Interpreter Lock)	인터프리터에 Lock을 거는 방식으로 다중 코어를 병행하여 (동시실행) 사용하지 못하도록 하는 기능

(7) Process 사용 예제

예제 프로그램 : Process 사용

```
import time
from multiprocessing import Process, Queue

def sum(low, high, result):
    total = 0
    for i in range(low, high):
        total += i
    result.put(total)

if __name__ == '__main__' :
    start_time = time.time()  # 시작 시간 저장
    START, END = 0, 200000000
    result = Queue()
    pr1 = Process(target=sum, args=(START, int(END/2), result))
    pr2 = Process(target=sum, args=(int(END/2), END, result))
    pr1.start();    pr2.start()
    pr1.join();     pr2.join()
    result.put('STOP')
    total = 0
    while True :
        tmp = result.get()
        if tmp =='STOP' :           # 현재시각 - 시작시간 = 실행 시간
            print('Seconds: %s' % (time.time() - start_time))
            break
        else:
            total += tmp
    print('Result: ', total)
```

수행 결과

```
Seconds: 5.226051330566406
Result:  19999999900000000
```

그림 7-41

(8) Process vs. Thread에 대한 예제

예제 프로그램 : Thread 사용

```
from threading import Thread
import time
import numpy as np

def sum(low, high, result):
    total = 0
    for i in range(low, high):
        total += i
    result.append(total)
    return

if __name__ == '__main__' :
    start_time = time.time()  # 시작 시간 저장
    START, END = 0, 200000000
    result = list()

    th1 = Thread(target=sum, args=(START, int(END/2), result))
    th2 = Thread(target=sum, args=(int(END/2), END, result))

    th1.start()
    th2.start()
    th1.join()
    th2.join()
    # 현재시각 - 시작시간 = 실행 시간
    print('Seconds: %s' % (time.time() - start_time))
    print('Result: ', np.sum(result))
```

Thread 2개 사용 시 수행 결과

```
Seconds: 9.95590615272522
Result:  19999999900000000
```

Process 2개 사용 시 수행 결과

```
Seconds: 5.226051330566406
Result:  19999999900000000
```

그림 7-42

(9) Pool( ) 함수 사용

데이터를 병렬화해서 함수의 결과를 좀 더 빠르게 응답할 수 있는 장점이 있다.

예제 프로그램

```
import multiprocessing
import time

#시작시간
start_time = time.time()
#멀티쓰레드를 사용하지 않는 경우(20만 카운트)
#pool 사용해서 함수 실행을 병렬처리

def count(name) :
    for i in range(1, 50001) :
        print(name, " : ", i)

num_list = ['p1', 'p2', 'p3', 'p4']
if __name__ == '__main__':
    #멀티 쓰레딩 Pool 사용, 현재 시스템에서 사용 할 프로세스 개수
    pool = multiprocessing.Pool(processes=8)
    pool.map(count, num_list)
    pool.close()
    pool.join()
    print("--- %.3f sec ---" % float((time.time() - start_time)))
```

수행 결과

```
p3  :  49996
p3  :  49997
p3  :  49998
p3  :  49999
p3  :  50000
--- 7.877 sec ---
```

그림 7-43

7-6 Tkinter

(1) Tkinter 소개

① 파이썬을 설치할 때 기본적으로 함께 설치가 되는 파이썬 GUI 제공 모듈이다.

② 모듈 내의 Tk( ) 함수로 Tk 클래스 객체를 생성한다.

③ 레이블(label), 버튼(button), 엔트리(entry), 캔버스(canvas), 스크롤바(scrollbar), 이미지 등의 위젯(widget) 클래스를 제공한다.

표 7-12

위젯	컴퓨터 사용자가 상호 작용하는 인터페이스 요소

(2) 위젯(widget) 클래스의 종류

표 7-13

위젯 이름	의미
Label	텍스트나 이미지를 출력
Entry	텍스트 입력 필드, 텍스트 필드 또는 텍스트 박스라고도 함
Button	명령을 실행하기 위해 사용되는 일반 버튼
Canvas	그래프 및 도안 작성, 그래프 에디터 생성, 사용자 정의 위젯을 구현하는 데 사용되는 구조화된 그래프
Photoimage	이미지 파일을 입력받아 파일의 내용을 이미지 객체의 값으로 할당함
Scrollbar	위젯에 스크롤을 하기 위한 스크롤바를 생성함
Frame	다른 위젯들을 포함하기 위해 프레임을 생성할 수 있음 위젯으로 다른 위젯을 그룹화할 수 있음
Check Button	체크 박스 버튼(여러 개 대안 중에 여러 개 선택)
Radio Button	라디오 버튼(여러 개 대안 중에 하나만 선택)
Menu	메뉴바를 생성함
Menu Button	메뉴 버튼
Text	문자열을 보여주고 입력할 수 있음
Message	텍스트를 출력 텍스트의 길이에 따라 창의 폭 등이 자동적으로 정해짐
Scale	스케일 바를 만듦
Listbox	리스트 상자를 만듦

(3) Tkinter를 이용한 프로그래밍 기본 순서

[순서 1] tkinter 모듈을 아래와 같이 import

[순서 2] Tk 클래스 객체(root)를 생성

[순서 3] mainloop( ) 메소드를 호출

```
1  from tkinter import *
2  root = Tk()
3  root.mainloop()
```

그림 7-44

표 7-14

mainloop()	이벤트 메시지 루프로서 키보드나 마우스 또는 화면 Redraw와 같은 다양한 이벤트로부터 입력되는 메시지를 받고 전달하는 역할을 담당

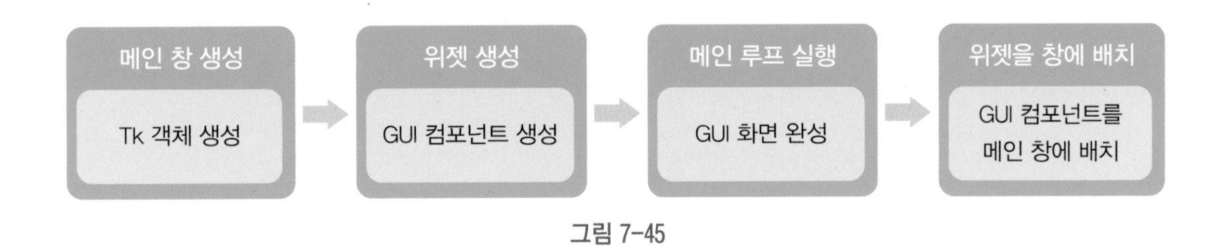

그림 7-45

(4) 위젯들의 기본 함수들

표 7-15

메소드	의미
title( )	Tk의 함수, GUI 윈도우의 제목을 생성
mainloop( )	Tk의 함수, 사용자와 계속 상호 작용을 할 수 있게 입력을 대기함
geometry( )	Tk의 함수, 윈도우의 크기와 위치를 정함, 너비×높이×모니터에서 왼쪽 상단에서부터 (x 좌푯값×y 좌푯값)
config( )	각 위젯의 함수, 프로그램 수행 중에 동적으로 특정 위젯의 속성 값을 변경하기 위한 함수
image( )	Label 위젯의 함수, Label 위젯 객체에 이미지 속정을 설정함
get( )	Entry 위젯의 함수, 사용자로부터 텍스트 한 줄 입력을 받음
insert( )	Entry 위젯의 함수, 엔트리의 텍스트 값으로 삽입
delete( )	Entry 위젯의 함수, Entry의 텍스트 값을 제거
bind( )	Canvas, Entry 위젯의 함수, 키 입력에 대해 작동할 함수를 연결해 줌
create_rectangle( )	Canvas 위젯의 함수, 사각형을 그림, 두 점의 좌푯값, 도형 채움 여부 값, 태그값 등의 속성을 가짐
create_oval( )	Canvas 위젯의 함수, 두 점의 좌표(경계 사각형을 이루는 점), 채움 여부 값, 태그값 등의 속성을 가짐
coords(태그값)	Canvas 위젯의 함수, 태그 값을 갖는 도형의 위치에 대한 좌푯값, 두 점의 좌표를 가짐
after(초)	Canvas 위젯의 함수, 특정 초가 지난 다음에 어떤 함수를 실행하도록 예약하는 함수
update( )	Canvas 위젯의 함수, 캔버스의 내용을 수정함
celete( )	Canvas 위젯의 함수, 캔버스에서 삭제함
move( )	Canvas 위젯의 함수, 캔버스 위에 정의된 객체를 이동함
focus_set( )	Canvas, Frame 등 해당 위젯에 대해 키 등 입력이 가능하도록 함

(5) 간단한 다이얼로그 제작하기

① 창 생성

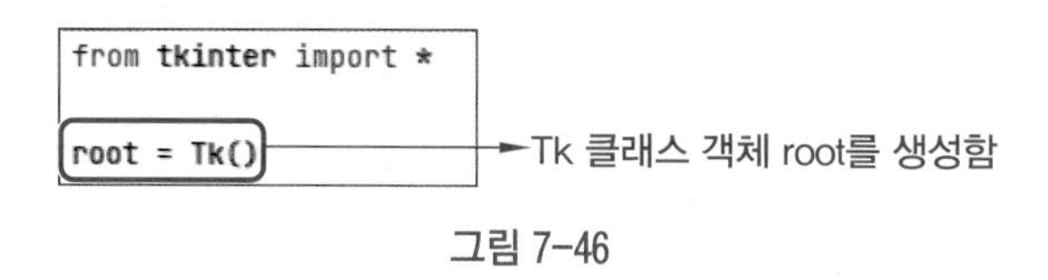

그림 7-46

② 글씨를 쓰기 위해서 Label 위젯으로 레이블을 만든다.

③ Edit 박스를 만들기 위해서 Entry 위젯으로 텍스트 입력 필드를 만든다.

④ Button 위젯을 이용하여 'OK' 버튼을 만든다.

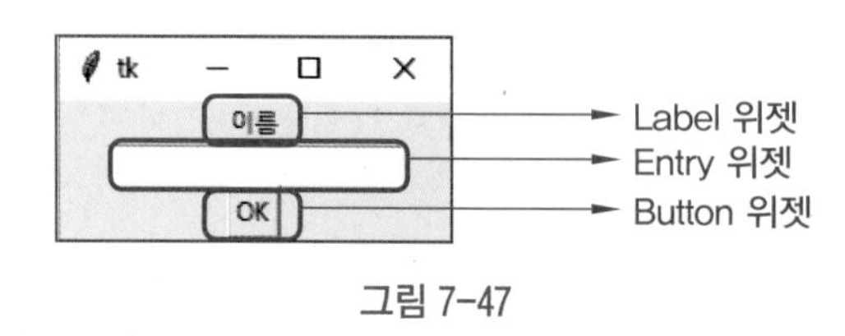

그림 7-47

⑤ 배치 설정 방법

표 7-16

함수	의미
grid( )	• 윈도우의 화면을 행(row)과 열(column)로 구성함 • 특정 행과 열에 위젯을 놓을 수 있음
pack( )	• 부모 위젯에 모두 차례대로 위에서 아래 방향으로 또는 옆 방향으로 배치 • 불필요한 공간을 줄임
place( )	• 위젯의 위치를 절댓값으로 줌 • 윈도우의 크기에 위젯의 위치 값이 변하지 않음

⑥ 이벤트 감지 : mainloop( ) 함수 사용

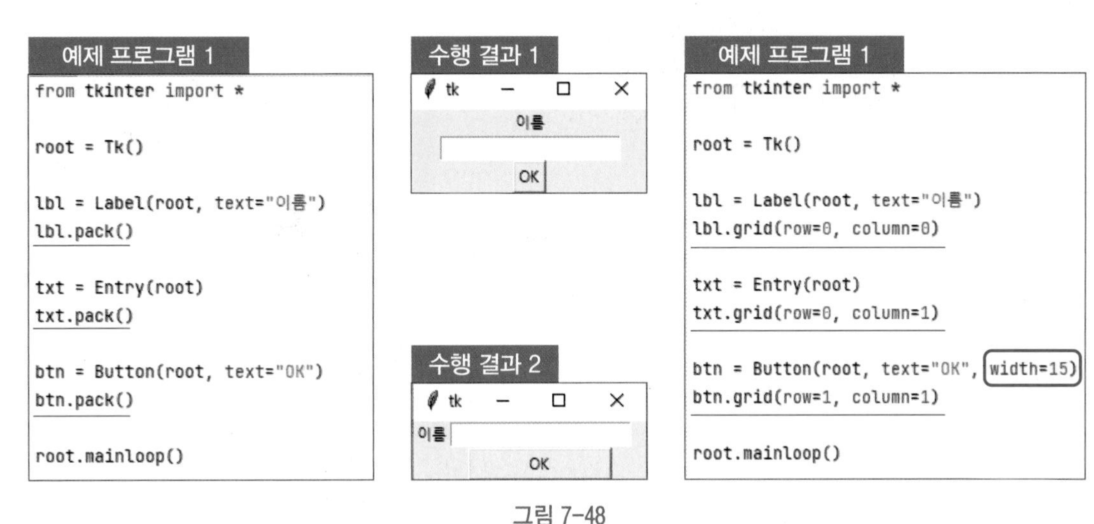

그림 7-48

(6) 레이블 안에 이미지 넣기

① Title Manager를 이용하여 부모 컨테이너의 윈도우 이름을 생성한다.

② Geometry Manager를 사용하여 각 위젯의 위치를 정한다.

③ geometry( ) 안의 문자열은 윈도우 크기 및 좌표를 "가로×세로+X+Y" 형식으로 표현한다.

```
root.title('이미지 보기')
root.geometry('780x520+10+10')
```

그림 7-49

④ MyFrame 이라는 클래스를 만들고 생성자에서 필요한 위젯들을 배치한다.

ⓐ MyFrame 클래스는 Frame으로부터 상속된 파생클래스로 생성한다.

ⓑ 생성자에서 Label 하나를 추가(place 함수를 사용하여 (0, 0) 좌표 설정)한다.

ⓒ PhotoImage 클래스를 사용하여 Image 호출(gif, pgm file만 호출 가능)한다.

ⓓ 가비지 컬렉션으로부터 삭제되는 것을 방지하기 위해 레퍼런스를 추한다('lbl.image = img').

```
from tkinter import *

class MyFrame(Frame):
    def __init__(self, master):
        img = PhotoImage(file='../data/tkinter_test_file.gif')
        lbl = Label(image=img)
        lbl.image = img         # 레퍼런스 추가
        lbl.place(x=0, y=0)
```

그림 7-50

⑤ 그림 7-51은 레이블 안에 이미지 넣기 전체 코드이다.

예제 프로그램 1

```
from tkinter import *

class MyFrame(Frame):
    def __init__(self, master):
        img = PhotoImage(file='../data/tkinter_test_file.gif')
        lbl = Label(image=img)
        lbl.image = img        # 레퍼런스 추가
        lbl.place(x=0, y=0)

def main():
    root = Tk()
    root.title('이미지 보기')
    root.geometry('780x520+10+10')
    myframe = MyFrame(root)
    root.mainloop()

if __name__ == '__main__':
    main()
```

수행 결과 1

그림 7-51

(7) 입력 화면 제작하기

① 메인 Frame 안에 4개의 자식 Frame을 사용한다.

② 각각의 자식 Frame 안에 레이블, 텍스트, 버튼 등의 위젯들을 추가한다.

③ pack( )메소드에서 사용되는 옵션 중 위치 및 공간을 다루는 옵션이 있다.

- side : 정렬, fill : 채우기, expand : 요구되지 않은 공간 사용하기, anchor : 위치 지정

표 7-17

옵션	세부 내용
side (기본값=TOP)	꾸려질 창 부품이틀의 어떤 방향에 정렬이 될 것인가를 지정하는 옵션 (TOP : 위쪽 정렬, BOTTOM : 아래쪽 정렬, LEFT : 왼쪽 정렬, RIGHT : 오른쪽 정렬)
expand (기본값=NO)	현재 틀에서 요구할 수 있는 모든 공간을 요구할 수 있게 해주는 옵션[expand(YES | NO)]
fill (기본값 =NONE)	사용된 공간을 사용되지 않는 공간으로 늘리고자 할 때 사용 [X = 수평으로만 늘리기, Y = 수직으로만 늘리기, BOTH = 수평/수직 모두 늘리기, NONE = 늘리지 않기]
anchor (기본값 =CENTER)	요구된 공간 안에서 행 제목의 문자열 위치 설정 [NW = 좌측 상단(북서), N = 중앙 상단(북), NE = 우측 상단(북동), E = 우측 중앙(동), SE = 우측 하단(남동), S = 중앙 하단(남), SW = 좌측 하단(남서), W = 좌측 중앙(서),CENTER = 정 중앙]

⑤ 그림 7-52는 입력 화면 만들기 전체 코드이다.

예제 프로그램 4

```
from tkinter import *
from tkinter.ttk import *

class MyFrame(Frame):
    def __init__(self, master):
        Frame.__init__(self, master)
        self.master = master
        self.master.title("학생 등록")
        self.pack(fill=BOTH, expand=True)
        # 성명
        frame1 = Frame(self)
        frame1.pack(fill=X)
        lblName = Label(frame1, text="성명", width=10)
        lblName.pack(side=LEFT, padx=10, pady=10)
        entryName = Entry(frame1)
        entryName.pack(fill=X, padx=10, expand=True)
        # 학교명
        frame2 = Frame(self)
        frame2.pack(fill=X)
        lblComp = Label(frame2, text="학교명", width=10)
        lblComp.pack(side=LEFT, padx=10, pady=10)
        entryComp = Entry(frame2)
        entryComp.pack(fill=X, padx=10, expand=True)
        # 특징
        frame3 = Frame(self)
        frame3.pack(fill=BOTH, expand=True)
        lblComment = Label(frame3, text="특징", width=10)
        lblComment.pack(side=LEFT, anchor=N, padx=10, pady=10)
        txtComment = Text(frame3)
        txtComment.pack(fill=X, pady=10, padx=10)
        # 저장
        frame4 = Frame(self)
        frame4.pack(fill=X)
        btnSave = Button(frame4, text="저장")
        btnSave.pack(side=LEFT, padx=10, pady=10)
def main():
    root = Tk()
    root.geometry("600x550+100+100")
    app = MyFrame(root)
    root.mainloop()
if __name__ == '__main__':
    main()
```

수행 결과

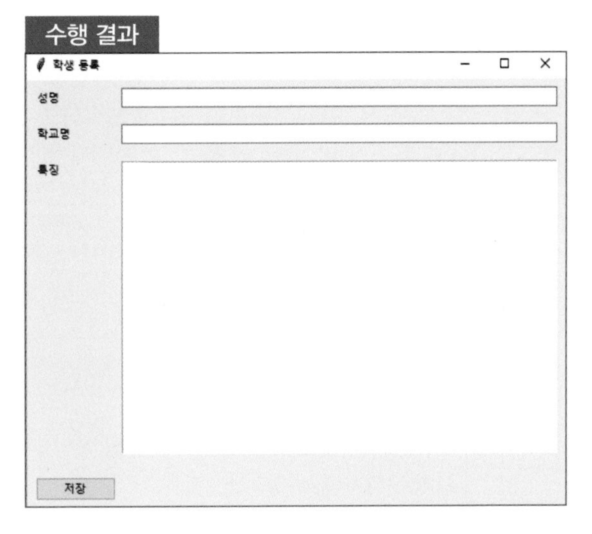

그림 7-52

연습 문제

1. 1~20까지 범위 안에서 컴퓨터가 생각하는 숫자를 맞추시오.

- 필수 : 10번 안에 맞추고, 입력이 11번 이상이면 프로그램은 자동 종료된다.
- 힌트 : import random

  com = random.randint(1, 20)
- 수행 결과

```
《 컴퓨터가 생각하는 1~20 숫자 맞추기 》
숫자입력(종료 0): 10
더 큰 숫자 입력!
숫자입력(종료 0): 15
더 작은 숫자 입력!
숫자입력(종료 0): 12
더 큰 숫자 입력!
숫자입력(종료 0): 13
정답!!
```

2. 사용자로부터 시작과 끝 값을 입력 받은 후 3의 배수를 제외한 모든 숫자의 합계를 출력하시오.

- 필수 : 선택문과 반복문을 사용한다.
- 수행 결과

```
start num: 1
end num: 10
3의 배수를 제외한 숫자의 합 37
```

3. 빈 칸을 완성하여 수행 결과를 도출하세요.

- 필수 : 반복문을 1번만 사용한다.
- 수행 코드

```
pets = [
    {'name' : '구름', 'age': 5},
    {'name' : '구름', 'age': 3},
    {'name' : '아지', 'age': 1},
    {'name' : '호랑이', 'age': 1}]
]
[          ]
```

• 수행 결과

```
# 우리 동네 애완 동물들
구름 5 살
구름 3 살
아지 1 살
호랑이 1 살
```

4. 외부 for 문에 range( ) 함수를 이용하여 입력받은 시작단부터 내부 for문에서 구구단을 출력하는 과정을 반복하다가 종료단까지 모두 출력하게 되면 종료 메시지를 출력하고 종료하는 프로그램을 작성하시오.

• 수행 결과

```
시작단 입력: 2
종료단 입력: 3
2 × 1 = 2
2 × 2 = 4
2 × 3 = 6
…
3 × 8 = 24
3 × 9 = 27
구구단 프로그램 종료
```

5. '3, 6, 9'로 끝나는 숫자는 '짝'을 출력하는 369게임 프로그램을 작성하시오.

• 수행 결과

```
1부터 어디까지 진행할까요? 20
1 2 짝 4 5 짝 7 8 짝 10 11 12 짝 14 15 짝 17 18 짝 20
```

6. 사용자에게 0부터 100사이의 하나의 수를 입력받아 3, 6, 9가 들어있으면 "crap"를 출력하고 그렇지 않으면 "next number"로 출력하는 프로그램을 작성하시오.

• 필수 : 선택문과 반복문을 사용한다.

7. 사용자 2명으로부터 가위, 바위, 보를 입력 받아 가위, 바위, 보 규칙이 정의된 함수를 이용해 승패를 결정하는 코드를 작성하시오(아래의 빈칸에 들어갈 코드를 작성하시오).

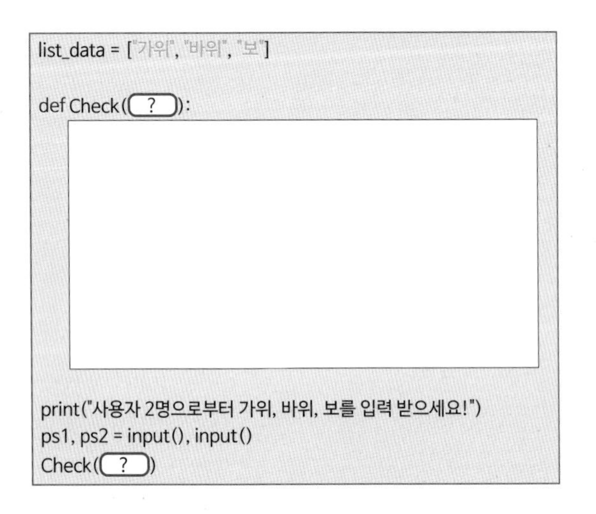

```
list_data = ["가위", "바위", "보"]

def Check( ? ):



print("사용자 2명으로부터 가위, 바위, 보를 입력 받으세요!")
ps1, ps2 = input(), input()
Check( ? )
```

• 수행 결과

```
사용자 2명으로부터 가위, 바위, 보를 입력 받으세요!
가위 바위
바위
```

8. 어떤 사람의 Python 프로그램 성적이 주어졌을 때, 평점은 몇 점인지 출력하는 프로그램을 작성하시오.

• 참고

A+	4.3	A0	4.0	A–	3.7	B+	3.3	B0	3.0	B–	2.7	C+	2.3
C0	2.0	C–	1.7	D+	1.3	D0	1.0	D–	0.7	F	0.0		

• 입력 : 첫째 줄에 python 프로그램 성적이 주어진다. 성적은 문제에서 설명한 13가지 중 하나이다.

• 출력 : 첫째 줄에 python 프로그램 평점을 출력한다.

• 예제 입력 : A0

• 예제 출력 : 4.0

9. 주사위를 두 번 던져서 나온 숫자들의 합이 4의 배수가 되는 경우만 출력하는 프로그램을 작성하시오.

• 예제 결과

```
1 3
2 2
2 6
3 1
3 5
4 4
5 3
6 2
6 6
```

10. 빈칸을 완성하여 결과를 도출하세요.

• 필수 : for문은 한 번만 사용

• 입력 코드

```
interest_stocks = {"Naver": 10, "Samsung": 5, "SK Hynix": 30]
?
```

• 수행 결과

```
SK Hynix: Buy 30
Naver: Buy 10
Samsung: Buy 5
```

제 5 부

파이썬을 이용한 데이터 시각화 및 분석

〈그림 자료 : https://blog.lgcns.com/2306〉

향후 5년간 제조 분야에서 가장 큰 변화는 '머신 러닝(machine learning)이 결정할 것이다. 그리고 미래의 제조 산업은 고도로 자동화될 뿐 아니라 상당 부분 스스로 의사 결정을 하고 환경 변화에 적응해 자체적으로 최적화할 것이며 기업의 생산성도 수많은 데이터를 학습하고 분석하여 예측 생산되어 제조 산업이 대폭 유연해질 것이며 다양화될 것이다.

이번 단원에서는 머신 러닝 기법과 딥 러닝의 개념을 이해하고 데이터의 시각화와 분석을 통해 데이터의 특성들을 살펴본다.

Matplotlib를 사용한 데이터 시각화 기법

학습 목표
1. Python 제공 모듈을 활용하여 데이터를 시각화하고 데이터의 상태를 분류 · 분석할 수 있다.
2. Python 프로그래밍을 통해 데이터 분석 기법을 적용할 수 있다.

8-1 학습 데이터(training data)의 시각화 기법이란?

데이터의 시각화란 차트, 그래프, 맵과 같은 시각적 요소를 사용하여 데이터에서 추세, 이상 값 및 패턴을 보고 데이터를 이해할 수 있도록 접근하는 방법이다.

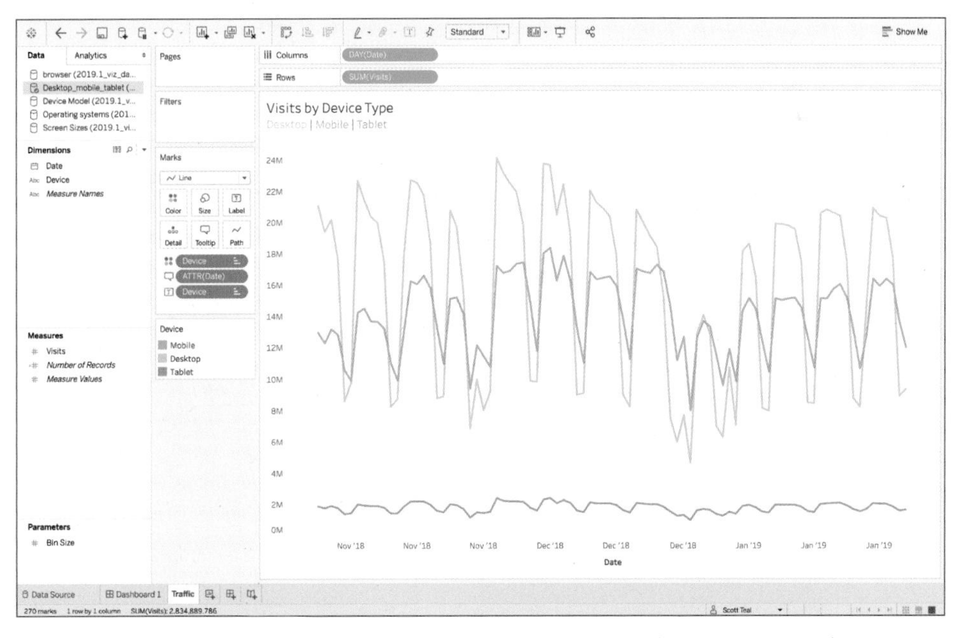

그림 8-1　Tableau Public 도구를 이용한 데이터 시각화(data visualization)

그림 8-1의 Tableau Public 갤러리에서는 Tableau Public 도구를 무료로 제공하며 데이터를 가시화(data visualization)하는 데 유용하게 활용할 수 있다. 템플릿으로 사용할 수 있는

일반적인 스타트 비즈니스 대시 보드를 제공하고, '오늘의 비주얼라제이션'에서는 커뮤니티 최고의 작품 모음을 확인할 수 있다.

8-2 파이썬 기반 Matplotlib 모듈을 이용한 데이터 시각화

(1) Matplotlib 모듈 소개

Matplotlib는 자료를 차트(chart)나 플롯(plot)으로 시각화(visualization)하는 패키지

(2) Matplotlib 모듈의 시각화 기능

Matplotlib 모듈은 라인 플롯(line plot), 스캐더 플롯(scatter plot), 컨투어 플롯(contour plot), 서피스 플롯(surface plot), 바 차트(bar chart), 히스토그램(histogram), 박스 플롯(box plot) 등을 사용하여 데이터를 가시화 할 수 있는 함수를 제공한다.

tip

pylab 서브 패키지 : Matlab이라는 수치 해석 소프트웨어의 시각화 명령을 거의 그대로 사용할 수 있도록 Matplotlib의 하위 API를 포장(wrapping)한 명령어 집합을 제공한다.

(3) 라인 플롯(line plot)사용 방법 및 실습

① 그래프에서 선을 그리는 방법으로 데이터가 시간, 순서 등에 따라 어떻게 변화하는지 보여 주기 위해 사용된다.

예제 프로그램 1

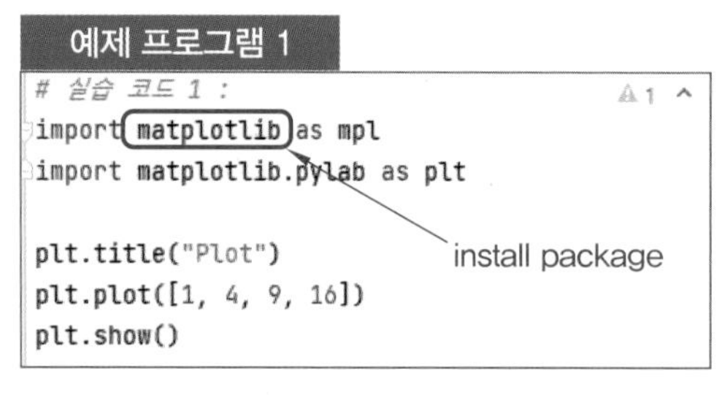

```
# 실습 코드 1 :
import matplotlib as mpl
import matplotlib.pylab as plt

plt.title("Plot")
plt.plot([1, 4, 9, 16])
plt.show()
```


※ x축의 자료 위치는 자동으로 0, 1, 2, 3이 된다.

수행 결과

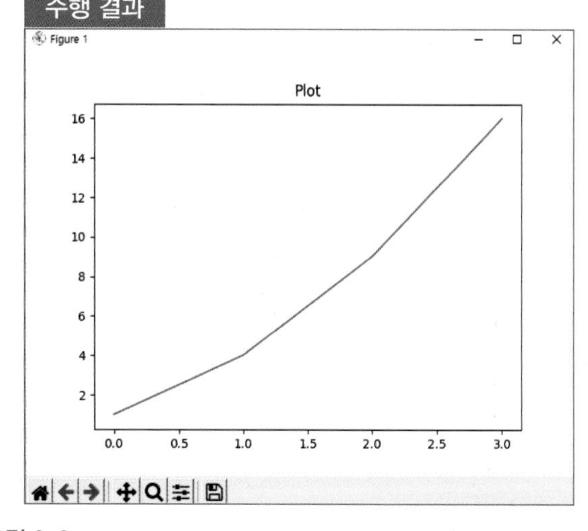

그림 8-2

② 'show( )' 함수 사용 : 시각화 명령을 실제 차트로 렌더링(Rendering)하고 마우스 움직임 등의 이벤트를 기다리는 함수이다.

③ 'title( )' 함수 사용 : 차트의 타이틀을 생성한다.

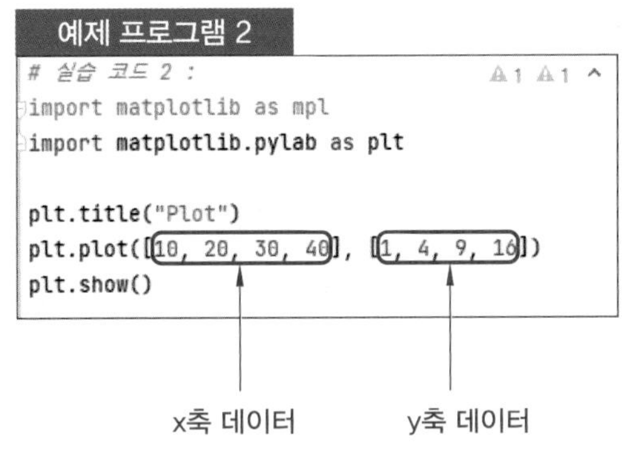

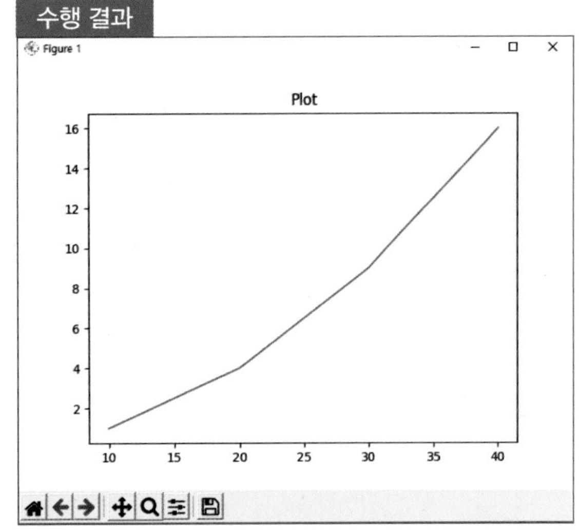

그림 8-3

④ 레이블과 선 색깔 바꾸기 : xlabel( ), ylabel( ), text( ) 함수를 사용한다.

표 8-1 선 색 지정을 위한 컬러표

Character	Color
'b'	Blue
'g'	Green
'r'	Red
'c'	Cyan
'm'	Magenta
'y'	Yellow
'k'	Black
'w'	White

표 8-2 선에 대한 종류표

Character	Description
'–'	Solid line style
'– –'	Dashed line style
'–.'	Dash–dot line style
':'	Dotted line style
'.'	Point marker
','	Pixel marker
'o'	Circle marker
'v'	Triangle_down marker
…	…

예제 프로그램 3

```
# 실습 코드 3 :
import numpy as np
import matplotlib.pylab as plt

x = np.array([1,2,3,4])
y = x ** 2
plt.plot(x, y, 'g', x, y, 'or')
plt.xlabel('X label')                # x축 아래에 레이블을 그린다.
plt.ylabel('Y label')                # y축 밖에 레이블을 그린다.
plt.text(3, 8, '$y=x^2$')            # (3, 8) 위치에 텍스트로를 그린다.
# 텍스트는 $~$ 사이에 넣어서 LateX 수식을 표현할 수 있다.
plt.show()
```

그래프의 색과 모양 변경

레이블 추가

텍스트 추가 (위치, 내용)

수행 결과

텍스트 위치(3, 8)

그림 8-4

⑤ legend( ) 함수 사용 : 그래프마다 라벨(label)을 넣고 라벨명을 출력한다.

예제 프로그램 4

```
# 실습 코드 4 :
import numpy as np
from matplotlib import pyplot as plt

x = np.arange(1,10,0.1)
y = x*0.2
y2 = np.sin(x)

plt.plot(x, y, 'b', label='first')
plt.plot(x, y2, 'r', label='second')
plt.xlabel('x axis')
plt.ylabel('y axis')
plt.title('matplotlib sample')
plt.legend(loc='upper right')
plt.show()
```

범례

범례의 위치 설정

수행 결과

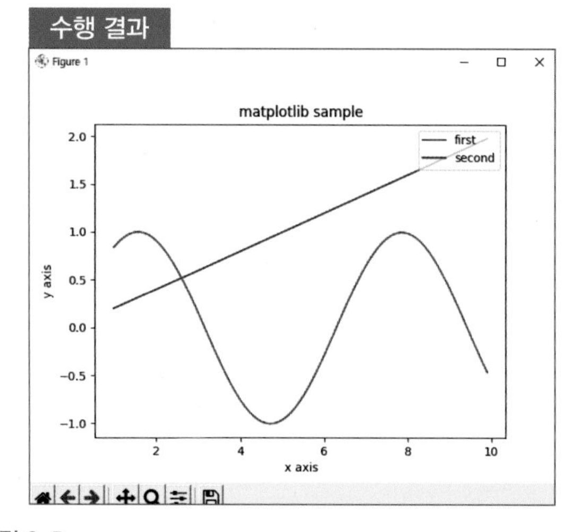

그림 8-5

표 8-3 레전드(legend)의 위치 설정표

string	code	string	code	string	code
'upper left'	2	'upper center'	9	'upper right'	1
'center left'	6	'center'	10	'center right'	7
'lower left'	3	'lower center'	8	'lower right'	4
'best'	0			'right'	5

⑥ annotation( ) 함수 사용 : 그래프에 화살표를 그린 후, 그 화살표에 문자열을 출력하는 기능이다.

예제 프로그램 5

```
# 실습 코드 5 :
import numpy as np
from matplotlib import pyplot as plt

x = np.arange(1,10)
y = x*5

plt.plot(x,y)
plt.annotate('annotate', xy=(2,10),
             xytext=(5,20),
             arrowprops={'color':'green'})
plt.show()
```

수행 결과

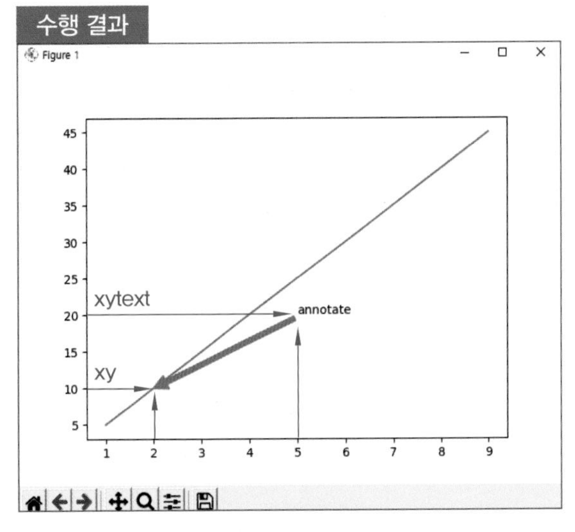

그림 8-6

⑦ subplot( ) 함수 사용 : 여러 개의 그래프를 그리고 싶을 때 사용되며 그려질 위치를 격자형으로 지정하여, plt.subplot(nrow, ncol, pos)를 사용하여 표시한다.

예제 프로그램 6

```
from matplotlib import pyplot as plt
import numpy as np

x = np.array([1,2,3,4])
y = x ** 2

# 서브플롯을 나누고 1번 플롯으로 문맥을 전환한다.
plt.subplot(1, 2, 1)
plt.plot(x, y, 'r-', x, y, 'go')
plt.title('1st subplot')

# 서브플롯을 나누고 이제 2번 플롯을 다룬다.
plt.subplot(1, 2, 2)
plt.plot(x, x**3, 'g-', x, x**3, 'r^')
plt.title('2nd subplot')

# 전체 타이틀 추가
plt.suptitle('Subplots')
plt.show()
```

[격자 안에서의 그려질 위치]

1	2
3	4
5	6

수행 결과

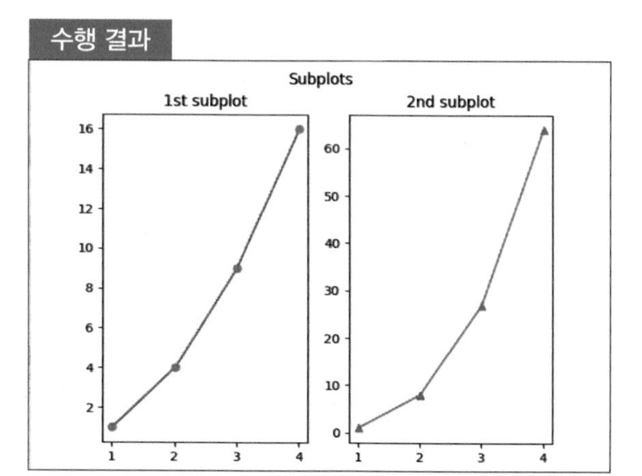

그림 8-7

⑧ subplots( ) 함수 사용 : 행, 열의 개수를 인자로 받아서 (figure, axes)의 쌍을 리턴한다.

예제 프로그램 7

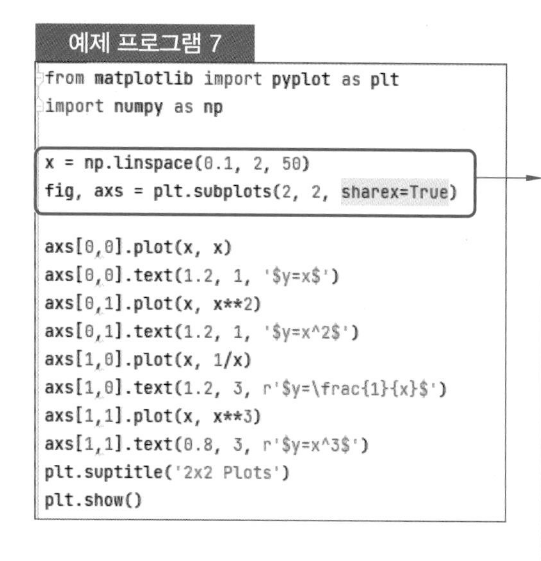

```
from matplotlib import pyplot as plt
import numpy as np

x = np.linspace(0.1, 2, 50)
fig, axs = plt.subplots(2, 2, sharex=True)

axs[0,0].plot(x, x)
axs[0,0].text(1.2, 1, '$y=x$')
axs[0,1].plot(x, x**2)
axs[0,1].text(1.2, 1, '$y=x^2$')
axs[1,0].plot(x, 1/x)
axs[1,0].text(1.2, 3, r'$y=\frac{1}{x}$')
axs[1,1].plot(x, x**3)
axs[1,1].text(0.8, 3, r'$y=x^3$')
plt.suptitle('2x2 Plots')
plt.show()
```

\# 현재 컨텍스트를 2x2 구간으로 나눈다.
\# fig는 전체 figure
\# axs는 2x2의 배열이며, 각 차트에 대응한다.
\# sharex 옵션은 아래/위 그래프가 x축을 공유한다는 의미이다.

수행 결과

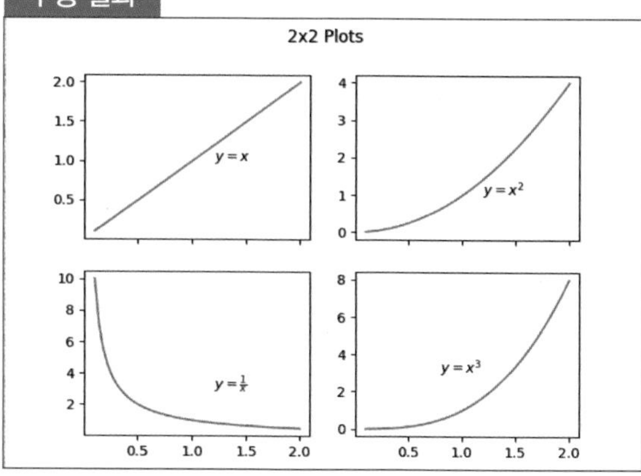

그림 8-8

(4) 바 차트(bar plot) 사용 방법 및 실습

① 바 차트(bar plot) : 막대 그래프를 보여주기 위해 사용된다.

② bar( ) 함수 : 세로형 막대 그래프이다.

예제 프로그램 1

```
# 실습 코드 1 :
from matplotlib import pyplot as plt
days_in_year = [88, 225, 365, 687, 4333,
                10756, 30687, 60190, 90553]
plt.bar(range(len(days_in_year)), days_in_year)
plt.show()
```

수행 결과

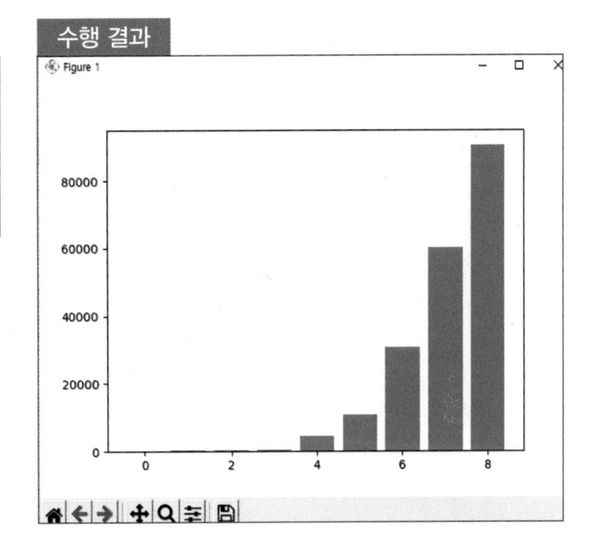

그림 8-9

③ barh( ) 함수 : 가로형 막대 그래프이다.

예제 프로그램 2

```
# 실습 코드 2 :
from matplotlib import pyplot as plt
days_in_year = [88, 225, 365, 687, 4333,
                10756, 30687, 60190, 90553]
plt.barh(range(len(days_in_year)), days_in_year)
plt.show()
```

수행 결과

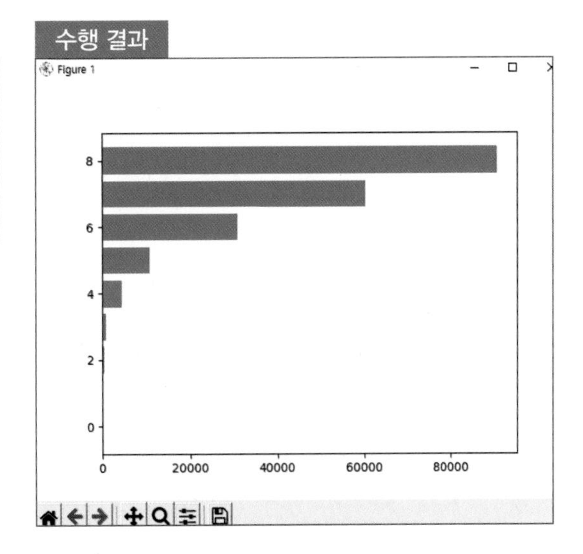

그림 8-10

④ rotation 파라미터 : x축 눈금 레이블이 너무 긴 경우에는 글자를 회전시킬 수 있다.

예제 프로그램 3

```
from matplotlib import pyplot as plt
days_in_year = [88, 225, 365, 687, 4333, 10756,
                30687, 60190, 90553]
ax = plt.subplot()
ax.bar(range(len(days_in_year)), days_in_year)
ax.set_xticks([0, 1, 2, 3, 4, 5, 6, 7, 8])
ax.set_xticklabels(['Mercury', 'Venus', 'Earth',
                    'Mars', 'Jupiter', 'Saturn',
                    'Uranus', 'Neptune', 'Pluto'],
                   rotation=30)
plt.show()
```

수행 결과

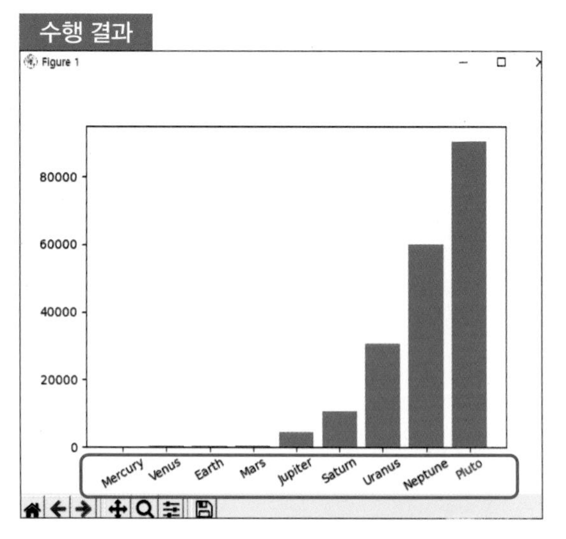

그림 8-11

⑤ 막대 차트 나란히 그리기 : x축 이동을 통해 막대 차트를 나란히 그릴 수 있다.

예제 프로그램 4

```
from matplotlib import pyplot as plt

topics = ['A', 'B', 'C', 'D', 'E']
value_a = [80, 85, 84, 83, 86]
value_b = [73, 78, 77, 82, 86]

def create_x(t, w, n, d):
    return [t*x + w*n for x in range(d)]

value_a_x = create_x(2, 0.8, 1, 5)
value_b_x = create_x(2, 0.8, 2, 5)
ax = plt.subplot()
ax.bar(value_a_x, value_a)
ax.bar(value_b_x, value_b)
middle_x = [(a+b)/2 for (a,b) in zip(value_a_x, value_b_x)]
ax.set_xticks(middle_x)
ax.set_xticklabels(topics)
plt.show()
```

X축 이동

두 x값들의 중간값을 이용하여 label 위치 선정

수행 결과

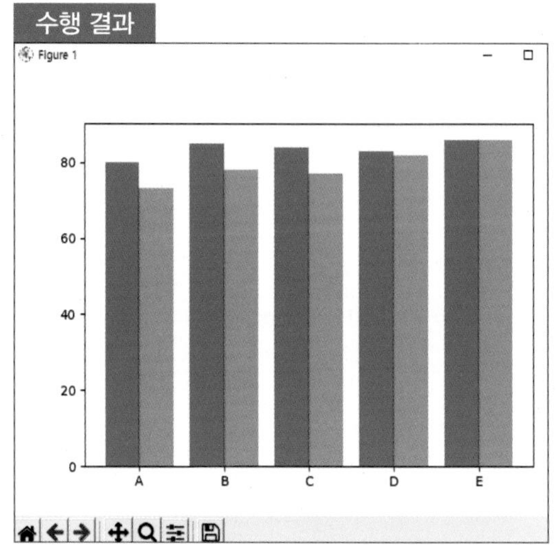

그림 8-12

⑥ 누적 막대 차트 그리기 : 먼저 bar를 그리고, 그 다음 값으로 bar를 그릴 때에는 bottom 에다가 위에 넣을 값을 다시 배정해 주면 된다.

예제 프로그램 5

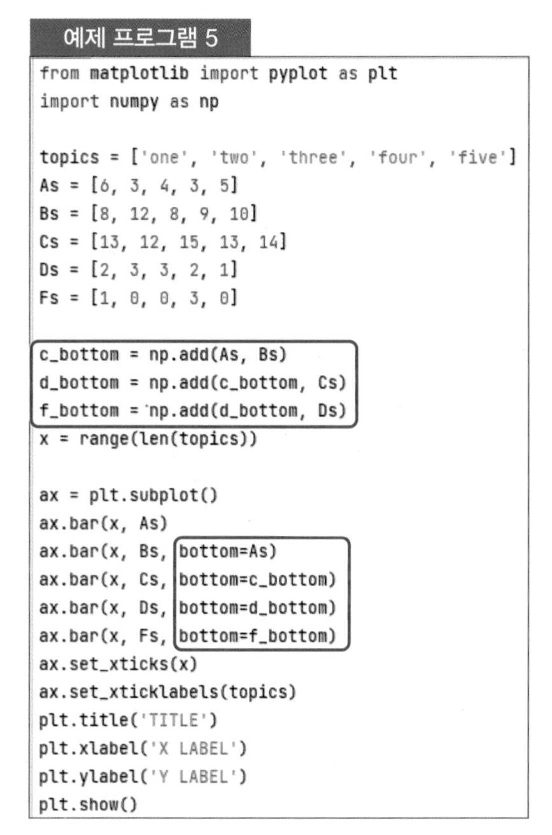

```
from matplotlib import pyplot as plt
import numpy as np

topics = ['one', 'two', 'three', 'four', 'five']
As = [6, 3, 4, 3, 5]
Bs = [8, 12, 8, 9, 10]
Cs = [13, 12, 15, 13, 14]
Ds = [2, 3, 3, 2, 1]
Fs = [1, 0, 0, 3, 0]

c_bottom = np.add(As, Bs)
d_bottom = np.add(c_bottom, Cs)
f_bottom = np.add(d_bottom, Ds)
x = range(len(topics))

ax = plt.subplot()
ax.bar(x, As)
ax.bar(x, Bs, bottom=As)
ax.bar(x, Cs, bottom=c_bottom)
ax.bar(x, Ds, bottom=d_bottom)
ax.bar(x, Fs, bottom=f_bottom)
ax.set_xticks(x)
ax.set_xticklabels(topics)
plt.title('TITLE')
plt.xlabel('X LABEL')
plt.ylabel('Y LABEL')
plt.show()
```

수행 결과

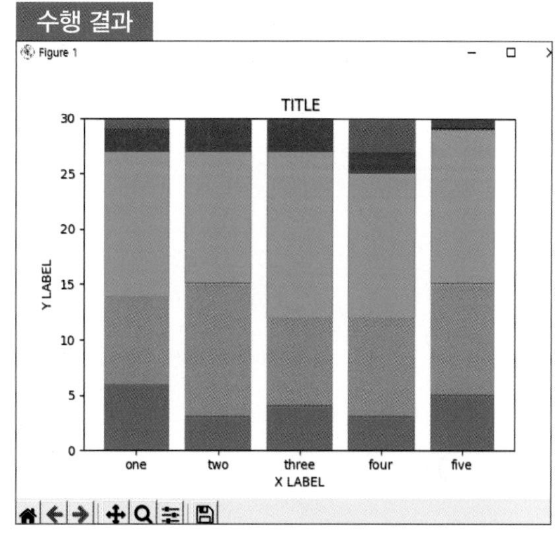

그림 8-13

⑦ 오차 막대 표시하기(yerr) : 그래프 위에 오차 막대(error bar)를 표시해주고 싶을 때 사용한다(리스트를 통해 각 항목에 해당하는 오차 막대를 각각 넣어주는 것도 가능하다).

⑧ 오차 막대의 너비 조절 방법 : capsize 파라미터를 사용하여 막대 바의 너비를 조절한다.

예제 프로그램 6

```
from matplotlib import pyplot as plt

values = [10, 13, 11, 15, 20]
yerr   = [1, 3, 0.5, 2, 4]

plt.bar(range(len(values)), values,
        yerr=yerr, capsize=10)
plt.show()
```

수행 결과

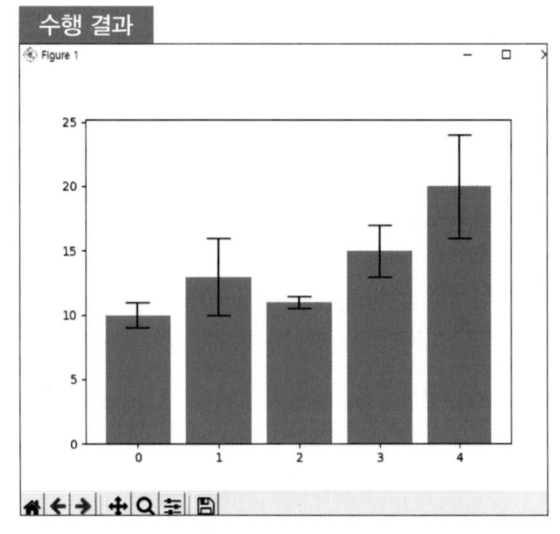

그림 8-14

⑨ 음영 넣기(fill_between) : 오차 범위에 음영을 넣어주는 방법이다.

⑩ y_lower와 y_upper 파라미터 : 음영을 칠할 범위의 하한선, 상한선을 리스트로 넣어 준다.

⑪ alpha 파라미터 : 음영색의 투명도를 결정한다.

예제 프로그램 7

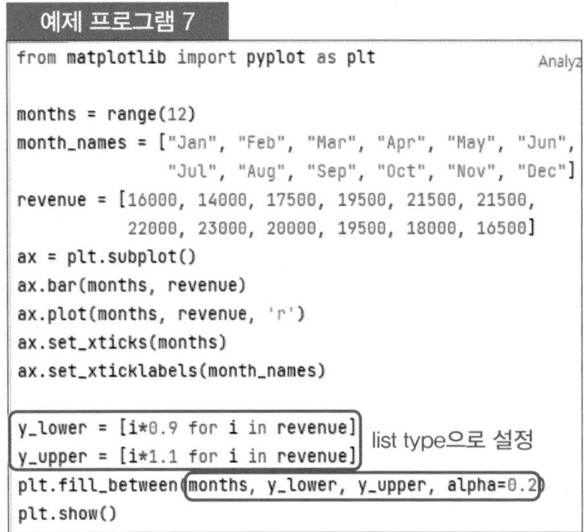

```
from matplotlib import pyplot as plt

months = range(12)
month_names = ["Jan", "Feb", "Mar", "Apr", "May", "Jun",
               "Jul", "Aug", "Sep", "Oct", "Nov", "Dec"]
revenue = [16000, 14000, 17500, 19500, 21500, 21500,
           22000, 23000, 20000, 19500, 18000, 16500]
ax = plt.subplot()
ax.bar(months, revenue)
ax.plot(months, revenue, 'r')
ax.set_xticks(months)
ax.set_xticklabels(month_names)

y_lower = [i*0.9 for i in revenue]
y_upper = [i*1.1 for i in revenue]
plt.fill_between(months, y_lower, y_upper, alpha=0.2)
plt.show()
```

list type으로 설정

수행 결과

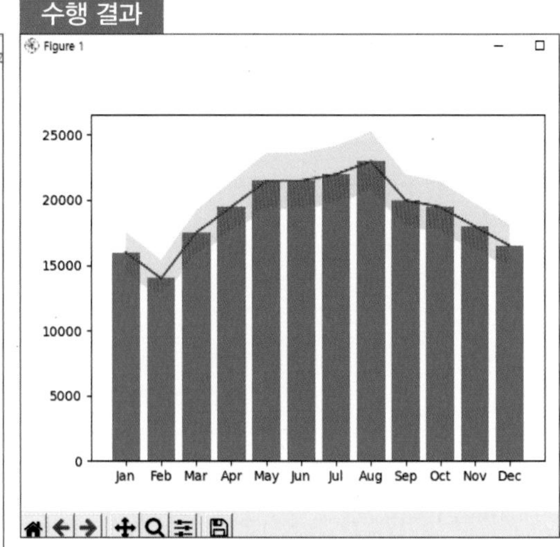

그림 8-15

데이터 분석 기법 (Numpy, Scipy, Pandas)

학습 목표
1. Python 제공 모듈을 활용하여 데이터의 상태를 분류 · 분석하고 재가공할 수 있다.
2. Python 프로그래밍을 통해 데이터의 특징을 설명할 수 있다.

9-1 데이터 분석 기법이란?

데이터 분석은 통계학, 기계 학습, 데이터 시각화를 통하여 데이터를 다각도로 분석할 수 있으며, 데이터 분석 도구를 이용하여 분석할 수도 있다. 이러한 정보 전환 과정을 통해 분석 결과는 다양한 비즈니스 및 산업 현장에서 유용한 정보로 활용하게 된다. 이번 장에서는 데이터 분석에서 가장 기본으로 사용되는 Numpy 모듈과 Scipy 모듈, Pandas 라이브러리를 통해 데이터를 가공하거나 분석하는 과정을 학습할 것이다.

9-2 Numpy 모듈의 이해 및 실습

(1) Numpy 모듈 정의

과학 계산을 위한 라이브러리로서 다차원 배열을 처리하는 데 필요한 여러 기능을 제공한다.

(2) 주요 기능

주요 기능에는 벡터 산술 연산, 다차원 배열(ndarray), 표준 수학 함수, 선형 대수, 난수 생성, 푸리에 변환이 있다.

(3) Numpy 설치

Numpy 모듈을 사용하기 위해서는 자신이 만든 프로젝트 또는 작업 PC에 모듈을 아래와 같이 설치해야 된다.

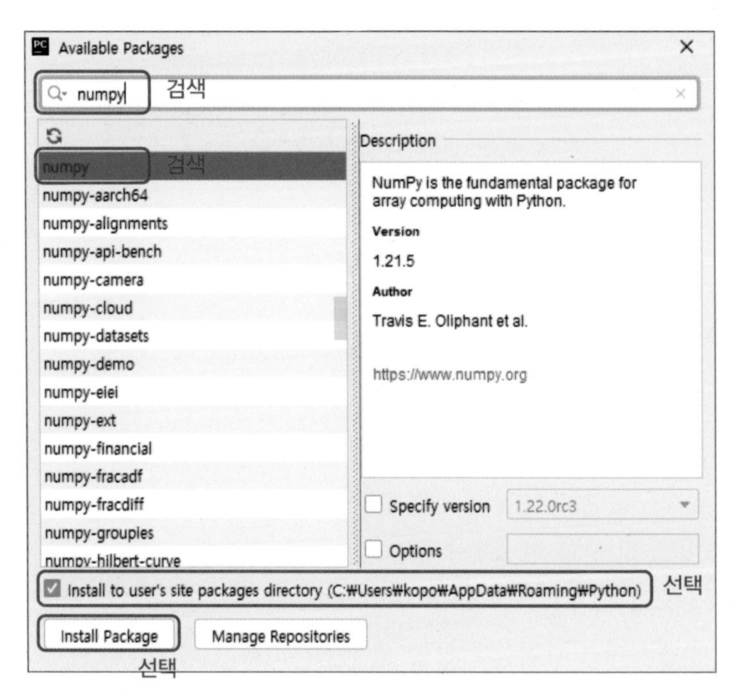

그림 9-1

(4) 다차원 배열(ndarray) 객체

① 같은 종류의 데이터를 담을 수 있는 포괄적인 다차원 배열이다.

② ndarray의 모든 원소는 같은 자료형이어야만 한다.

표 9-1

shape	각 차원의 크기를 튜플로 표시
dtype	배열에 저장된 자료형을 알려주는 객체

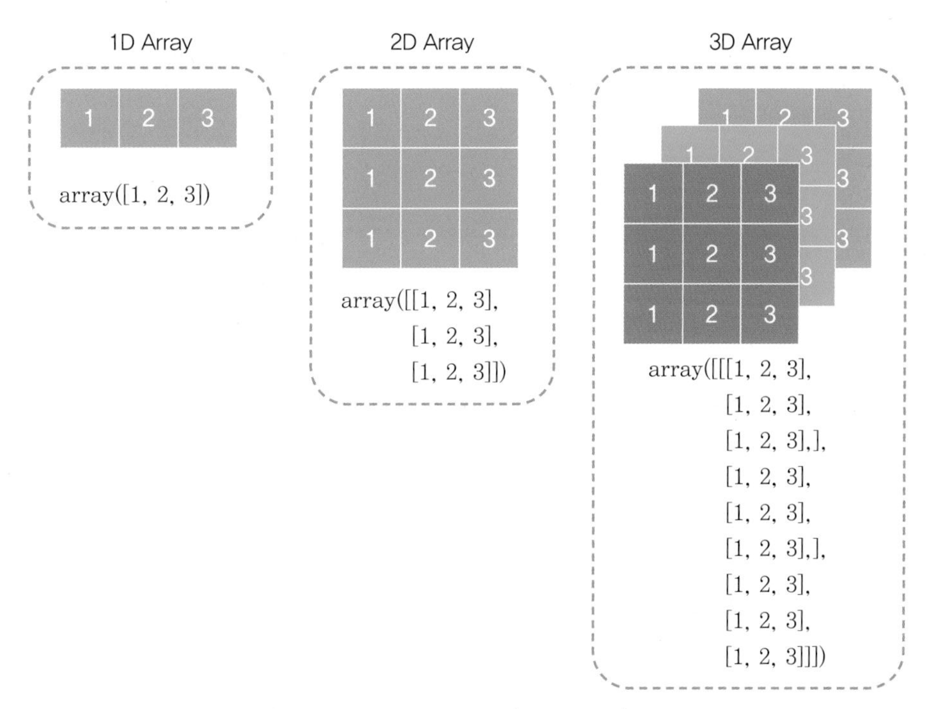

그림 9-2 numpy의 ndarray(다차원배열)의 표현

(5) 배열 생성 함수 : numpy.array( )

① 배열을 정의하고, 보통 행렬의 형태로 데이터를 가져와서 연산하기 위해서 사용한다.

② 리스트를 정의해서 numpy.array( ) 함수의 인자로 넣어 주면 해당 형태를 가진 배열을 만들어 준다.

③ 다차원 배열 생성 시, 배열의 길이가 동일해야 한다.

④ 아래와 같이, 다차원 배열은 매트릭스와 비슷하다.

```
import numpy
```

```
a = numpy.array([[0, 1, 1, 0], [0, 1, 0, 1]])
```

그림 9-3

(6) 1차원 배열 생성 방법에 대한 기본 예제

문법

array (object, dtype = None, copy = True, order = 'K', subok = False, ndmin = 0

예제 프로그램 : 1D 배열 생성

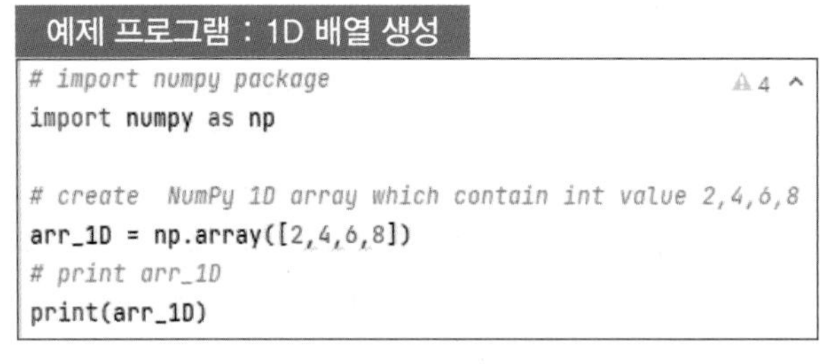

```
# import numpy package
import numpy as np

# create  NumPy 1D array which contain int value 2,4,6,8
arr_1D = np.array([2,4,6,8])
# print arr_1D
print(arr_1D)
```

수행 결과

```
[2 4 6 8]
```

그림 9-4

(7) dtype 변경을 통한 1차원 배열 생성 방법 예제

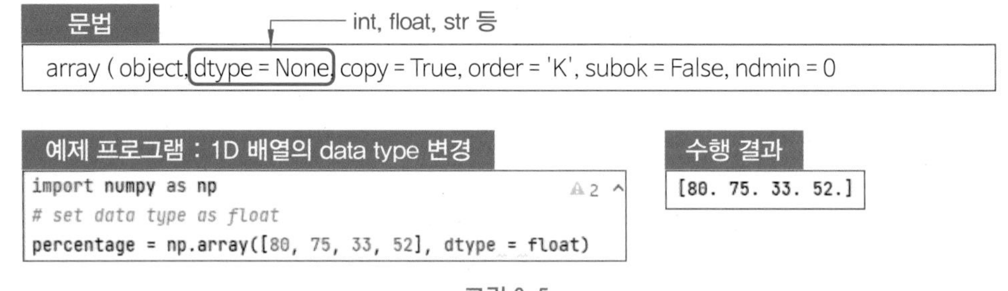

문법

array (object, dtype = None, copy = True, order = 'K', subok = False, ndmin = 0

예제 프로그램 : 1D 배열의 data type 변경

```
import numpy as np
# set data type as float
percentage = np.array([80, 75, 33, 52], dtype = float)
```

수행 결과

```
[80. 75. 33. 52.]
```

그림 9-5

(8) 2차원 배열 생성 방법에 대한 기본 예제

예제 프로그램

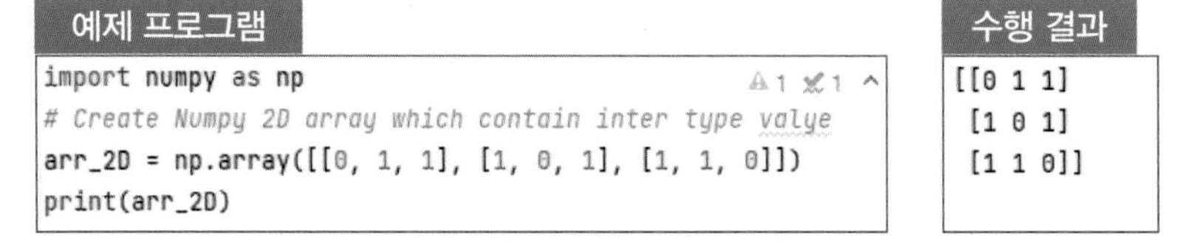

```
import numpy as np
# Create Numpy 2D array which contain inter type valye
arr_2D = np.array([[0, 1, 1], [1, 0, 1], [1, 1, 0]])
print(arr_2D)
```

수행 결과

```
[[0 1 1]
 [1 0 1]
 [1 1 0]]
```

그림 9-6

(9) 3차원 배열 생성 방법에 대한 기본 예제

예제 프로그램

```
import numpy as np                                                    Analyzin
# create numpy 3D array which contain integer values
arr_3D = np.array([[[1, 2, 3], [4, 5, 6], [7, 8, 9]],
                   [[1, 2, 3], [4, 5, 6], [7, 8, 9]]])
print(arr_3D)
```

수행 결과

```
[[[1 2 3]
  [4 5 6]
  [7 8 9]]

 [[1 2 3]
  [4 5 6]
  [7 8 9]]]
```

그림 9-7

(10) shape( )과 ndim( ) 사용 방법

① shape( ) 함수의 특징 : 각 차원의 크기를 튜플로 표시한다.

② ndim( ) 함수의 특징 : 차원 수를 표시한다.

예제 프로그램

```
# 실습 코드 1 :
import numpy as np

list1 = [1, 2, 3, 4]

a = np.array(list1)
print("결과1-1 :", a.shape)
print("결과1-2 :", a.ndim)
print("결과1-2 :", a[0])

b = np.array([[1, 2, 3], [4, 5, 6]])
print("결과2-1 :", b.shape)
print("결과2-2 :", b.ndim)
print("결과2-3 :", b[0, 1])

c = np.array([[[1, 2, 3], [4, 5, 6]],
              [[1, 2, 3], [4, 5, 6]]])
print("결과3-1 :", c.shape)
print("결과3-2 :", c.ndim)
print("결과3-3 :", c[0, 1, 2])
```

수행 결과

```
결과1-1 : (4,)
결과1-2 : 1
결과1-2 : 1
결과2-1 : (2, 3)
결과2-2 : 2
결과2-3 : 2
결과3-1 : (2, 2, 3)
결과3-2 : 3
결과3-3 : 6
```

그림 9-8

(11) numpy 모듈에서 제공되는 기본 함수

① zeros( ) 함수의 특징 : 배열의 요솟값들을 '0'으로 초기화한다.

② ones( ) 함수의 특징 : 배열의 요솟값들을 '1'로 초기화한다.

③ empty( ) 함수의 특징 : 초기화가 없는 값으로 배열을 반환한다.

④ full( ) 함수의 특징 : 배열에 사용자가 지정한 값을 넣는 데 사용된다.

⑤ eye( ) 함수의 특징 : 대각선으로는 '1'이고 나머지는 '0'인 2차원 배영을 생성한다.

⑥ 사용 방법에 대한 예제

예제 프로그램

```
# 실습 코드 2 :
import numpy as np

a = np.zeros((2, 2))
print("결과1 :\n", a)
a = np.ones((2, 3))
print("결과2 :\n",a)
# 실습 코드 3 :
a = np.full((2, 3), 5)
print("결과3 :\n",a)
a = np.eye(3)
print("결과4 :\n",a)
a = np.array(range(20)).reshape((4, 5))
print("결과5 :\n",a)
```

수행 결과

```
결과1 :
 [[0. 0.]
 [0. 0.]]
결과2 :
 [[1. 1. 1.]
 [1. 1. 1.]]
결과3 :
 [[5 5 5]
 [5 5 5]]
결과4 :
 [[1. 0. 0.]
 [0. 1. 0.]
 [0. 0. 1.]]
결과5 :
 [[ 0  1  2  3  4]
 [ 5  6  7  8  9]
 [10 11 12 13 14]
 [15 16 17 18 19]]
```

그림 9-9

(12) numpy 슬라이싱 구현 방법

① 배열 슬라이싱 : 각 배열 차원별 최소-최대의 범위를 정하여 부분 집합을 구하는 것이다.

② for문을 사용하지 않고 바로 슬라이싱에 값을 입력할 수 있다.

예제 프로그램

```
# 실습 코드 1 :
import numpy as np

lst = [[1, 2, 3],
       [4, 5, 6]
       [7, 8, 9]]

arr = np.array(lst)
# 슬라이스
a = arr[0:3, 0:2]
print("결과1 :\n", a)
a = arr[1:, 1:]
print("결과2 :\n", a)
```

수행 결과

```
결과1 :
 [[1 2]
 [4 5]
 [7 8]]
결과2 :
 [[5 6]
 [8 9]]
```

그림 9-10

(13) numpy 슬라이싱을 사용하여 부분 집합을 구하는 방법

① 각 차원별로 선택되어지는 배열 요소의 인덱스들을 일렬로 나열하여 부분 집합을 구하는 방식이다.

② 그림 9-11에서 보는 것과 같이, 임의의 numpy 배열 a에 대해 a[[row1, row2], [col1, col2]]와 같이 표현하여 사용한다. 그리고 a[row1, col1]과 a[row2, col2]라는 두 개의 배열 요소의 집합을 의미한다.

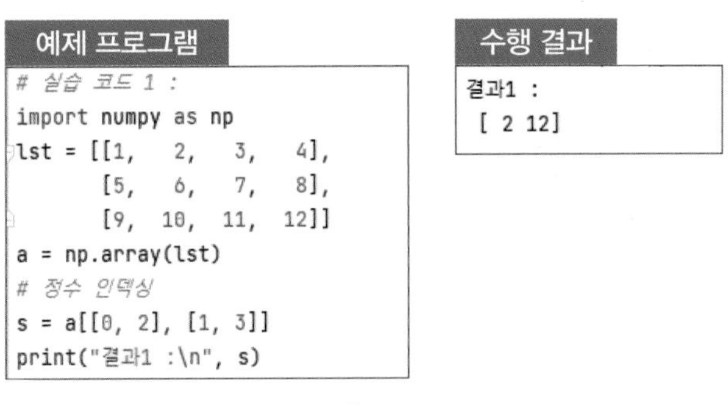

예제 프로그램

```
# 실습 코드 1 :
import numpy as np
lst = [[1,   2,   3,   4],
       [5,   6,   7,   8],
       [9,   10,  11,  12]]
a = np.array(lst)
# 정수 인덱싱
s = a[[0, 2], [1, 3]]
print("결과1 :\n", s)
```

수행 결과

```
결과1 :
 [ 2 12]
```

그림 9-11

(14) numpy 불리언 인덱싱(boolean indexing) 사용 방법

① 배열 각 요소의 선택 여부를 True, False로 표현하는 방식이다.

② 그림 9-12는 짝수만 뽑아내는 불리언 인덱싱 배열(numpy 배열)을 사용하여 짝수 배열 n을 만드는 예이다.

예제 프로그램

```
import numpy as np
lst = [ [1, 2, 3],
        [4, 5, 6],
        [7, 8, 9]]
a = np.array(lst)
bool_indexing_array = \
    np.array([[False, True,  False],
              [True,  False, True],
              [False, True,  False]])
n = a[bool_indexing_array]
print("결과 :\n", n)
```

수행 결과

```
결과 :
 [2 4 6 8]
```

그림 9-12

③ 그림 9-13에서 보는 것과 같이, 불리언 인덱싱 배열에 표현식을 사용하여 True/False 값을 인덱싱 배열로 생성할 수 있다.

예제 프로그램

```
# 실습 코드 2 :
import numpy as np
lst = [ [1, 2, 3],
        [4, 5, 6],
        [7, 8, 9]]
a = np.array(lst)
# 배열 a 에 대해 짝수면 True, 홀수면 False
bool_indexing = (a % 2 == 0)
print("출력1 : 불리언 인덱싱 배열\n", bool_indexing)
# 부울린 인덱스를 사용하여 True인 요소만 뽑아냄
print("출력2 :\n", a[bool_indexing])
# 더 간단한 표현
n = a[a % 2 == 0]
print("출력3 :\n", n)
```

수행 결과

```
출력1 : 불리언 인덱싱 배열
 [[False  True False]
 [ True False  True]
 [False  True False]]
출력2 :
 [2 4 6 8]
출력3 :
 [2 4 6 8]
```

그림 9-13

(15) 유니버설 함수(unfunc)의 이해

① 정의 : ndarray 안에 있는 데이터 원소별로 연산을 수행하는 함수이다.

② 특징

ⓐ 래퍼 함수(wrapper function)와 유사하다.

ⓑ 간단하게 다른 함수에 약간의 기능을 덧씌워 사용하는 함수이다.

ⓒ ndarray를 감싸 특정 연산을 고속으로 수행해주는 함수이다.

사용 예

```
np.sqrt(np.arange(10))
np.exp(np.arange(10))
```

그림 9-14

③ NumPy Universal Function List(1) : 단일 배열에 사용되는 함수

표 9-2

함수	설명
abs, fabs	각 원소의 절댓값을 구함. 복소수가 아닌 경우에는 fabs로 빠르게 연산 가능
sqrt	제곱근을 계산 arr ** 0.5와 동일
square	제곱을 계산 arr ** 2와 동일
Exp	각 원소에 지수 ex를 계산

Log, log10, log2, logp	각각 자연로그, 로그10, 로그2, 로그(1+x)
sign	각 원소의 부호를 계산
ceil	각 원소의 소수 자리 올림
floor	각 원소의 소수 자리 버림
rint	각 원소의 소수 자리 반올림, dtype 유지
modf	원소의 몫과 나머지를 각각 배열로 반환
isnan	각 원소가 숫자인지 아닌지 NaN으로 나타내는 불리언 배열
isfinite, isinf	배열의 각 원소가 유한한지 무한한지 나타내는 불리언 배열
cos, cosh, sin, sinh, tan, tanh	일반 삼각 함수와 쌍곡 삼각 함수
logical_not	각 원소의 논리 부정(not) 값 계산, -arr와 동일

④ NumPy Universal Function List(2) : 서로 다른 배열 간에 사용하는 함수

표 9-3

함수	설명
add	두 배열에서 같은 위치의 원소끼리 덧셈
subtract	첫 번째 배열 원소 - 두 번째 배열 원소
multiply	배열의 원소끼리 곱셈
divide	첫 번째 배열의 원소에서 두 번째 배열의 원소를 나눗셈
power	첫 번째 배열의 원소에 두 번째 배열의 원소만큼 제곱
maximum, fmax	두 원소 중 큰 값을 반환, fmax는 NaN 무시
minimum, fmin	두 원소 중 작은 값 반환, fmin는 NaN 무시
mod	첫 번째 배열의 원소에 두번째 배열의 원소를 나눈 나머지
greater, greater_equal, less, less_equal, equal, not_equal	두 원소 간의 >, >=, <, <=, ==, != 비교연산 결과를 불리언 배열로 반환
logical_and, logical_or, logical_xor	각각 두 원소 간의 논리연산, &, |, ^ 결과를 반환

(16) 유니버설 함수(unfunc)의 사용 방법

① for문을 사용하지 않고 array, vector, matrix 등의 연산을 쉽게 할 수 있다.

② 연산은 +, −, *, / 등의 연산자를 사용할 수도 있고, add( ), substract( ), multiply( ), divide( ) 등의 함수를 사용할 수도 있다.

예제 프로그램

```
# 실습 코드 1 :
import numpy as np

a = np.array([1, 2, 3])
b = np.array([4, 5, 6])

# 각 요소 더하기
c = np.add(a, b)        # c = a + b
print("add :", c)
# 각 요소 빼기
c = np.subtract(a, b) # c = a - b
print("sub :", c)
# 각 요소 곱하기
c = np.multiply(a, b) # c = a * b
print("mul :", c)
# 각 요소 나누기
c = np.divide(a, b)     # c = a / b
print("div :", c)
```

수행 결과

```
add : [5 7 9]
sub : [-3 -3 -3]
mul : [ 4 10 18]
div : [0.25 0.4  0.5 ]
```

그림 9-15

(17) 유니버설 함수(unfunc) 종류 중 dot( )함수 사용 방법

dot( ) 함수 : vector와 matrix의 product를 구할 수 있다.

예제 프로그램

```
# 실습 코드 2 :
import numpy as np

lst1 = [[1, 2],
        [3, 4]]
lst2 = [[5, 6],
        [7, 8]]
a = np.array(lst1)
b = np.array(lst2)
c = np.dot(a, b)

print("dot :", c)
```

수행 결과

```
dot : [[19 22]
 [43 50]]
```

그림 9-16

(18) 유니버셜 함수(unfunc) 종류 중 sum( ), prod( ) 함수 사용 방법

표 9-4

sum( ) 함수	각 배열 요소들을 더함	함수 선택 옵션으로 axis을 지정 (axis=0 : 열끼리 연산, axis=1 : 행끼리 연산)
prod( ) 함수	각 배열 요소들을 곱함	

예제 프로그램

```
# 실습 코드 3 :
import numpy as np

a = np.array([[1, 2],
              [3, 4]])
s = np.sum(a)
print("결과(sum) :", s)
# axis=0 이면, 열끼리 더함
# axis=1 이면, 행끼리 더함
s = np.sum(a, axis=0)
print("결과(sum, axis=0) :", s)
s = np.sum(a, axis=1)
print("결과(sum, axis=1) :", s)
s = np.prod(a)
print("결과(prod) :", s)
```

수행 결과

```
결과(sum) : 10
결과(sum, axis=0) : [4 6]
결과(sum, axis=1) : [3 7]
결과(prod) : 24
```

그림 9-17

(19) 배열을 사용한 데이터 처리 : 집합 함수

표 9-5

함수	설명
unique(x)	배열 x에서 중복된 원소를 제거한 후 정렬(sorted)하여 반환
intersect1d(x, y)	배열 x와 y에 공통적으로 존재하는 원소를 정렬(sorted)하여 반환
union1d(x, y)	두 배열의 합집합을 반환
in1d(x, y)	x의 원소 중 y의 원소를 포함하는지를 나타내는 불리언 배열을 반환
setdiff1d(x, y)	x와 y의 차집합을 반환
setxor1d(x, y)	한 배열에는 포함되지만 두 배열 모두에는 포함되지 않는 원소들의 집합인 대칭 차집합을 반환

(20) 배열을 사용한 데이터 처리 : 통계 메소드

표 9-6

함수	설명
sum	배열 전체 또는 특정 축에 대한 모든 원소의 합
mean	산술 평균
std, var	표준 편차와 분산, 자유도를 줄 수 있음
min, max	최솟값, 최댓값
argmin, argmax	최소 원소의 색인 값, 최대 원소의 색인 값
cumsum	각 원소의 누적 합
cumprod	각 원소의 누적 곱

tip Numpy 모듈에는 본 내용 외에 배열의 파일 입출력, 선형대수, 난수 생성 함수들을 포함하고 있다.

9-3 Scipy 모듈을 이용한 데이터 분석

(1) Scipy 모듈 정의

파이썬을 기반으로 하여 과학, 분석, 그리고 엔지니어링을 위한 과학(계산)적 컴퓨팅 영역의 여러 기본적인 작업을 위한 패키지이다.

(2) Scipy 모듈 용도

수치 적분 루틴과 미분방적식 해석 시, 방정식의 근을 구하는 알고리즘으로, 표준 연속/이산 확률 분포와 다양한 통계 관련 도구 등을 제공한다.

(3) Scipy 모듈 설치

md창에서 'pip install scipy'를 입력하여 scipy를 설치한다.

(4) Scipy 모듈 기능

표 9-7

기능	설명
scipy.integrate	수치 적분 루틴과 미분방정식 해법기
scipy.linalg	numpy.linalg에서 제공하는 것보다 더 확장된 선형대수 루틴과 매트릭스 분해
scipy.optimize	함수 최적화기와 방정식의 근을 구하는 알고리즘
scipy.signal	시그널 프로세싱 도구
scipy.sparse	희소 행렬과 희소 선형 시스템 풀이법
scipy.stats	표준 연속/이산 확률 분포(집적도 함수, 샘플러, 연속 분포 함수)와 다양한 통계 도구
scipy.weave	배열 계산을 빠르게 하기 위해 인라인 C++ 코드를 사용하는 도구
...	

(5) Scipy 모듈 실습 및 사용 방법

① 행렬로 연립 방정식 풀기

ⓐ solve( ) 함수 : 방정식을 풀어서 근을 반환한다.

ⓑ dot( ) 함수 : 행렬의 곱셈 연산 함수이다.

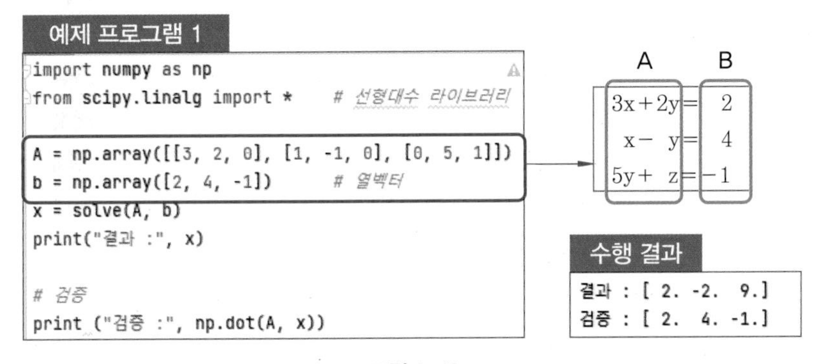

그림 9-18

② 비선형 방정식의 해 구하기

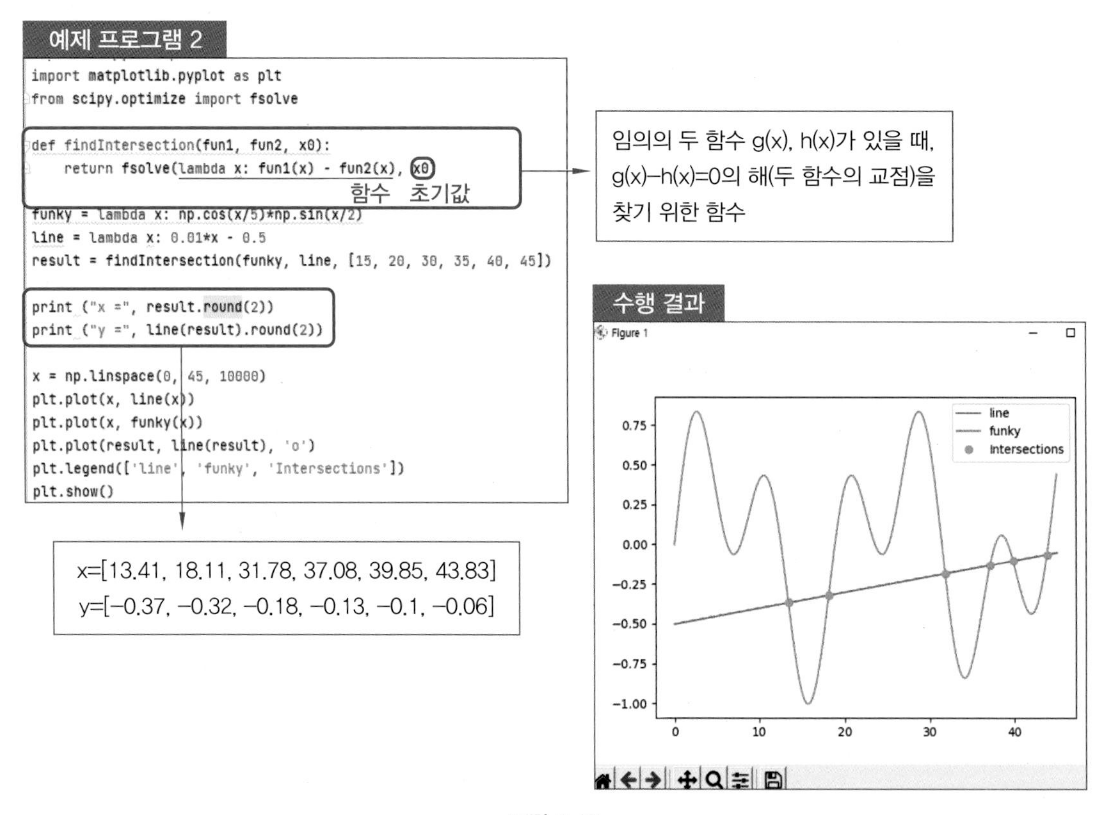

그림 9-19

③ 수치 적분 : scipy.integrate 모듈의 quad( ) 함수를 이용하여 수치 적분을 계산한다.

표 9-8

함수 명	적분 종류	인수
quad()	단일 적분	quad(함수, 하한, 상한)
dblquad()	이중 적분	∫1∫2 : dblquad(함수, 1하한, 1상한, 2하한, 2상한)
tplquad()	삼중 적분	∫1∫2: tplquad (함수, 1하한, 1상한, 2하한, 2상한, 3하한, 3상한)
nquad()	n-fold integration	nquad(함수, 적분 범위)

④ quad( ) 함수 사용 예

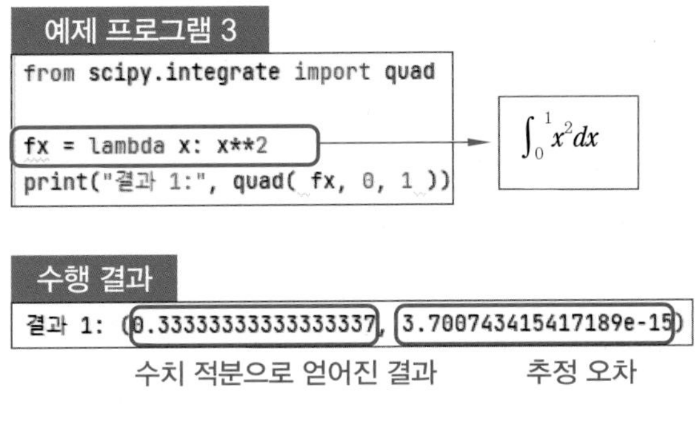

예제 프로그램 3

```python
from scipy.integrate import quad

fx = lambda x: x**2
print("결과 1:", quad( fx, 0, 1 ))
```

$\int_0^1 x^2 dx$

수행 결과

```
결과 1: (0.33333333333333337, 3.700743415417189e-15)
```

수치 적분으로 얻어진 결과 추정 오차

그림 9-20

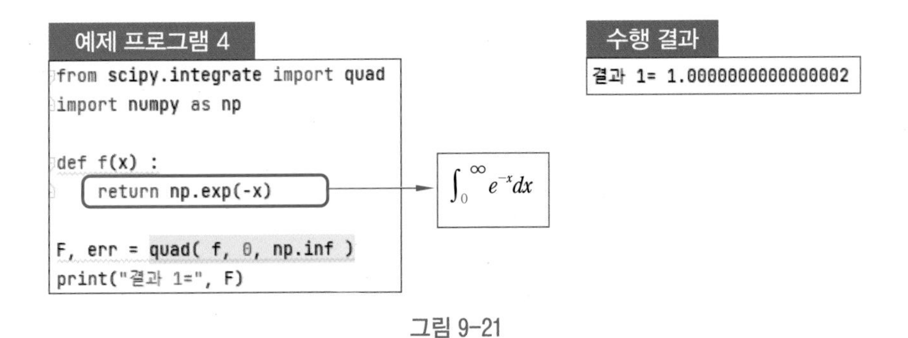

예제 프로그램 4

```python
from scipy.integrate import quad
import numpy as np

def f(x) :
    return np.exp(-x)

F, err = quad( f, 0, np.inf )
print("결과 1=", F)
```

$\int_0^\infty e^{-x} dx$

수행 결과

```
결과 1= 1.0000000000000002
```

그림 9-21

⑤ 선형 회귀법(linear regression) : 최소 자승법

scipy.stats 모듈 : linregress(x, y) 함수를 사용하여 회기 직선의 기울기와 절편을 구할 수 있다.

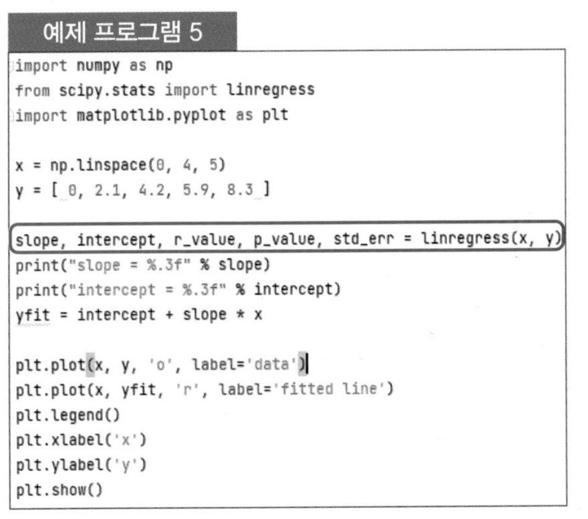

예제 프로그램 5

```python
import numpy as np
from scipy.stats import linregress
import matplotlib.pyplot as plt

x = np.linspace(0, 4, 5)
y = [ 0, 2.1, 4.2, 5.9, 8.3 ]

slope, intercept, r_value, p_value, std_err = linregress(x, y)
print("slope = %.3f" % slope)
print("intercept = %.3f" % intercept)
yfit = intercept + slope * x

plt.plot(x, y, 'o', label='data')
plt.plot(x, yfit, 'r', label='fitted line')
plt.legend()
plt.xlabel('x')
plt.ylabel('y')
plt.show()
```

수행 결과

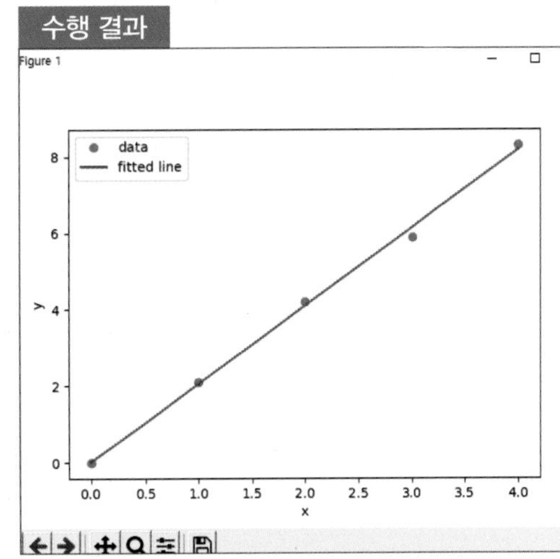

그림 9-22

⑥ 비선형 회귀법(non-linear regression) 사용 방법

ⓐ Curve Fitting : 현실적으로 얻을 수 있는 데이터를 이용하여 그 데이터들을 표현할 수 있는 가장 이상적인 수학적인 직선 또는 곡선을 얻어내는 기술이다.

ⓑ Levenberg-Marquardt 방법 : 비선형 최소 자승(nonlinear least squares) 문제를 푸는 가장 대표적인 방법이다.

예제 프로그램 6

```
# non-linear least square method using
# Levenberg-Marquardt algorithm
from scipy.optimize import curve_fit
import numpy as np
import matplotlib.pyplot as plt

ndata = 101
x = np.linspace(-5, 5, ndata)
y = 0.6*x + 5* np.exp(-0.2* x**2 ) + np.random.rand(ndata)
#plt.plot(x, y, 'o')

def func(x, a, b, c):
    return a*x + b*np.exp(-c* x**2)

# initial values of parameters for fitting function
p0ini = [0, 0, 0]
popt, pcov = curve_fit( func, x, y, p0 = p0ini )

print( popt )
# 매개변수를 함수의 인자 a, b, c 로 전달하여 계산한다.
yfit = func( x, *popt )

plt.plot( x, y, 'o', label='data')
plt.plot( x, yfit, 'r', label='fitted curve')
plt.legend()
plt.xlabel('x')
plt.ylabel('y')
plt.show()
```

→ $y = ax + be^{-cx^2}$

popt → 파라미터에 대한 피팅 결과

pcov → popt에서 추정된 공분산 결과

수행 결과

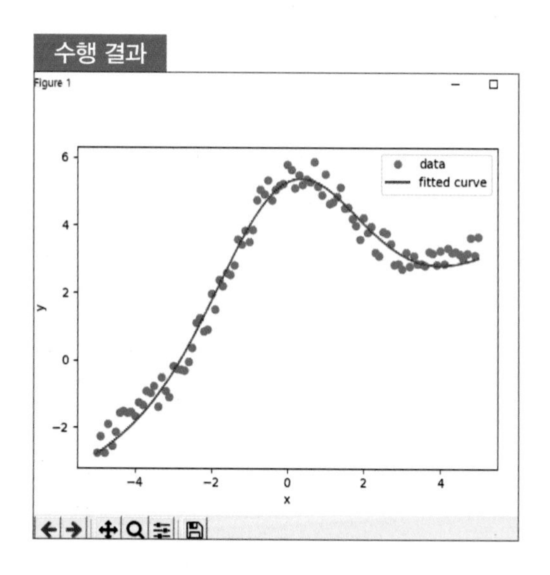

그림 9-23

tip

- **Curve Fitting 추가 설명** : x – y 좌표계에서 (1, 2), (2, 3), (3, 4)의 세 점을 지나는 직선의 방정식을 구하라고 한다면 y=x+1의 식을 구할 수 있다. 그러나 현실적으로 얻을 수 있는 데이터는 언급된 예처럼 정확하게 선 위에 점들이 분포하게끔 구할 수 없을 것이다. 이때 실제 데이터와 얻어지는 직선이나 곡선 사이의 오차를 최소화할 수 있는 여러 가지 기술들이 Curve Fitting의 내용이다.
- **Levenberg–Marquardt 추가 설명** : 가우스–뉴턴법(Gauss–Newton method)과 경사하강법(Gradient descent) 방법이 결합된 형태로서 해로부터 멀리 떨어져 있을 때는 경사하강법으로 동작하고 해 근처에서는 가우스–뉴턴 방식으로 해를 찾는다. 그런데 Levenberg-Marquardt 방법은 가우스–뉴턴법보다 안정적으로 해를 찾을 수 있으며(초깃값이 해로부터 멀리 떨어진 경우에도 해를 찾을 확률이 높음) 비교적 빠르게 해에 수렴하기 때문에 비선형 최소 자승 문제에 있어서는 대부분 Levenberg-Marquardt 방법이 사용된다.

⑦ 상미분 방정식 사용 방법

scipy.integrate 모듈의 solve_ivp( ) 함수를 이용하여 상미분 방정식의 초깃값 문제에 대한 수치 해를 구할 수 있다.

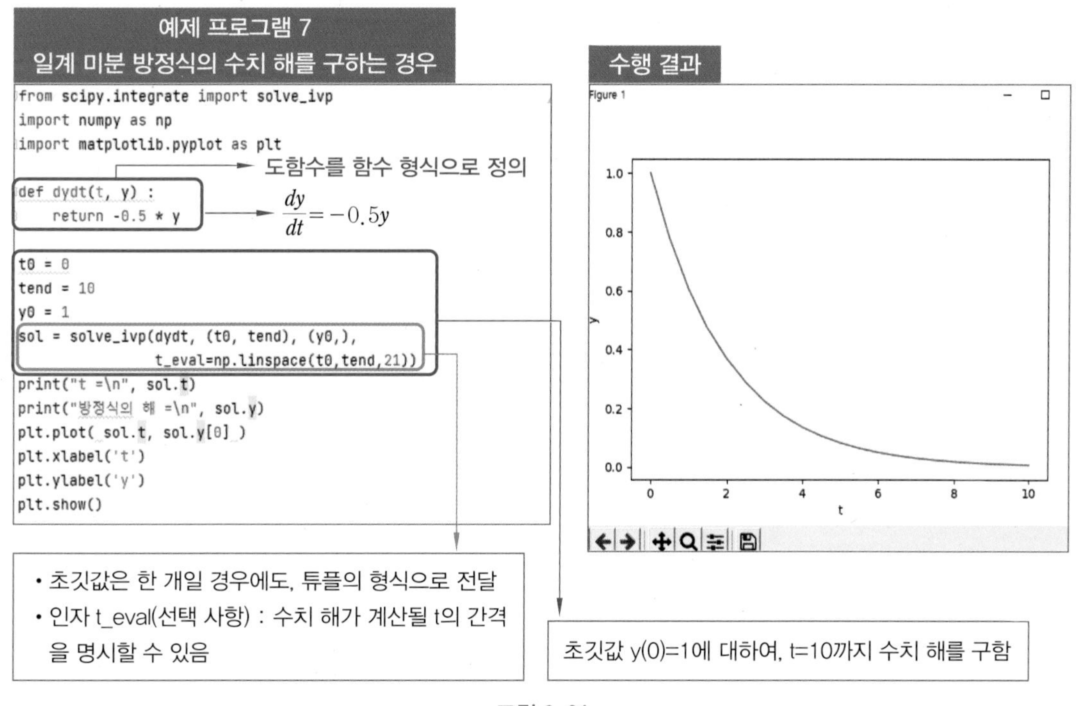

그림 9-24

⑧ 보간법(interpolation) 사용 방법

통계적 또는 실험적으로 구해진 데이터들(xi)로부터, 주어진 데이터를 만족하는 근사 함수[f(x)]를 구하고, 이 식을 이용하여 주어진 변수에 대한 함수 값을 구하는 일련의 과정을 의미한다.

예 (0, 0), (1, 10), (2, 20)이 주어졌을 때, 이들에 대한 근사 함수를 f(x)= 10x로 구하고, 1.5에 대한 함수 값으로 15를 구함

예제 프로그램 8

```
import numpy as np
from scipy.interpolate import interp1d
from matplotlib import pyplot as plt

# Cosine 함수를 0부터 10pi까지 20개 만든다.
x = np.linspace(0, 10 * np.pi, 20)
y = np.cos(x)

# interoperate 함수로 보간법을 적용하여 linear(선형보정)
# quadratic(부드러운 보정) 두가지 방법으로 만든다
fl = interp1d(x, y, kind='linear')    1차
fq = interp1d(x, y, kind='quadratic') 2차
xint = np.linspace(x.min(), x.max(), 1000)
yintl = fl(xint)
yintq = fq(xint)

# Plot the data and the interpolation
plt.plot(xint, yintl, color='green', linewidth=2)
plt.plot(xint, yintq, color='red', linewidth=2)
plt.legend(['Linear', 'Quadratic'])
plt.plot(x, y, 'o')  # 값의 위치를 점으로 표현
plt.ylim(-2, 2)
plt.title('Interoperate')
plt.show()
```

시작점 0부터 10*np.pi까지 균등하게 나뉘어진 20개 값을 만들어낸다.

- scipy.interpolate의 interp1d 클래스
  - 선형 보간법을 사용하여 주어진 데이터로 정의된 도메인 내 고정된 데이터 포인트를 기반으로 함수를 만드는 방법이다.
  - 1d 벡터를 전달하여 만들어진다.
- interp1d에서 지원하는 보간법의 종류
  - 'linerar', 'nearest', 'zero', 'slinear', 'quadratic', 'cubic', 'previous', 'next', where 'zero', 'slinear', 'quadratic', 'cubic' 등

xint를 x의 최솟값으로부터 x의 최댓값까지 1000개로 세분화하고 linear, quadratic 보간법으로 yint 값을 구하는 부분

수행 결과

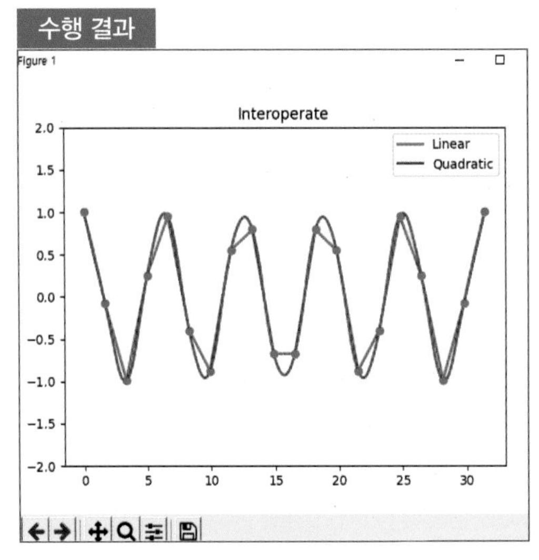

그림 9-25

9-4 Pandas 라이브러리를 이용한 데이터 분석

(1) Pandas(python data analysis library)

데이터를 수집하거나 분석할 때 사용되는 라이브러리이다. Pandas는 1차원 배열 형태의 Series 객체와 2차원 배열 형태의 Dataframe 객체를 제공한다. Series 객체는 Series 클래스의 인스턴스 객체를 생성하여 사용하고, Dataframe은 테이블 형식의 데이터(Tabular, Rectangular Grid 등으로 불림)를 다룰 때 사용한다. Pandas dataframe의 3요소에는 행(column) 데이터, 열(row) 데이터, 인덱스(index)가 있다. 'pandas'를 설치하는 방법은 Project Interpreter에서 'pip'를 이용하여 설치하고 프로그램에서 불러오기(import)한 후 사용한다.

(2) 사용 방법

① Dataframe은 다양한 데이터 타입으로부터 만들 수 있다. 그림 9-26은 ndarray, dictionary, dataframe, series, list의 예를 들고 있다.

② Series의 경우 pandas에서 제공하는 data type인데, index가 있는 1차원 배열이라고 생각하면 좋다. 문자, 논리형, 숫자 모든 data type이 들어갈 수 있다. Dataframe의 한 행, 한 행이 Series이다.

예제 프로그램

```
import pandas as pd
import numpy as np

# Take a 2D array as input to your DataFrame
my_2darray = np.array([[1, 2, 3], [4, 5, 6]])
print("결과1 : ")
print(pd.DataFrame(my_2darray), "\n")

# Take a dictionary as input to your DataFrame
my_dict = {"a": ['1', '3'], "b": ['1', '2'], "c": ['2', '4']}
print("결과2 : ")
print(pd.DataFrame(my_dict), "\n")

# Take a DataFrame as input to your DataFrame
my_df = pd.DataFrame(data=[4,5,6,7], index=range(0,4), columns=['A'])
print("결과3 : ")
print(pd.DataFrame(my_df), "\n")

# Take a Series as input to your DataFrame
my_series = pd.Series({"United Kingdom":"London", "India":"New Delhi",
                      "United States":"Washington", "Belgium":"Brussels"})
print(pd.DataFrame(my_series))
```

수행 결과

```
결과1 :
   0  1  2
0  1  2  3
1  4  5  6

결과2 :
   a  b  c
0  1  1  2
1  3  2  4

결과3 :
   A
0  4
1  5
2  6
3  7

                        0
United Kingdom     London
India           New Delhi
United States  Washington
Belgium          Brussels
```

그림 9-26

(3) Dataframe의 shape과 index 구하기

'df.shape'를 통해 Dataframe의 row와 column 수를 알 수 있다. index를 통해 index를 알 수 있으며, len( ) 함수를 통해 Dataframe의 길이(row의 개수)를 알 수 있다.

예제 프로그램

```
import pandas as pd
import numpy as np

df = pd.DataFrame(np.array([[1, 2, 3], [4, 5, 6]]))

print("결과1 : ", df.shape)
print("결과2 : ", len(df.index))
print("결과2 : ", list(df.columns))
```

수행 결과

```
결과1 :  (2, 3)
결과2 :  2
결과2 :  [0, 1, 2]
```

그림 9-27

(4) 특정 column이나 row index 선택하기

iloc, loc, ix 등을 통해서 특정 column이나 row를 선행하여 그 값을 확인할 수 있다.

예제 프로그램

```
import pandas as pd

df = pd.DataFrame({"A":[1,4,7], "B":[2,5,8], "C":[3,6,9]})

#특정 row 선택하기
print("결과1 :")
print(df.iloc[0])
print("결과2 :")
print(df.loc[0])

#특정 column 선택하기
print("결과3 :")
print(df.loc[:,'A'])
print("결과4 :")
print(df['A'])

#특정 row, column을 선택하기
print("결과5 :");
print(df.loc[0]['B'])
```

수행 결과

```
결과1 :
A    1
B    2
C    3
Name: 0, dtype: int64
결과2 :
A    1
B    2
C    3
Name: 0, dtype: int64
결과3 :
0    1
1    4
2    7
Name: A, dtype: int64
결과4 :
0    1
1    4
2    7
Name: A, dtype: int64
결과5 :
2
```

그림 9-28

(5) column, row index 추가하기

Pandas는 기본적으로 row에 index를 0부터 차례대로 정수를 부여한다. 이를 변경하는 방법은 set_index( ) 함수를 이용하는 것이다. 그림 9-29의 df.set_index('A')는 A 컬럼을 index로 지정하는 것을 뜻한다. 그러면 3개의 row에 대하여 인덱스가 1, 4, 7이 부여된다.

예제 프로그램

```
import pandas as pd

df = pd.DataFrame({"A":[1,4,7], "B":[2,5,8], "C":[3,6,9]})
print("결과1 :")
print(df)

df = df.set_index('A')
print("결과2 :")
print(df)
```

수행 결과

```
결과1 :
   A  B  C
0  1  2  3
1  4  5  6
2  7  8  9
결과2 :
   B  C
A
1  2  3
4  5  6
7  8  9
```

그림 9-29

(6) Append( ) 함수를 이용하여 row 추가하기

데이터의 가장 뒤에 row를 추가하고 싶은 경우에는 append를 사용하면 편리하다. 아래 프로그램은 'df' Dataframe에 'a'를 추가하여 row를 추가하는 코드이다. row를 추가한 후에 reset_index( ) 함수를 통해 index를 0부터 새롭게 지정한다.

예제 프로그램

```
import pandas as pd
import numpy as np

df = pd.DataFrame(data=np.array([[1, 2, 3], [4, 5, 6], [7, 8, 9]]), columns=[48, 49, 50])
print("결과1 :")
print(df)

a = pd.DataFrame(data=[[1,2,3]], columns=[48,49,50])
print("결과2 :")
print(a)

df = df.append(a)
df = df.reset_index(drop=True)
print("결과3 :")
print(df)
```

수행 결과

```
결과1 :
   48  49  50
0   1   2   3
1   4   5   6
2   7   8   9
결과2 :
   48  49  50
0   1   2   3
결과3 :
   48  49  50
0   1   2   3
1   4   5   6
2   7   8   9
3   1   2   3
```

그림 9-30

(7) index, column, row data 삭제하기

① index 삭제 : reset_index( ) 함수를 이용해서 index를 리셋하는 방법이 있으며, 그 외에도 index의 이름을 삭제하고 싶다면 del df.index.name을 통해 인덱스의 이름을 삭제할 수 있다.

② column 삭제 : drop( ) 함수를 통해서 column 전체를 삭제할 수 있다. axis=1은 column을 뜻하고 axis=0은 row의 삭제를 뜻한다. 'inplace'의 경우 drop한 후의 Dataframe으로 기존 Dataframe을 대체하겠다는 뜻이다. 즉, 아래의 inplace=True는 df = df.drop('A', axis=1)과 같다.

예제 프로그램

```
import pandas as pd
import numpy as np

df = pd.DataFrame(data=np.array([[1, 2, 3], [4, 5, 6], [7, 8, 9]]),
                  columns=['A', 'B', 'C'])
print("결과1 :")
print(df)

df.drop('A', axis=1, inplace=True)
print("결과2 :")
print(df)
```

수행 결과

```
결과1 :
   A  B  C
0  1  2  3
1  4  5  6
2  7  8  9
결과2 :
   B  C
0  2  3
1  5  6
2  8  9
```

그림 9-31

(8) 중복 row 삭제

drop_duplicate( ) 함수를 사용하면 특정 column의 값이 중복된 row를 제거할 수 있다. 'keep' 키워드를 통해 중복된 것들 중 어떤 걸 keep할지 정할 수 있다.

예제 프로그램

```
import pandas as pd
import numpy as np

df = pd.DataFrame(data=np.array([[1, 2, 3], [4, 5, 6], [7, 8, 9],
                                [40, 50, 60], [23, 35, 37]]),
                  index= [2.5, 12.6, 4.8, 4.8, 2.5],
                  columns=[48, 49, 50])
print("결과1 :")
print(df)

df = df.reset_index()
print("결과2 :")
print(df)

df = df.drop_duplicates(subset='index', keep='last').set_index('index')
print("결과3 :")
print(df)
```

수행 결과

```
결과1 :
      48  49  50
2.5    1   2   3
12.6   4   5   6
4.8    7   8   9
4.8   40  50  60
2.5   23  35  37
결과2 :
   index  48  49  50
0    2.5   1   2   3
1   12.6   4   5   6
2    4.8   7   8   9
3    4.8  40  50  60
4    2.5  23  35  37
결과3 :
       48  49  50
index
12.6    4   5   6
4.8    40  50  60
2.5    23  35  37
```

그림 9-32

(9) index를 통한 row 삭제

drop( ) 함수를 통해 특정 index를 가진 row를 삭제할 수 있다. df.index[1] 명령어는 첫 번 째 위치에 있는 index를 가져온다. 가져온 이 index를 drop에 input으로 넣어주면 해당 index를 가진 row를 삭제할 수 있다.

예제 프로그램

```
import pandas as pd
import numpy as np

df = pd.DataFrame(data=np.array([[1, 2, 3], [1, 5, 6], [7, 8, 9]]),
                  columns=['A', 'B', 'C'])
print("결과1 :")
print(df)

print("결과2 :")
print(df.index[1])

print("결과3 :")
print(df.drop(df.index[1]))

print("결과4 :")
print(df.drop(0))
```

수행 결과

```
결과1 :
   A  B  C
0  1  2  3
1  1  5  6
2  7  8  9
결과2 :
1
결과3 :
   A  B  C
0  1  2  3
2  7  8  9
결과4 :
   A  B  C
1  1  5  6
2  7  8  9
```

그림 9-33

연습 문제

1. Matplotlib 모듈을 이용하여 아래의 그래프를 만들어 보시오.
   [출력 결과물]

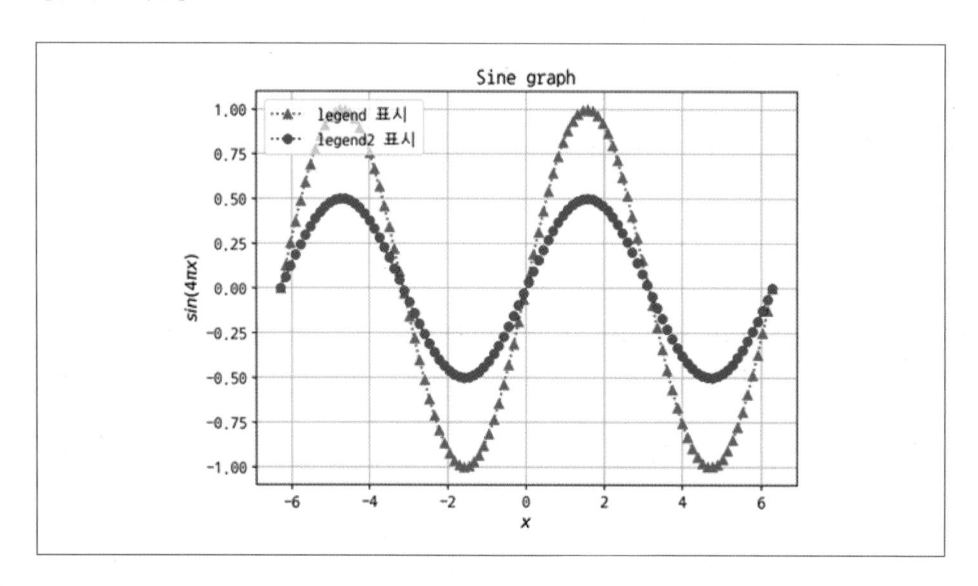

2. 엑셀 파일로 작성된 데이터 그룹을 이용하여 보간법(interpolation)을 적용한 그래프와 원천 데이터 그래프를 비교하고 차이점을 분석하시오.

3. Scipy 모듈의 미적분 함수를 이용하여 미적분기를 만드시오.

인공 지능 데이터 학습 모델 생성 및 결과 예측

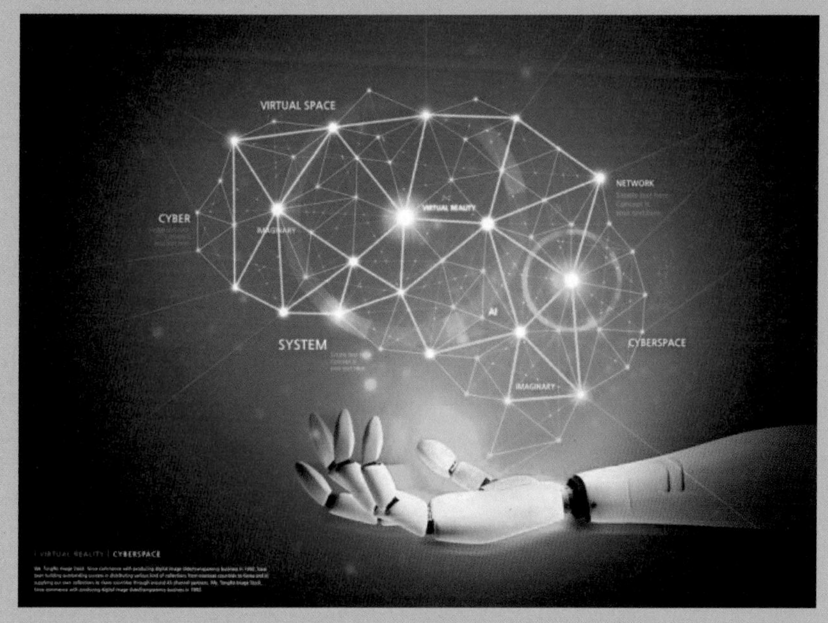

〈그림자료 : https://news.mt.co.kr/mtview.php?no=2020061917121588428〉

인공 지능은 데이터 학습, 문제 해결, 데이터의 패턴 인식 등과 같이 대부분 사람의 지능과 연결된 인지 문제를 해결하는 데 주력하는 컴퓨터 공학 분야이다. 'AI'라고 부르는 인공 지능은 연산 제어기가 특정 데이터를 기반으로 스스로 결정을 내리거나 예측하도록 하는 머신 러닝 기법을 사용하게 된다. 이것은 인공 지능을 개발하는 하나의 접근법이며 두 가지 단계로 구성되어 훈련과 추론을 진행하게 된다. 이번 단원에서는 머신 러닝 기법을 활용하여 데이터를 학습하고, 학습된 모델을 통해 결과를 예측하는 과정을 실습한다.

제10장 예제로 배우는 SVM 분류기 생성

> 학습 목표
> 1. 다양한 예제를 통해 SVM 분류기를 구현할 수 있다.
> 2. 데이터를 이용하여 SVM 분류 모델을 생성하고 생성 모델을 이용하여 결과를 예측할 수 있다.

10-1 SVM을 이용한 분류 방법

서포트 벡터 머신(SVM: Support Vector Machine)은 머신 러닝의 분류 기법 중 하나로 분류 문제 외에 회귀에도 적용이 가능하며 정확도 측면에서 우수한 알고리즘이다. 머신 러닝 기반의 분류 기법 중에는 K-mean 군집화(K-mean clustering), 의사 결정 트리(decision tree) 등도 있지만 본 연구에서는 객체 검출의 정확도를 높이기 위하여 SVM을 사용하였다. SVM은 결정 트리처럼 직관적인 해석은 불가능하기 때문에 결과를 해석하는 데 어렵다는 단점을 가지고 있다. 그래서 보통 결과 해석에는 결정 트리가 자주 쓰이지만, 정확도를 높이기 위하여 SVM을 주로 사용한다. SVM을 사용하기 위해서는 분리가 가능한 데이터를 사용해야 한다. 즉, 데이터가 정확히 두 개의 이상의 클래스를 가지는 경우 SVM을 사용할 수 있다. SVM은 두 개 이상의 클래스를 구분하는 최적의 초평면을 찾음으로써 데이터를 분류한다. 그림 10-1에서 보는 바와 같이, 최적의 초평면(hyperplane)이란 두 클래스 간에 최대의 마진을 갖는 초평면을 의미한다. 마진은 내부 데이터 점이 없는 초평면에 평행인 슬래브(slab)의 최대 너비를 의미한다. 서포트 벡터(support vector)는 분리 초평면에 가장 가까운 데이터의 점이다. 이러한 점은 슬래브의 경계상에 존재한다. 그림 10-1의 (c)는 이러한 정의를 시각적으로 보여준다. 여기서 '+'는 유형 '1'의 데이터 점을 나타내며 '-'는 유형 '-1'의 데이터 점을 나타낸다. 분리가 가능한 초평면은 하나가 아니다. 또한, 마진(margin)이란 데이터와 초평면의 수직 거리를 의미한다. 마진이 가장 큰 초평면을 최대 마진 초평면(maximal margin hyperplane)이라고 한다.

데이터가 초평면에 의해 잘 분류된다고 가정할 때, 데이터가 초평면의 어느 쪽에 놓이는지를 기반으로 데이터를 분류하는데, 이것을 최대 마진 분류기(maximal margin classifier)라고 한다. 실선에 걸친 데이터들은 조금만 움직이면 최대 마진 초평면도 이동될 수밖에 없기 때문에 이 데이터들을 서포트 벡터(support vector)라 한다. 최대 마진 분류기는 분리 초평면이 있는 경우에는 데이터를 분류하기 가장 좋은 방법이다. 하지만 대부분의 경우에 분리 초평면이 존재하지 않을 수도 있고, 그에 따라 최대 마진 분류기도 존재하지 않는 경우도 많이 있다. 이런 문제를 해결하기 위해서 데이터를 분류할 때, 약간의 오차를 허용하는 방식이 있는데, 이것을 소프트 마진(soft margin)이라고 한다. 그리고 소프트 마진을 이용하여 데이터를 분류하는 것을 서포트 벡터 분류기(support vector classifier)라고 한다. 서포트 벡터 분류기는 최대 마진 분류기를 확장한 것으로 몇몇 관측치를 희생하더라도 나머지 관측치를 더 잘 분류하겠다는 의미이다. 따라서 오차 허용 정도를 코스트(cost)라고 하고 cost value의 최적화가 분류기의 성능을 결정한다.

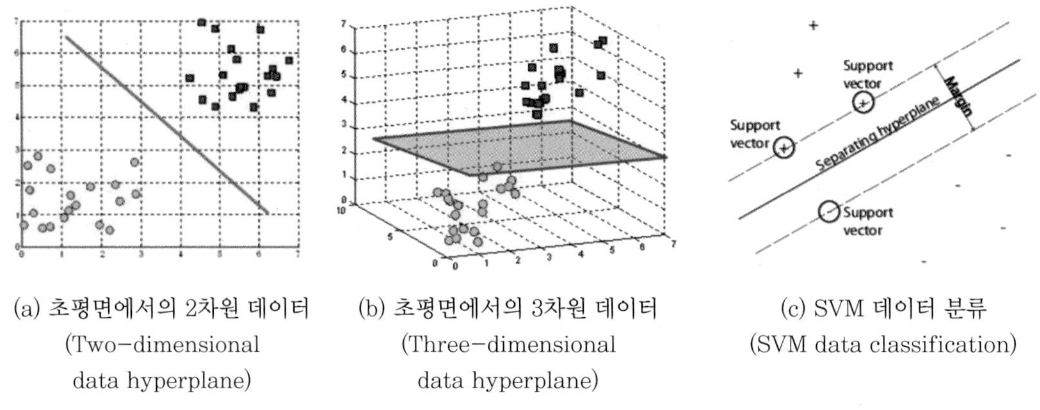

(a) 초평면에서의 2차원 데이터 (Two-dimensional data hyperplane)
(b) 초평면에서의 3차원 데이터 (Three-dimensional data hyperplane)
(c) SVM 데이터 분류 (SVM data classification)

그림 10-1 초평면에서의 SVM 아키텍처와 SVM에서 분리할 수 있는 데이터 (SVM hyperplane architecture and SVM detachable data)

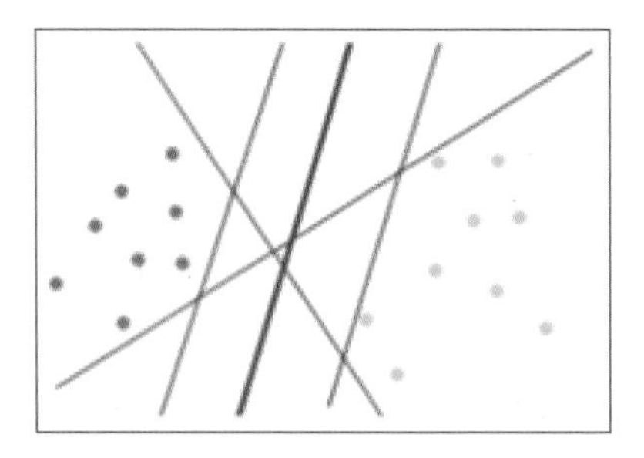

그림 10-2 멀티 분리 초평면(Multiple separation hyperplanes)

그리고 **그림 10-2**에서 보는 것과 같이, 데이터들을 클래스에 따라 완벽하게 분리하는 초평면들을 분리 초평면(separating hyperplane)이라고 한다. 여기서 해결해야 할 문제는 최적의 분리 초평면을 찾는 것이다. 최적의 분리 초평면을 찾기 위해서는 최대 마진 분류기를 사용한다. **그림 10-3** (a)의 결정 경계는 특이한 위치에 있는 오류 허용을 최소로 하면서 마진을 좁게 형성한 선이며, 코스트가 높기 때문에 훈련 데이터에서는 대부분 정확히 분류하겠지만 새로운 데이터에 대해서는 분류를 정확하게 하기는 힘들 것이기 때문에 과적합의 가능성이 있다. 그리고 **그림 10-3** (b)의 경우에는 오류를 충분히 허용하는 대신에 마진의 폭이 넓어져서 훈련 데이터에서는 낮은 정확도를 보일지 몰라도 새로운 테스트 데이터에서는 높은 성능을 보일 것이다. 서포트 벡터 머신(SVM, Support Vector Machine)은 앞의 서포트 벡터 분류기를 확장하여 비선형 클래스 경계를 수용할 수 있도록 개발한 분류 방법이다. 즉, 선형 분류기를 비선형 구조로 변경하여 데이터를 분류하는 것이다. 대표적인 경우가 커널 방법을 사용하여 데이터를 분류하는 것이다.

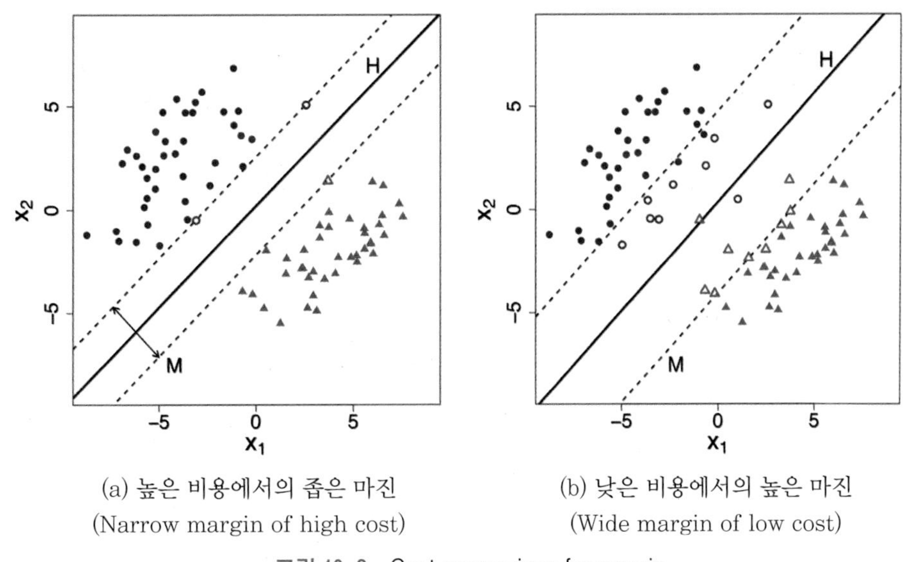

(a) 높은 비용에서의 좁은 마진
(Narrow margin of high cost)

(b) 낮은 비용에서의 높은 마진
(Wide margin of low cost)

그림 10-3 Cost comparison for margin

그림 10-4에서 보는 바와 같이, 커널은 클래스들 사이의 비선형 경계를 수용하기 위해 변수 공간을 확장하고자 할 때 사용하는 계산 기법이다.[1]

커널 방법을 사용하여 분류를 한다면, 아래의 2가지 파라미터를 결정해야 한다.

① 코스트(c, cost) : 오차 허용 정도의 파라미터, 마진의 너비를 조정한다.

② 감마(g, gamma) : 초평면이 아닌 커널과 관련된 파라미터와 결정 경계선의 곡률을 조정한다.

1 Support Vector Machines for Binary Classification, https://kr.mathworks.com/help/stats/support-vector-machines-for-binary-classification.html?lang=en

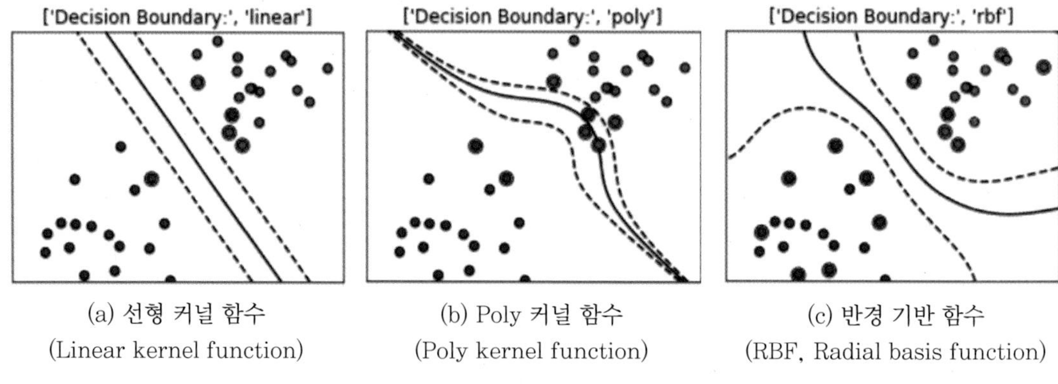

(a) 선형 커널 함수 (Linear kernel function) (b) Poly 커널 함수 (Poly kernel function) (c) 반경 기반 함수 (RBF, Radial basis function)

그림 10-4 Kernel configuration for SVM,

SVM의 장점은 커널 트릭을 사용함으로써 특성이 다양한 데이터를 분류하는 데 강하다. 그리고 파라미터(cost, gamma)를 이용해 과대 적합, 과소 적합에 대처할 수 있다. 또한, 적은 학습 데이터에서도 높은 분류를 기대할 수 있다. 하지만 단점도 가지고 있다. 특성이 비슷한 수치로 구성된 데이터는 SVM을 쉽게 활용 가능하지만, 특성이 다양하거나 확연히 다른 경우에는 데이터 전처리 과정을 통해 데이터 특성 그대로 벡터 공간에 표현해야 한다. 그리고 데이터의 특성이 많을 경우 결정 경계 및 데이터의 시각화가 어렵다.[2]

10-2 파이썬을 이용한 SVM 분류기 생성

SVM(Support Vector Machine)은 데이터 분석 과정에서 분류에 많이 이용되며 지도 학습 방식의 모델이다. SVM에 대한 좋은 모듈은 사이킷-런(scikit-learn)인데, 이를 이용해 SVM를 구현해보고 결과를 예측해 보자(만약, python 3.10에서 scikit-learn이 설치되지 않으면 python 버전을 3.9 이하 버전으로 다운그레이드하면 문제없이 설치될 것이다).

1 scikit-learn 모듈을 이용한 SVM 분류 기본 예제

(1) x값에 따라 가장 가깝게 분류한 y값 예측 방법

x_train 변수를 통해 입력으로 사용할 학습 데이터를 생성하고, y_train 변수를 통해 출력으로 사용할 학습 데이터를 생성한다. gamma 값은 'scale'로 설정하였기 때문에 기본값을 사

2 『나의 첫 머신 러닝/딥 러닝』, 허민석, 위키북스(2019).

용하게 된다. fit( ) 함수를 통해 데이터를 학습하고 분류기를 생성한다. 그리고 predict( ) 함수 안에 테스트할 데이터를 넣으면 예측된 결과를 얻을 수 있다.

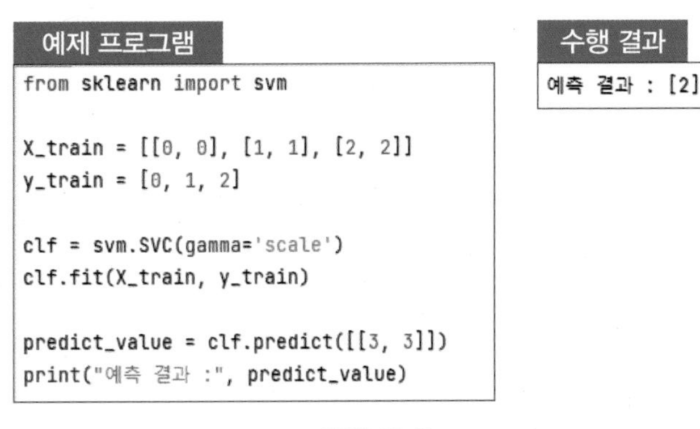

예제 프로그램

```
from sklearn import svm

X_train = [[0, 0], [1, 1], [2, 2]]
y_train = [0, 1, 2]

clf = svm.SVC(gamma='scale')
clf.fit(X_train, y_train)

predict_value = clf.predict([[3, 3]])
print("예측 결과 :", predict_value)
```

수행 결과

```
예측 결과 : [2]
```

그림 10-5

2 SVM 분류 결과를 그래프로 확인하기

(1) 분류기 생성 및 결과 예측

학습을 위해서는 입력 데이터가 필요하다. 그래서 scikit-learn에서는 데이터 분류를 목적으로 데이터를 생성해 주는 make_blobs라는 함수를 제공한다. 이를 이용해 아래 프로그램처럼 2종류의 총 40개의 샘플 데이터를 생성하고 데이터를 SVM으로 학습한다.

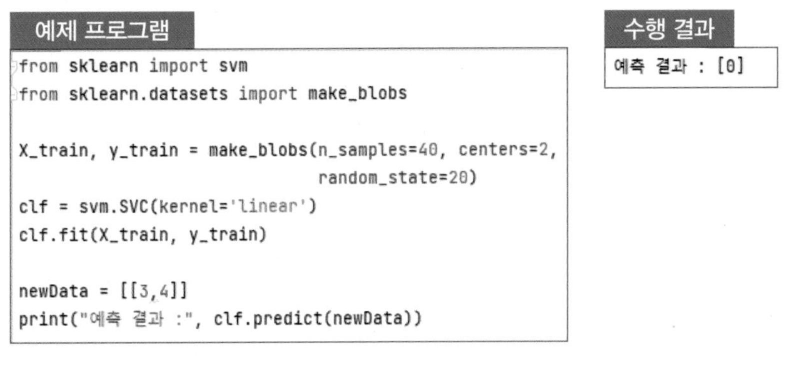

예제 프로그램

```
from sklearn import svm
from sklearn.datasets import make_blobs

X_train, y_train = make_blobs(n_samples=40, centers=2,
                              random_state=20)
clf = svm.SVC(kernel='linear')
clf.fit(X_train, y_train)

newData = [[3,4]]
print("예측 결과 :", clf.predict(newData))
```

수행 결과

```
예측 결과 : [0]
```

그림 10-6

SVM은 선형 분류와 비선형 분류를 지원하는데, 그중 선형 모델을 위해 커널을 'linear'로 지정하였다. 비선형에 대한 커널로는 'rbf'와 'poly' 등이 있다. 학습된 SVM 모델을 통해 데이터 (3, 4)에 대한 분류 결과를 아래 수행 결과에서 확인할 수 있다.

(2) 데이터 시각화 및 초평면(hyper-plane), support vector를 그래프에 표시

수행 결과에서 빨간색 포인트는 support vector이고, 진한 회색선이 초명편이다.

예제 프로그램

```
# 샘플 데이터 표현
plt.scatter(X_train[:,0], X_train[:,1], c=y_train, s=30,
            cmap=plt.cm.Paired)
# 초평면(Hyper-Plane) 표현
ax = plt.gca()
xlim = ax.get_xlim()
ylim = ax.get_ylim()
xx = np.linspace(xlim[0], xlim[1], 30)
yy = np.linspace(ylim[0], ylim[1], 30)
YY, XX = np.meshgrid(yy, xx)
xy = np.vstack([XX.ravel(), YY.ravel()]).T
Z = clf.decision_function(xy).reshape(XX.shape)
ax.contour(XX, YY, Z, colors='k', levels=[-1,0,1],
           alpha=0.5, linestyles=['--', '-', '--'])

# Support Vector 표현
ax.scatter(clf.support_vectors_[:,0], clf.support_vectors_[:,1],
           s=60, facecolors='r')
plt.show()
```

수행 결과

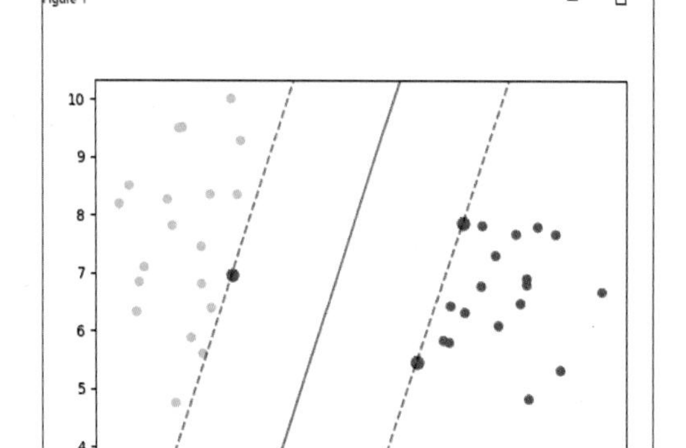

그림 10-7

(3) 전체 코드

예제 프로그램

```
import numpy as np
import matplotlib.pyplot as plt
from sklearn import svm
from sklearn.datasets import make_blobs

X_train, y_train = make_blobs(n_samples=40, centers=2, random_state=20)

clf = svm.SVC(kernel='linear')
clf.fit(X_train, y_train)
newData = [[3,4]]
print("예측 결과 :", clf.predict(newData))

# 샘플 데이터 표현
plt.scatter(X_train[:,0], X_train[:,1], c=y_train, s=30,
            cmap=plt.cm.Paired)
# 초평면(Hyper-Plane) 표현
ax = plt.gca()
xlim = ax.get_xlim()
ylim = ax.get_ylim()
xx = np.linspace(xlim[0], xlim[1], 30)
yy = np.linspace(ylim[0], ylim[1], 30)
YY, XX = np.meshgrid(yy, xx)
xy = np.vstack([XX.ravel(), YY.ravel()]).T
Z = clf.decision_function(xy).reshape(XX.shape)
ax.contour(XX, YY, Z, colors='k', levels=[-1,0,1],
           alpha=0.5, linestyles=['--', '-', '--'])

# Support Vector 표현
ax.scatter(clf.support_vectors_[:,0], clf.support_vectors_[:,1],
           s=60, facecolors='r')
plt.show()
```

그림 10-8

비선형 SVM으로 결과를 출력하고 싶다면 커널의 종류를 'rbf'로 변경하면 된다. 그림 10-9는 커널을 'rbf'로 변경했을 때의 결과 그래프이다.

수행 결과

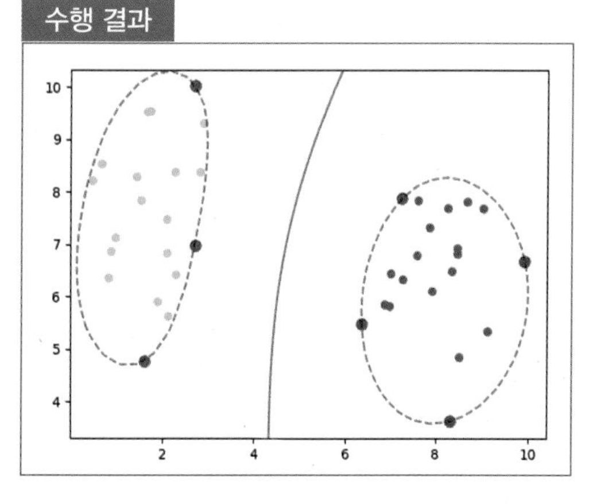

그림 10-9

3 SVM 선형 분리 학습

(1) 데이터 세트

그림 10-10은 유방암 분류 데이터 세트이다. 현재 데이터 세트를 확인하면 569개의 row, 31개의 columns으로 이루어졌고 target 변수의 클래스는 [0, 1]로 나뉘어졌다. 그리고 본 데이터 세트는 유방암 진단을 위한 데이터이며, 30개의 독립 변수를 통해 유방암 진단을 결정하는 상황이다.

예제 프로그램

```
import pandas as pd
import sklearn.datasets as dataset

# breast_cancer 데이터 셋 로드
x = dataset.load_breast_cancer()
cancer = pd.DataFrame(data = x.data, columns = x.feature_names)
cancer['target'] = x.target

cancer.info()
cancer.describe()
cancer.target.value_counts()
```

	mean radius	mean texture	mean perimeter	mean area	mean smoothness	mean compactness	mean concavity	mean concave points	mean symmetry	mean fractal dimension	...	worst texture	wors perimete
count	569.000000	569.000000	569.000000	569.000000	569.000000	569.000000	569.000000	569.000000	569.000000	569.000000	...	569.000000	569.00000
mean	14.127292	19.289649	91.969033	654.889104	0.096360	0.104341	0.088799	0.048919	0.181162	0.062798	...	25.677223	107.26121
std	3.524049	4.301036	24.298981	351.914129	0.014064	0.052813	0.079720	0.038803	0.027414	0.007060	...	6.146258	33.60254
min	6.981000	9.710000	43.790000	143.500000	0.052630	0.019380	0.000000	0.000000	0.106000	0.049960	...	12.020000	50.41000
25%	11.700000	16.170000	75.170000	420.300000	0.086370	0.064920	0.029560	0.020310	0.161900	0.057700	...	21.080000	84.11000
50%	13.370000	18.840000	86.240000	551.100000	0.095870	0.092630	0.061540	0.033500	0.179200	0.061540	...	25.410000	97.66000
75%	15.780000	21.800000	104.100000	782.700000	0.105300	0.130400	0.130700	0.074000	0.195700	0.066120	...	29.720000	125.40000
max	28.110000	39.280000	188.500000	2501.000000	0.163400	0.345400	0.426800	0.201200	0.304000	0.097440	...	49.540000	251.20000

8 rows × 31 columns

그림 10-10 유방암 데이터 세트

수행 결과

```
<class 'pandas.core.frame.DataFrame'>
RangeIndex: 569 entries, 0 to 568
Data columns (total 31 columns):
 #   Column                   Non-Null Count  Dtype
---  ------                   --------------  -----
 0   mean radius              569 non-null    float64
 1   mean texture             569 non-null    float64
 2   mean perimeter           569 non-null    float64
 3   mean area                569 non-null    float64
 4   mean smoothness          569 non-null    float64
 5   mean compactness         569 non-null    float64
 6   mean concavity           569 non-null    float64
 7   mean concave points      569 non-null    float64
 8   mean symmetry            569 non-null    float64
 9   mean fractal dimension   569 non-null    float64
 10  radius error             569 non-null    float64
 11  texture error            569 non-null    float64
 12  perimeter error          569 non-null    float64
 13  area error               569 non-null    float64
 14  smoothness error         569 non-null    float64
 15  compactness error        569 non-null    float64
 16  concavity error          569 non-null    float64
 17  concave points error     569 non-null    float64
 18  symmetry error           569 non-null    float64
 19  fractal dimension error  569 non-null    float64
 20  worst radius             569 non-null    float64
 21  worst texture            569 non-null    float64
 22  worst perimeter          569 non-null    float64
 23  worst area               569 non-null    float64
 24  worst smoothness         569 non-null    float64
 25  worst compactness        569 non-null    float64
 26  worst concavity          569 non-null    float64
 27  worst concave points     569 non-null    float64
 28  worst symmetry           569 non-null    float64
 29  worst fractal dimension  569 non-null    float64
 30  target                   569 non-null    int32
dtypes: float64(30), int32(1)
memory usage: 135.7 KB
```

그림 10-11

(2) SVM 선형 분리 학습과 비선형 분리 학습 비교

① 선형 분리 방법 예제

예제 프로그램

```
import sklearn.svm as svm
import pandas as pd
import sklearn.datasets as dataset
from sklearn.model_selection import cross_val_score, cross_validate

# breast_cancer 데이터 셋 로드
x = dataset.load_breast_cancer()
cancer = pd.DataFrame(data = x.data, columns = x.feature_names)
cancer['target'] = x.target

X = cancer.iloc[:,:-1]
y = cancer.iloc[:,-1]

# SVM, kernel = 'linear'로 선형분리 진행
svm_clf = svm.SVC(kernel='linear')

# 교차검증
scores = cross_val_score(svm_clf, X, y, cv=5)
print(pd.DataFrame(cross_validate(svm_clf, X, y, cv=5)))
print('교차검증 평균: ', scores.mean())
```

수행 결과

```
   fit_time  score_time  test_score
0  0.785930    0.001995    0.947368
1  2.106333    0.002025    0.929825
2  1.182806    0.001995    0.973684
3  0.588425    0.001994    0.921053
4  1.070173    0.001987    0.955752
교차검증 평균:  0.9455364073901569
```

그림 10-12

② 비선형 분리 방법 예제

예제 프로그램

```
import sklearn.svm as svm
import pandas as pd
import sklearn.datasets as dataset
from sklearn.model_selection import cross_val_score, cross_validate

# breast_cancer 데이터 셋 로드
x = dataset.load_breast_cancer()
cancer = pd.DataFrame(data = x.data, columns = x.feature_names)
cancer['target'] = x.target

X = cancer.iloc[:,:-1]
y = cancer.iloc[:,-1]

# SVM, kernel = 'rbf'로 비선형분리 진행
svm_clf = svm.SVC(kernel='rbf')
# 교차검증
scores = cross_val_score(svm_clf, X, y, cv=5)

print(pd.DataFrame(cross_validate(svm_clf, X, y, cv =5)))
print('교차검증 평균: ', scores.mean())
```

수행 결과

```
   fit_time  score_time  test_score
0  0.004992    0.002982    0.850877
1  0.005955    0.002992    0.894737
2  0.006982    0.002991    0.929825
3  0.006983    0.004021    0.947368
4  0.004982    0.002965    0.938053
교차검증 평균:  0.9121720229777983
```

그림 10-13

③ 선형 분리, 비선형 분리를 진행했을 때 확실히 선형 분리에서 훨씬 높은 평균 스코어를 확인할 수 있다. 물론 파라미터 튜닝을 통해 성능을 개선시킬 수는 있지만 이 경우에는 비선형 분리를 할 경우 굉장히 과적합되었다고 볼 수 있다. 현재 데이터 세트에서는 선형 분리가 적합한 케이스라고 생각할 수 있다.

(4) SVM의 standard scaling 기법 사용

① Scaling 기법은 standard scaling으로써 평균을 0, 표준 편차가 1이 되도록 하는 기법이다.

예제 프로그램

```
import sklearn.svm as svm
import pandas as pd
import sklearn.datasets as dataset
from sklearn.model_selection import cross_val_score, cross_validate
from sklearn.preprocessing import StandardScaler

# breast_cancer 데이터 셋 로드
x = dataset.load_breast_cancer()
cancer = pd.DataFrame(data = x.data, columns = x.feature_names)
cancer['target'] = x.target

X = cancer.iloc[:,:-1]
y = cancer.iloc[:,-1]

# StandarScaler 적용
scaler = StandardScaler()
scaler.fit(X)
X_scaled = scaler.transform(X)

# SVM, kernel = 'linear'로 선형분리 진행
svm_clf = svm.SVC(kernel='linear', random_state=100)
# 변환된 X로 교차검증
scores = cross_val_score(svm_clf, X_scaled, y, cv=5)
print(pd.DataFrame(cross_validate(svm_clf, X_scaled, y, cv=5)))
print('교차검증 평균: ', scores.mean())
```

수행 결과

```
   fit_time  score_time  test_score
0  0.003985    0.000000    0.956140
1  0.002992    0.000000    0.982456
2  0.002990    0.000998    0.964912
3  0.002991    0.000998    0.964912
4  0.003957    0.000000    0.982301
교차검증 평균:  0.9701443875174661
```

그림 10-14

② 평균 스코어가 약 0.97로 별다른 작업 없이 scaling만으로 많이 상승된 것을 확인할 수 있다.

(5) 하이퍼 파라미터 튜닝

① SVM 파라미터를 튜닝하기 위해서 GridSearchCV를 활용하면 된다. SVM에서 사용하는 주요 파라미터는 다음과 같다.

ⓐ C(cost) : 이론에서 배운 주요 파라미터로, 어느 정도의 오차를 허용할지에 대한 파라

미터이다.

ⓑ kernel : 어떤 커널 함수를 사용할지에 대한 파라미터로써 'linear', 'sigmoid', 'rbf', 'poly'가 활용된다.

ⓒ degree : 어느 차수까지의 다항 차수로 분류할지에 대한 파라미터로써 커널 함수가 'poly'일 때 사용된다.

ⓓ gamma : 곡률 경계에 대한 파라미터이다. 'rbf', 'poly', 'sigmoid'일 때 튜닝하는 값이다.

ⓔ coef0 : 상숫값으로써 'poly', 'sigmoid'일 때 튜닝을 진행한다.

② 현재는 선형 분리에 대해서 다루기 때문에 C값만 튜닝하면 된다.

③ **그림 10-15**의 수행 결과에서 보는 것과 같이, C값을 튜닝한 결과 0.004 정도 평균 스코어가 올랐다. 많은 차이는 안 나지만 값이 오른 것은 확인할 수 있다.

예제 프로그램

```
from sklearn.model_selection import GridSearchCV
import sklearn.svm as svm
import pandas as pd
import sklearn.datasets as dataset
from sklearn.model_selection import cross_val_score, cross_validate
from sklearn.preprocessing import StandardScaler
import sklearn.model_selection as ms

# breast_cancer 데이터 셋 로드
x = dataset.load_breast_cancer()
cancer = pd.DataFrame(data = x.data, columns = x.feature_names)
cancer['target'] = x.target

X = cancer.iloc[:,:-1]
y = cancer.iloc[:,-1]

# StandarScaler 적용
scaler = StandardScaler()
scaler.fit(X)
X_scaled = scaler.transform(X)
# 변환된 X로 데이터 분할
X_train, X_test, y_train, y_test = ms.train_test_split(X_scaled, y,
                                                        test_size=0.3, random_state=100)
# 테스트하고자 하는 파라미터 값들을 사전타입으로 정의
svm_clf = svm.SVC(kernel = 'linear',random_state=100)
parameters = {'C': [0.001, 0.01, 0.1, 1, 10, 25, 50, 100]}

grid_svm = GridSearchCV(svm_clf, param_grid = parameters, cv = 5)
grid_svm.fit(X_train, y_train)
result = pd.DataFrame(grid_svm.cv_results_['params'])
result['mean_test_score'] = grid_svm.cv_results_['mean_test_score']
print(result.sort_values(by='mean_test_score', ascending=False))
```

수행 결과

	C	mean_test_score
3	1.000	0.974873
1	0.010	0.969778
2	0.100	0.969778
4	10.000	0.957310
5	25.000	0.957278
6	50.000	0.957278
7	100.000	0.957278
0	0.001	0.947120

그림 10-15

4 SVM 비선형 분리 학습

(1) 데이터 세트

sklearn.datasets 패키지에 있는 make_moon을 활용하여 비선형 분리 학습을 테스트할 것이다. 아래 코드처럼 noise와 sample 수를 정해서 데이터 세트를 만들 수 있다.

예제 프로그램

```
import sklearn.datasets as dataset
import matplotlib.pyplot as plt

X, y = dataset.make_moons(n_samples = 300, noise = 0.16, random_state = 42)

plt.scatter(X[:,0],X[:,1],c=y)
plt.show()
```

수행 결과

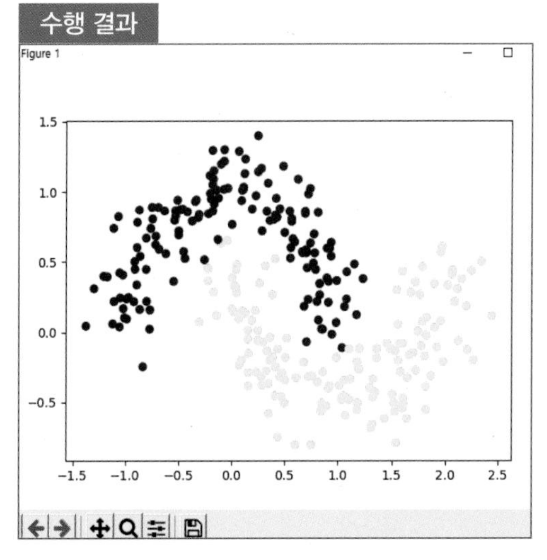

그림 10-16

(2) SVM 선형 분리 학습과 비선형 분리 학습 비교

그림 10-17의 결과를 살펴보면, 비선형 분리가 더 좋은 성능을 보이고 있다.

예제 프로그램

```
import sklearn.datasets as dataset
import sklearn.svm as svm
import pandas as pd
from sklearn.model_selection import cross_val_score, cross_validate

X, y = dataset.make_moons(n_samples = 300, noise = 0.16, random_state = 42)

# SVM, kernel = 'linear'로 선형분리 진행
svm_clf = svm.SVC(kernel='linear', random_state=100)

# 교차검증
scores = cross_val_score(svm_clf, X, y, cv=5)
print(pd.DataFrame(cross_validate(svm_clf, X, y, cv=5)))
print('선형분리 교차검증 평균: ', scores.mean())

# SVM, kernel = 'rbf'로 비선형분리 진행
svm_clf = svm.SVC(kernel='rbf')

# 교차검증
scores = cross_val_score(svm_clf, X, y, cv=5)
print(pd.DataFrame(cross_validate(svm_clf, X, y, cv=5)))
print('비선형분리 교차검증 평균: ', scores.mean())
```

수행 결과

```
   fit_time  score_time  test_score
0  0.000997    0.000998    0.866667
1  0.000997    0.000997    0.883333
2  0.001995    0.000000    0.883333
3  0.001994    0.000000    0.833333
4  0.001995    0.000000    0.833333
선형분리 교차검증 평균:  0.86
   fit_time  score_time  test_score
0  0.000998    0.000000    0.983333
1  0.000998    0.000000    0.966667
2  0.000000    0.000998    0.983333
3  0.001996    0.000000    0.950000
4  0.000997    0.000997    0.966667
비선형분리 교차검증 평균:  0.97
```

그림 10-17

(3) 하이퍼 파라미터 튜닝

하라퍼 파라미터 튜닝 결과 스코어가 많이 올라간 것을 확인할 수 있다.

예제 프로그램

```
import sklearn.datasets as dataset
import sklearn.svm as svm
import pandas as pd
from sklearn.model_selection import GridSearchCV
import sklearn.model_selection as ms

X, y = dataset.make_moons(n_samples = 300, noise = 0.16, random_state = 42)
X_train, X_test, y_train, y_test = ms.train_test_split(X, y,
                                                       test_size = 0.3, random_state = 100)
# 테스트하고자 하는 파라미터 값들을 사전타입으로 정의
svm_clf = svm.SVC(kernel = 'rbf',random_state=100)
parameters = {'C': [0.001, 0.01, 0.1, 1, 10, 25, 50, 100],
              'gamma':[0.001, 0.01, 0.1, 1, 10, 25, 50, 100]}

grid_svm = GridSearchCV(svm_clf, param_grid = parameters, cv = 5)

grid_svm.fit(X_train, y_train)

result = pd.DataFrame(grid_svm.cv_results_['params'])
result['mean_test_score'] = grid_svm.cv_results_['mean_test_score']
print(result.sort_values(by='mean_test_score', ascending=False))
```

수행 결과

```
          C    gamma  mean_test_score
20    0.100   10.000         0.980952
35   10.000    1.000         0.976190
27    1.000    1.000         0.976190
28    1.000   10.000         0.971429
43   25.000    1.000         0.966667
..      ...      ...              ...
17    0.100    0.010         0.519048
22    0.100   50.000         0.519048
23    0.100  100.000         0.519048
24    1.000    0.001         0.519048
0     0.001    0.001         0.519048

[64 rows x 3 columns]
```

그림 10-18

제 11 장

예제로 배우는 인공 신경망의 이해

학습 목표
1. 다양한 예제를 통해 ANN 분류기를 구현할 수 있다.
2. 데이터를 이용하여 신경망 모델을 생성하고 생성 모델을 이용하여 결과를 예측할 수 있다.

11-1 인공 신경망(artificial neural networks)

(1) 퍼셉트론(perceptron)이란?

다수의 신호를 입력으로 받아서 하나의 신호로 출력하는 신경망의 일부분이다. 퍼셉트론 신호도 흐름을 만들고 정보를 앞으로 전달한다. 즉, 퍼셉트론 신호는 전류와 같이 '흐른다(1)/안 흐른다(0)처럼 두 가지 값을 가진다. 아래의 그림은 입력 변수 x_1, x_2가 있고 두 입력 가중치가 w_1, w_2로 주어질 때 y값을 입력과 가중치를 이용하여 결과를 도출하는 신경망 모델이다.

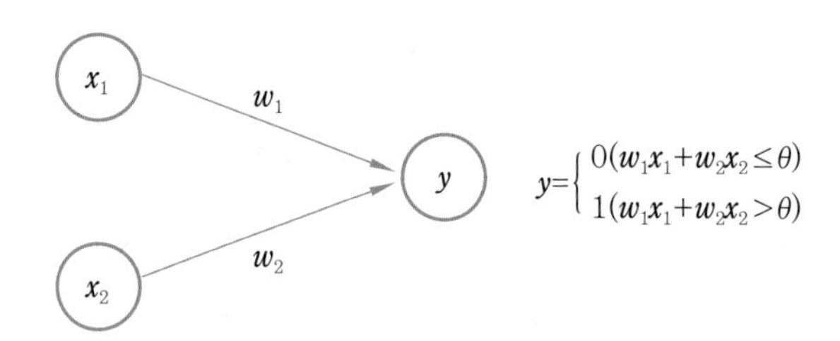

그림 11-1 인공 신경망 기본 모델

(2) 기본 논리 회로를 이용한 신경망 모델 접근

논리 회로에서 입력 신호와 출력 신호의 대응표를 진리표라고 한다. 그림 11-2에서 AND 게이트의 진리표를 보면, 두 입력이 모두 '1'일 때만 '1'을 출력하고, 그 외에는 0을 출력하는 것을 확인할 수 있다. 그리고 OR 게이트의 진리표를 보면, 두 입력 중 하나만 '1'이면 '1'을 출력하고, 두 입력이 모두 '0'일 때만 '0'을 출력하는 것을 확인할 수 있다. 이 진리표의 입력값을 신경망 모델에 적용하여 결과를 도출해 보면 '예제 프로그램1'과 같이 구현할 수 있다. '예제 프로그램1'의 내용에서 AND, OR, NAND 함수를 살펴보면, 매개 변수 w_1, w_2, theta는 함수 안에서 초기화하고, 가중치를 곱한 입력의 총합이 임곗값을 넘으면 1을 반환하고 그 외에는 0을 반환하게 된다(NAND 게이트는 AND 게이트를 구현하는 매개 변수의 부호를 모두 반전하기만 하면 NAND 게이트가 된다).

예제 프로그램 1

```
def AND(x1, x2) :
    w1, w2, theta = 0.5, 0.5, 0.7
    tmp = w1*x1 + w2*x2
    if tmp <= theta :
        return 0
    elif tmp > theta :
        return 1

def OR(x1, x2) :
    w1, w2, theta = 0.8, 0.8, 0.7
    tmp = w1*x1 + w2*x2
    if tmp <= theta :
        return 0
    elif tmp > theta :
        return 1

def NAND(x1, x2) :
    w1, w2, theta = -0.5, -0.5, -0.7
    tmp = w1*x1 + w2*x2
    if tmp <= theta :
        return 0
    elif tmp > theta :
        return 1

print("AND 결과 :", AND(0, 0), AND(1, 0), AND(0, 1), AND(1, 1))
print("OR 결과 :", OR(0, 0), OR(1, 0), OR(0, 1), OR(1, 1))
print("NAND 결과 :", NAND(0, 0), NAND(1, 0), NAND(0, 1), NAND(1, 1))
```

AND 게이트 진리표

x_1	x_2	y
0	0	0
1	0	0
0	1	0
1	1	1

OR게이트 진리표

x_1	x_2	y
0	0	0
1	0	1
0	1	1
1	1	1

수행 결과

```
AND 결과 : 0 0 0 1
OR 결과 : 0 1 1 1
NAND 결과 : 1 1 1 0
```

그림 11-2

(3) 기본 신경망 모델에 편향 도입

① 바이어스(bias)는 사용자가 부여하거나 랜덤으로 초기화되는 수이다. 바이어스는 입력된 신경망과 가중치 곱의 합이 가져야 할 최소 기준을 정의한다. 개발자가 정하는 임계점과는 조금 다른 개념이다. 개발자의 경우 임계점을 넘는 것은 모두 activate 되지만, 인공 신경망에서는 일단 모두 전달하고 난 후, activation function을 통해 activate 여부를 결정한다. 그림 11-3에서 b를 편향 바이어스(bias)라 하며 w_1과 w_2는 가중치(weight)이다. 퍼셉트론은 입력 신호에 가중치를 곱한 값과 편향을 합하여 그 값이 '0'을 넘으면 '1'을 출력하고 그렇지 않으면 '0'을 출력한다.

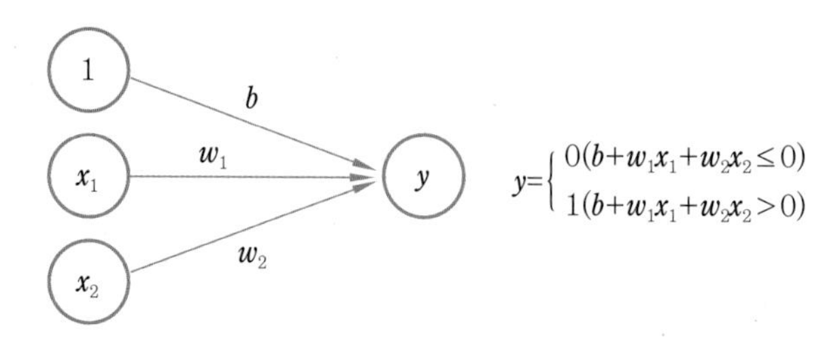

그림 11-3 편향 도입 신경망 모델

예제 프로그램 2

```
import numpy as np

def AND(x1, x2) :
    x = np.array([x1, x2])
    w = np.array([0.5, 0.5])
    b = -0.7
    tmp = np.sum(w*x) + b
    if tmp <= 0 :
        return 0
    else :
        return 1

def OR(x1, x2) :
    x = np.array([x1, x2])
    w = np.array([1.0, 1.0])
    b = -0.5
    tmp = np.sum(w * x) + b
    if tmp <= 0:
        return 0
    else:
        return 1

def NAND(x1, x2) :
    x = np.array([x1, x2])
    w = np.array([-0.5, -0.5])
    b = 0.7
    tmp = np.sum(w * x) + b
    if tmp <= 0:
        return 0
    else:
        return 1

print("AND 결과 :", AND(0, 0), AND(1, 0), AND(0, 1), AND(1, 1))
print("OR 결과 :", OR(0, 0), OR(1, 0), OR(0, 1), OR(1, 1))
print("NAND 결과 :", NAND(0, 0), NAND(1, 0), NAND(0, 1), NAND(1, 1))
```

AND 게이트 진리표

x_1	x_2	y
0	0	0
1	0	0
0	1	0
1	1	1

OR게이트 진리표

x_1	x_2	y
0	0	0
1	0	1
0	1	1
1	1	1

수행 결과

```
AND 결과 : 0 0 0 1
OR 결과 : 0 1 1 1
NAND 결과 : 1 1 1 0
```

그림 11-4

즉, w_1과 w_2는 입력 신호가 결과에 주는 영향력(중요도)을 조절하는 매개 변수고, 편향(b)은 뉴런이 얼마나 쉽게 활성화(결과로 '1'을 출력)하느냐를 조정하는 매개 변수이다.

그림 11-4는 바이어스를 도입한 신경망 모델을 프로그램화한 내용이다.

② OR 게이트의 동작을 시각적으로 표현하면 **그림 11-5**와 같다. **그림 11-5**의 파란색 영역은 0을 출력하는 영역이며, 나머지 전체 영역은 OR 게이트의 성질을 만족하는 영역이다. 그리고 OR 게이트를 **그림 11-4**에서 보는 것과 같이, 가중치 매개 변수가 $(b,\ w_1,\ w_2) = (-0.5,\ 1.0,\ 1.0)$일 때, 아래의 수식으로 표현할 수 있다.

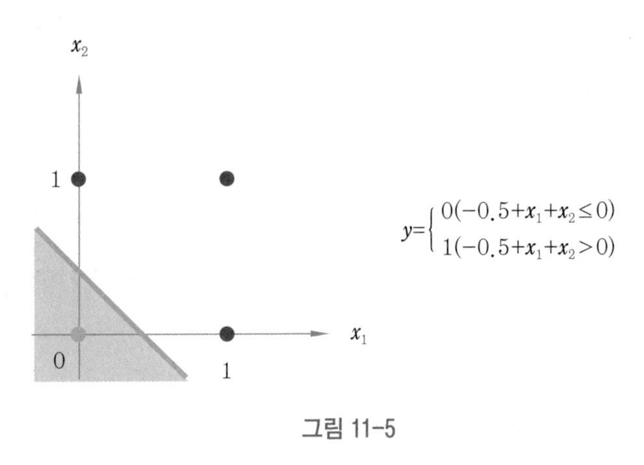

그림 11-5

③ 퍼셉트론은 직선 하나로 나눈 영역만 표현할 수 있다. 즉, XOR 게이트는 선형만으로는 구현할 수 없다. 따라서, XOR을 표현하기 위해서는 **그림 11-6**에서 보는 것과 같이, 비선형 영역으로 표현해야 올바른 정답을 얻을 수 있다.

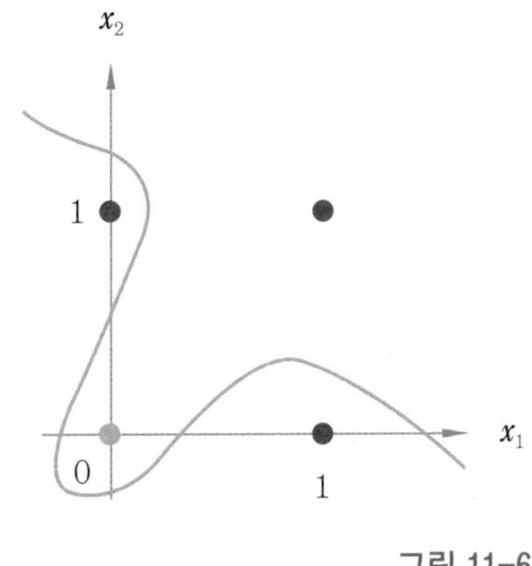

XOR게이트 진리표

x_1	x_2	y
0	0	0
1	0	1
0	1	1
1	1	0

그림 11-6

④ 비선형 분류 문제를 해결하기 위해서 신경망 구조를 2층 구조의 퍼셉트론으로 구현하면 해결이 가능하다. **그림 11-7**은 2층 구조의 퍼셉트론으로 XOR 게이트를 설계한 내용이다. 이처럼 퍼셉트론은 층을 깊게 쌓아 더 다양한 것을 해결할 수 있다.

예제 프로그램 3

```
import numpy as np

def AND(x1, x2) :
    x = np.array([x1, x2])
    w = np.array([0.5, 0.5])
    b = -0.7
    tmp = np.sum(w*x) + b
    if tmp <= 0 :
        return 0
    else :
        return 1

def OR(x1, x2) :
    x = np.array([x1, x2])
    w = np.array([1.0, 1.0])
    b = -0.5
    tmp = np.sum(w * x) + b
    if tmp <= 0:
        return 0
    else:
        return 1

def NAND(x1, x2) :
    x = np.array([x1, x2])
    w = np.array([-0.5, -0.5])
    b = 0.7
    tmp = np.sum(w * x) + b
    if tmp <= 0:
        return 0
    else:
        return 1

def XOR(x1, x2) :
    s1 = NAND(x1, x2)
    s2 = OR(x1, x2)
    y = AND(s1, s2)
    return y

print("XOR 결과 :", XOR(0, 0), XOR(1, 0), XOR(0, 1), XOR(1, 1))
```

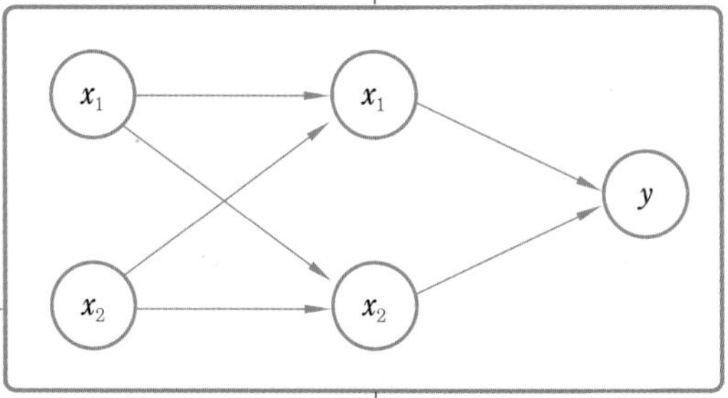

수행 결과

```
XOR 결과 : 0 1 1 0
```

그림 11-7

(4) 활성화 함수(activation function)의 도입

deep learning의 network에서는 각 노드에 들어오는 값들에 대해 다음 노드로 전달하지 않고 주로 비선형 함수와 연산을 한 후, 다음 로드에 값들을 전달한다. 이때 사용되는 함수를 활성화 함수(activation function)라 부른다. 여기서 비선형 함수를 사용하는 이유는 선형 함수를 사용하게 되면 층을 깊게 하는 의미가 줄어들기 때문이다. 이 함수를 $h(x)$라는 함수로 표현할 수 있으며 아래 수식은 가중치가 곱해진 입력 신호의 총합을 계산하고 그 합을 활성화 함수에 입력해 결과는 도출하는 단계로 처리된다.

$$y=h(b+w_1x_1+w_2x_2)$$

$$h(x)=\begin{Bmatrix} 0(x\leq 0) \\ 1(x>0) \end{Bmatrix}$$

그리고 그림 11-8에서 보는 것과 같이, 가중치가 있는 입력 신호와 편향의 총합을 계산하여 a에 담고 a를 함수 $h(x)$에 넣어 y를 출력하는 흐름으로 구성된다.

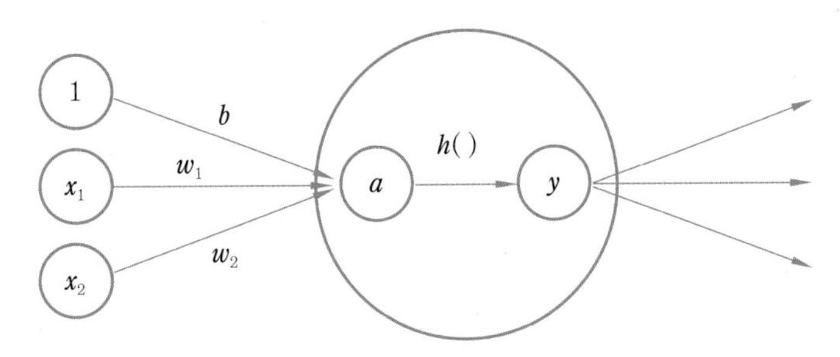

그림 11-8 활성화 함수 연산 과정

(5) 활성화 함수(activation function)의 종류와 의미

① 시그모이드 함수(sigmoid function) : 시그모이드 함수는 logistic 함수라 불리기도 한다. 선형인 멀티 퍼셉트론에서 비선형 값을 얻기 위해 사용된다. 함수는 아래와 같이 구성된다. 시그모이드 함수의 특징으로는 함숫값이 (0, 1)로 제한되며 중간값은 $\frac{1}{2}$이다. 즉, 매우 큰 값을 가지면 함숫값은 거의 '1'이며, 매우 작은 값을 가지면 거의 '0'이다. 이러한 특징을 가지는 시그모이드는 신경망 모델 설계 초기에 많이 사용되었지만 최근에는 많이 사용되어지지 않는다. 그 이유는 경사도가 사라지는 현상(gradient vanishing)이 발생할 수 있다. 즉, 미분 함수에 대해 $x=0$에서 최댓값 $\frac{1}{4}$을 가지고, 입력값이 일정 이상 올라가면 미분값이 거의 '0'에 수렴하게 된다. 이는 $|x|$ 값이 커질수록 경사도 역전파(gradient backpropagation) 시 미분값이 소실될 가능성이 크다.

$$h(x)=\frac{1}{1+e^{-x}}$$

$$h'=\sigma(x)(1-\sigma(x))$$

프로그램 1

```python
import numpy as np
import matplotlib.pyplot as plt

def sigmoid(x) :
    return 1/(1+np.exp(-x))

x = np.arange(-8.0, 8.0, 0.1)
y = sigmoid(x)

plt.plot(x, y)
plt.ylim(-0.1, 1.1) # y축 범위 지정
plt.title('Sigmoid Function')
plt.grid(True)
plt.xlabel('x')
plt.ylabel('sigmoid(x)')
plt.show()
```

수행 결과

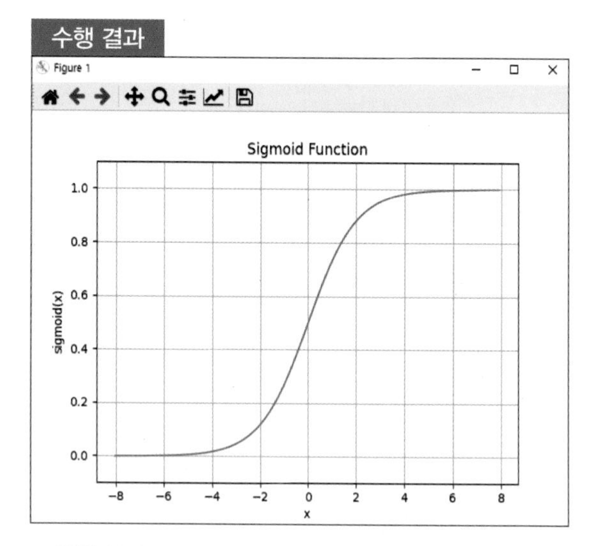

그림 11-9

② tanh 함수(hyperbolic tangent function) : 하이퍼볼릭탄젠트 함수란 쌍곡선 함수 중 하나이다. 쌍곡선 함수란 삼각 함수와 유사한 성질을 가지고, 표준 쌍곡선을 매개 변수로 표시할 때 나오는 함수이다. 하이퍼볼릭탄젠트 함수는 시그모이드 함수를 변환(transformation)해서 얻을 수 있다. tanh 함수는 함수의 중심값을 '0'으로 옮겨 시그모이드의 최적화 과정이 느려지는 문제를 해결했다. 하지만 미분 함수에 대해 일정 값 이상이 커질 시 미분값이 소실되는 Gradient Vanishing 문제는 여전히 발생한다.

$$\tanh(x) = \frac{e^x - e^{-x}}{e^x + e^{-x}}$$

$$\tanh'(x) = 1 - \tanh^2(x)$$

tip

• **Gradient Vanishing 문제(기울기 값이 사라지는 문제)** : 인공 신경망의 기울기 값을 기반으로 하는 method(backpropagation)로 학습시키려고 할 때 발생되는 문제이다. 이 문제는 네트워크에서 앞쪽 레이어의 파라미터들을 학습시키고, 튜닝하기 어렵게 만든다. 또한, 신경망 구조에서 레이어가 늘어날수록 더 악화된다. 이것은 뉴럴 네트워크의 근본적인 문제점이 아니다. 이것은 특정한 활성화 함수를 통해서 기울기 기반의 학습 method를 사용할 때 나타나는 문제이다.

프로그램 2

```
import numpy as np
import matplotlib.pyplot as plt

def tanh(x) :
    return (np.exp(x) - np.exp(-x))/(np.exp(x) + np.exp(-x))

x = np.arange(-8.0, 8.0, 0.1)
y = tanh(x)

plt.plot(x, y)
plt.ylim(-1.2, 1.2) # y축 범위 지정
plt.title('Tanh Function')
plt.grid(True)
plt.xlabel('x')
plt.ylabel('tanh(x)')
plt.show()
```

수행 결과

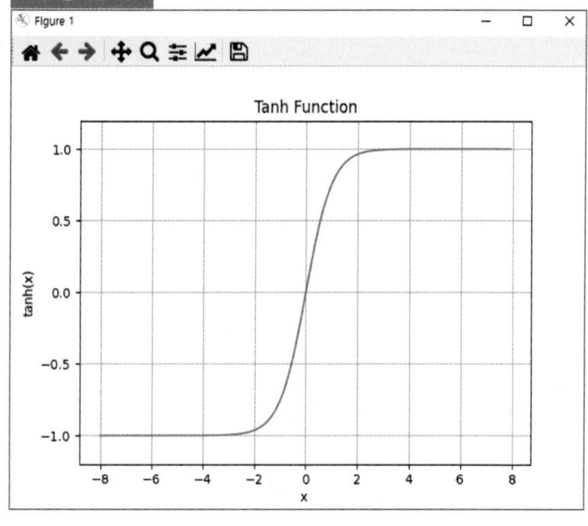

그림 11-10

③ ReLU 함수(Rectified Linear Unit function) : ReLU 함수는 최근 가장 많이 사용되는 활성화 함수이다. ReLU 함수의 특징으로는 **그림 11-11**에서 보는 것과 같이, $x>0$이면 기울기가 1인 직선이고, $x\leq0$이면 함숫값이 0이 된다. 그리고 시그모이드, tanh 함수와 비교했을 때 학습이 빠르고 연산 비용이 크지 않고 구현이 매우 간단하다. 단점으로는 $x\leq0$인 값들에 대해서는 기울기가 0이기 때문에 뉴런이 죽을 수 있다(dying ReLU)는 문제가 발생할 수 있다.

$$h(x)=\left\{\begin{array}{l}0(x>0)\\1(x\leq0)\end{array}\right\}$$

프로그램 3

```
import numpy as np
import matplotlib.pyplot as plt

def relu(x) :
    return np.maximum(0, x)

x = np.arange(-8.0, 8.0, 0.1)
y = relu(x)

plt.plot(x, y)
plt.ylim(-0.2, 8.2) # y축 범위 지정
plt.title('ReLU Function')
plt.grid(True)
plt.xlabel('x')
plt.ylabel('ReLU(x)')
plt.show()
```

수행 결과

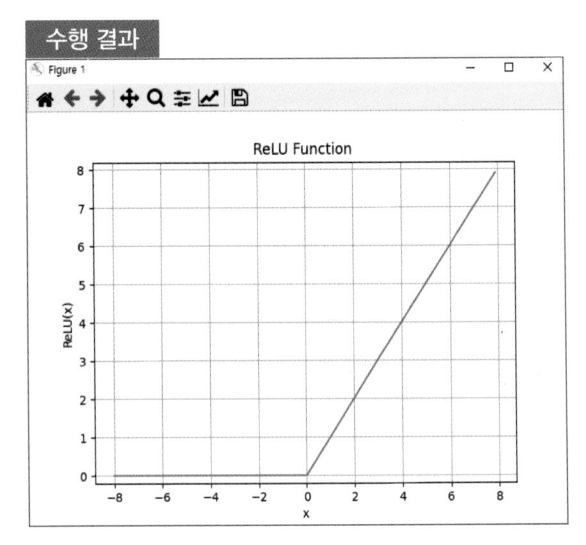

그림 11-11

④ leakly ReLU 함수 : leakly ReLU 함수는 뉴런이 죽는(dying ReLU) 현상을 해결하기 위해 나온 함수이다. 아래 식에서 보는 것과 같이, 0.01 대신 다른 매우 작은 값을 사용해도 무관하다. leakly ReLU의 특징으로는 음수의 값에 대해 미분값이 '0'이 되지 않는다는 점을 제외하면 ReLU와 같은 특징을 갖고 있다.

$$h(x)=\max(0.01x,\ x)$$

프로그램 4

```
import numpy as np
import matplotlib.pyplot as plt

def relu(x) :
    return np.maximum(0.01*x, x)

x = np.arange(-8.0, 8.0, 0.1)
y = relu(x)

plt.plot(x, y)
plt.ylim(-0.2, 8.2) # y축 범위 지정
plt.title('ReLU Function')
plt.grid(True)
plt.xlabel('x')
plt.ylabel('ReLU(x)')
plt.show()
```

수행 결과

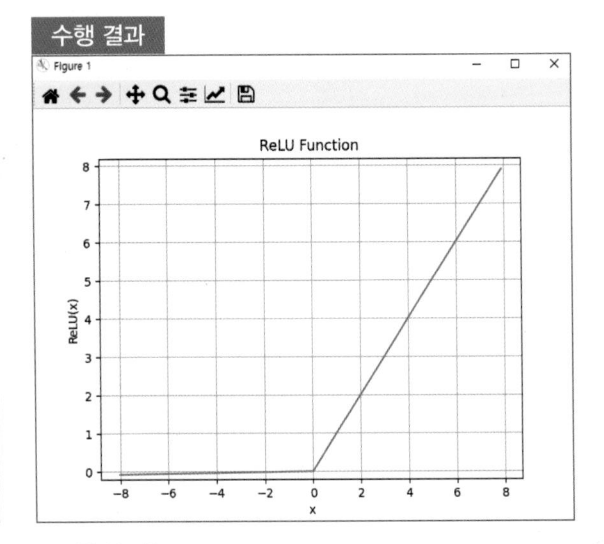

그림 11-12

11-2 다층 신경망(multi layer)의 기본 구조 학습

(1) 다층 신경망의 각 층에 신호 전달 구현하기

① **그림 11-13**의 신경망은 입력층(0층) 2개, 첫 번째 은닉층(1층)은 3개, 두 번째 은닉층(2층) 2개, 출력층(3층) 2개의 뉴런으로 구성되어 있다. 신경망에서 각 노드의 표기법은 **그림 11-14**에서 보는 것과 같이, 가중치와 은닉층 뉴런의 오른쪽 위에는 '(1)'이 붙어 있는데, 이는 1층의 가중치, 1층의 뉴런을 뜻하는 번호이다. 또한, 가중치의 오른쪽 아래의 두 숫자는 다음 뉴런과 앞 층 뉴런의 인덱스(index) 번호이다.

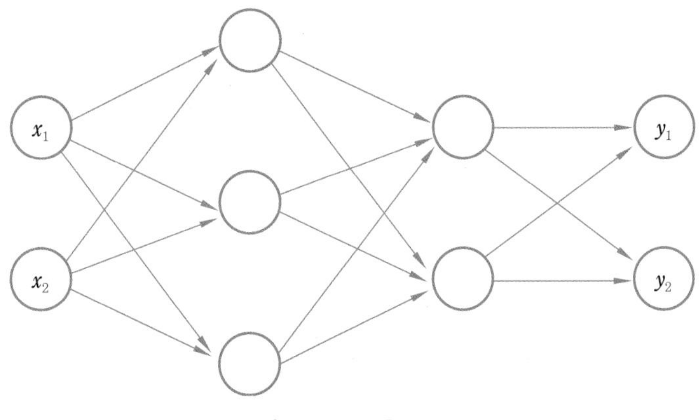

그림 11-13 3층 신경망

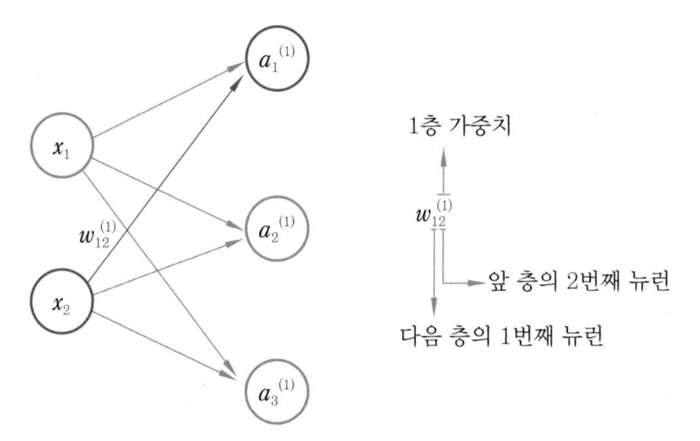

그림 11-14 신경망 표기법

② 입력층에서 은닉층의 1층으로 전달되는 신호를 프로그램으로 구현하면 그림 11-15와 같다.

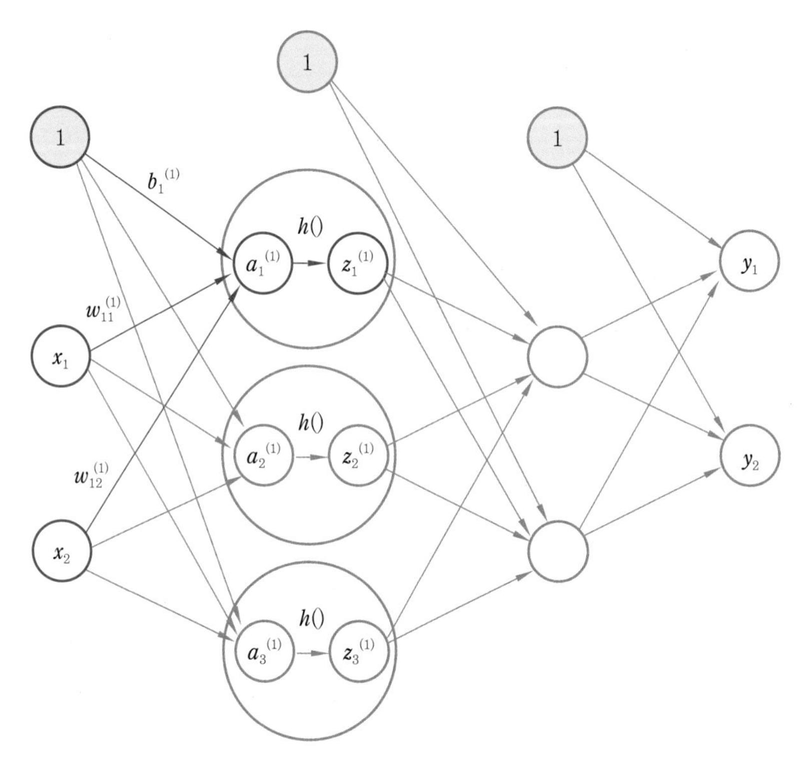

그림 11-15 입력층에서 은닉층으로의 신호 전달

프로그램 5

```
import numpy as np

def sigmoid(x) :
    return 1/(1+np.exp(-x))

Input_X1X2 = np.array([1.0, 1.5])
W1 = np.array([[0.1, 0.3, 0.5], [0.2, 0.4, 0.6]])
B1 = np.array([0.1, 0.2, 0.3])

A1 = np.dot(Input_X1X2, W1) + B1
Z1 = sigmoid(A1)

print("Input_X1X2.shape : ", Input_X1X2.shape)
print("W1.shape :", W1.shape)
print("B1.shape :", B1.shape)
print("A1 :", A1)
print("Z1 :", Z1)
```

수행 결과

```
Input_X1X2.shape :  (2,)
W1.shape : (2, 3)
B1.shape : (3,)
A1 : [0.5 1.1 1.7]
Z1 : [0.62245933 0.75026011 0.84553473]
```

그림 11-16

③ 1층에서 2층으로 신호를 전달하는 프로그램을 구현하는 방법은 그림 11-17과 같다.

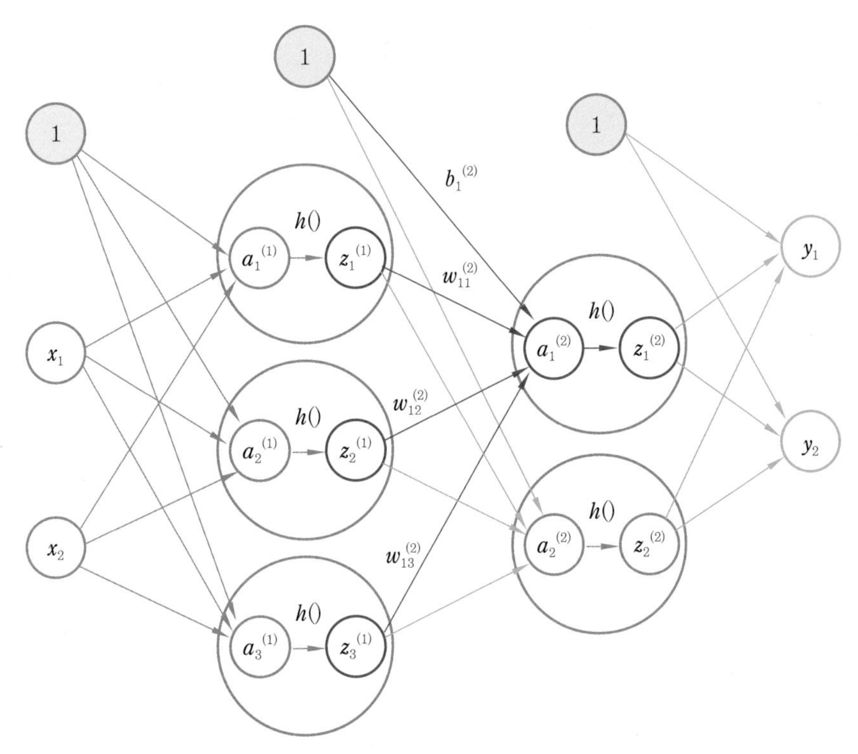

그림 11-17 은닉층에서 은닉층으로의 신호 전달

프로그램 6

```
Input_X1X2 = np.array([1.0, 1.5])
W1 = np.array([[0.1, 0.3, 0.5], [0.2, 0.4, 0.6]])
B1 = np.array([0.1, 0.2, 0.3])

A1 = np.dot(Input_X1X2, W1) + B1
Z1 = sigmoid(A1)

W2 = np.array([[0.1, 0.4], [0.2, 0.5], [0.3, 0.6]])
B2 = np.array([0.1, 0.2])

A2 = np.dot(Z1, W2) + B2
Z2 = sigmoid(A2)

print("Z1.shape :", Z1.shape)
print("W2.shape :", W2.shape)
print("B2.shape :", B2.shape)
print("A2 :", A2)
print("Z2 :", Z2)
```

수행 결과

```
Z1.shape : (3,)
W2.shape : (3, 2)
B2.shape : (2,)
A2 : [0.56595837 1.33143463]
Z2 : [0.63783007 0.79107784]
```

그림 11-18

④ 2층에서 출력층으로 신호를 전달하는 구조는 **그림 11-19**와 같다. 2층에서 출력층으로 신호를 전달할 때에는 항등 함수 또는 소프트맥스 함수[α( )]를 적용하게 된다. 항등 함수(identity function)와 소프트맥스 함수(softmax function)는 다음 탭에서 설명하도록 하겠다. 출력층의 개수는 개발자에 의해서 결정된다. 즉, 분류(classification) 또는 회귀(regression)하고자 하는 class에 따라 출력층의 개수가 결정된다.

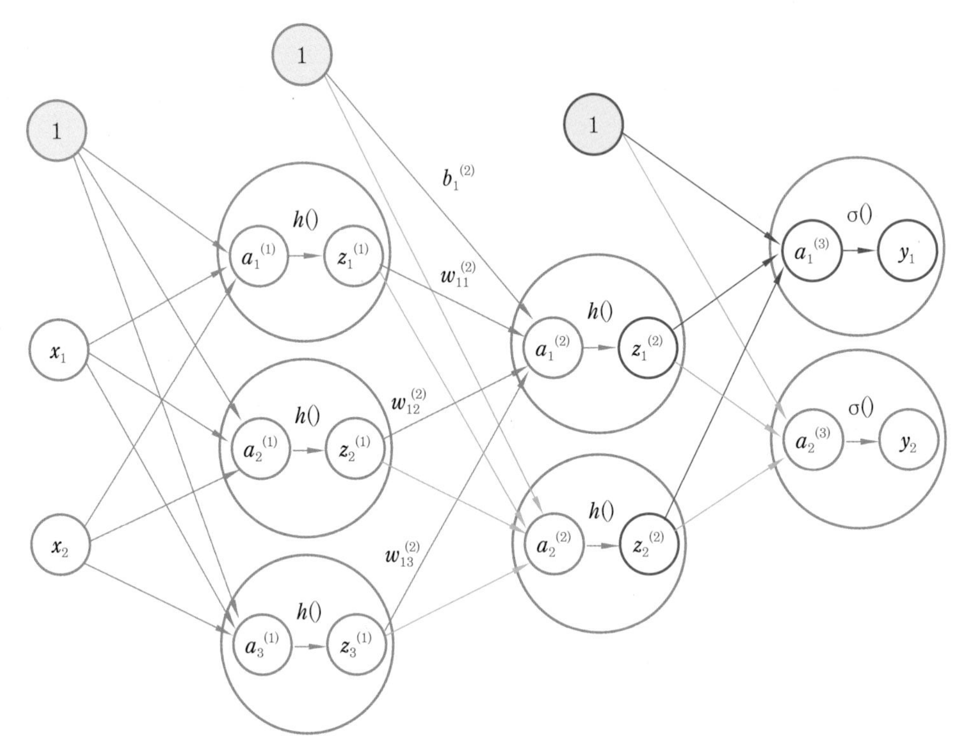

그림 11-19 은닉층에서 출력층으로의 신호 전달

(2) 항등 함수(identity function)와 소프트맥스 함수(softmax function) 구현하기

① 항등 함수(identity function) : 정의역과 공역이 같고, 모든 원소를 자기 자신으로 대응시키는 함수를 말한다. 즉, 회귀 문제에서는 출력값이 그대로 나오는 항등 함수를 사용한다.

② 소프트맥스 함수(softmax function) : 입력받은 값을 출력으로 '0 ~ 1' 사이의 값으로 모두 정규화하며 출력값들의 총합은 항상 1이 되는 특성을 가진 함수이다. 즉, 분류 문제에서는 출력값의 총합이 '1'이 된다. 예를 들어, 사진 분류 문제에서 개, 고양이, 사람을 맞추는 문제가 존재할 때, 각각의 class 번호를 강아지=1, 고양이=2, 사람=3으로 지정하고 최종 출력값이 (0.7, 0.2, 0.1)이 나왔다고 하자. 이 뜻은 강아지일 확률이 70%, 고양이일 확률이 20%, 사람일 확률이 10%라고 예측했다는 뜻이다. 즉, '이 사진은 아마도

70% 확률로 강아지인 것 같다.'라고 결과가 나온 것이다. 소프트맥스 함수를 살펴보면, exp(x)는 e^x을 뜻하는 지수 함수 exponential function이다(e는 자연 상수). n은 출력층의 뉴런 수, y_k는 그중 k번째 출력임을 뜻한다. 소프트맥스 함수의 분자는 입력 신호 a_k의 지수 함수, 분모는 모든 입력 신호의 지수 함수의 합으로 구성되어 있다. 그림 11-22에서 보는 바와 같이, 소프트맥스 함수의 출력은 0에서 1.0 사이의 실수이다. 또한, 소프트맥스 함수 출력의 총합은 '1.0'이다. 출력 총합이 1이 된다는 점은 소프트맥스 함수의 중요한 성질이다. y[0]의 확률은 0.0292(2.9%), y[1]의 확률은 0.322(32.2%), y[2]의 확률은 0.649(64.9%)로 해석된다. 이 결과 확률들로부터 "2번째 원소의 확률이 가장 높으니, 답은 2번째 클래스다."라고 할 수 있다.

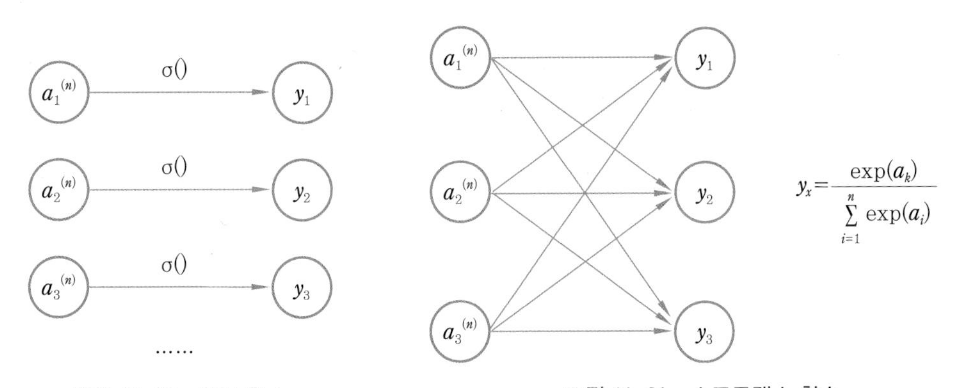

그림 11-20 항등 함수

그림 11-21 소프트맥스 함수

프로그램 7

```
import numpy as np

def softmax(a) :
    exp_a = np.exp(a) #지수 함수
    sum_exp_a = np.sum(exp_a) #지수 함수의 합
    y = exp_a / sum_exp_a
    return y

a = np.array([0.4, 2.8, 3.5])
y = softmax(a)
sum_y = np.sum(y)

print ("y :", y)
print ("y_sum :", sum_y)
```

수행 결과

```
y : [0.02922171 0.32211611 0.64866218]
y_sum : 1.0
```

그림 11-22

제 12 장

예제로 배우는 MNIST 문자 인식

학습 목표
1. 딥 러닝을 활용하여 문자 인식 분류기를 구현할 수 있다.
2. 학습 데이터를 이용하여 학습 모델을 생성하고 생성 모델을 이용하여 결과를 예측할 수 있다.

12-1 MNIST 데이터 세트를 이용한 이미지 숫자 예측

MNIST는 머신 러닝의 고전적인 문제이다. 이 문제는 필기 숫자들의 그레이스케일 28×28 픽셀 이미지를 보고, 0부터 9까지의 모든 숫자들에 대해 이미지가 어떤 숫자를 나타내는지 판별하는 것이다. 그럼 지금부터 숫자 분류의 신경망 구조를 코드로 표현해 보자. 코드와 설명은 이미 학습된 매개 변수를 사용해서 가중치 학습 과정은 생략하고, 추론 과정만 구현할 것이다. 이 추론 과정을 신경망의 순전파(forward propagation)라고도 한다. 이 예에서 사용하는 데이터 세트는 MNIST라는 손글씨 숫자 이미지 집합이다. MNIST는 기계 학습 분야에서 유명한 데이터 세트로, 간단한 실험부터 논문으로 발표되는 연구까지 다양한 곳에서 이용되고 있다.

[단계 1] MNIST data download

① 손 글씨 숫자의 training image가 60000장, test image가 10000장 준비되어 있고 MNIST의 이미지 데이터는 28×28 크기의 이미지들로 구성되어 있다. 이미지의 각 픽셀은 0에서 255까지 값을 취합한다. 각 이미지에는 그 이미지가 실제 의미하는 숫자가 레이블로 붙어 있다(Yann LeCun's MNIST Page에서는 다운로드를 위한 학습과 테스트 데이터를 호스팅하고 있다).

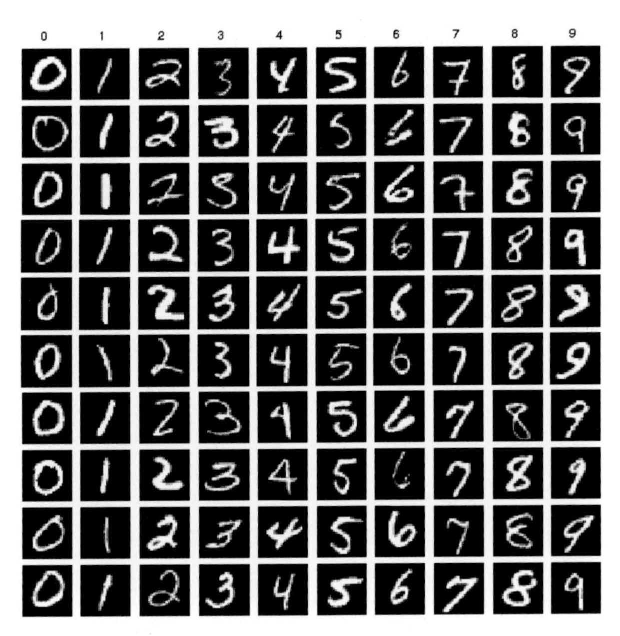

그림 12-1 MNIST 이미지 데이터 세트의 예

표 12-1 학습과 테스트 데이터

파일	목적
train-images-idx3-ubyte.gz	학습 셋 이미지 : 55000개의 트레이닝 이미지, 5000개의 검증 이미지
train-labels-idx1-ubyte.gz	이미지와 매칭되는 학습 셋 레이블
t10k-images-idx3-ubyte.gz	테스트 셋 이미지 – 10000개의 이미지
t10k-labels-idx1-ubyte.gz	이미지와 매칭되는 테스트 셋 레이블

② **그림 12-2**의 cMnist_Data_Downlosd 클래스의 load_mnist(self, normalize= True, flatten=True, one_hot_label=False) 함수를 살펴보면 **표 12-3**과 같다.

표 12-2 MNIST 데이터 세트 읽기[load_mnist( ) 함수의 매개 변수]

구분		내용
Parameters	normalize	• 이미지의 픽셀 값을 0.0~1.0 사이의 값으로 정규화할지 정한다. • False로 설정하면 입력 이미지들의 픽셀을 원래 값 그대로 0~255 사이의 값으로 유지한다.
	one_hot_label	• 레이블을 '원-핫 인코딩' 형태로 저장할지 정한다. • one_hot_label이 True면, 레이블을 원-핫(one-hot) 배열로 돌려준다. • one-hot 배열은 예를 들어 [0,0,1,0,0,0,0,0,0,0]처럼 한 원소만 1인 배열이다.
	flatten	• 입력 이미지를 1차원 배열로 만들지를 정한다. • True로 설정하면 784개 원소로 이뤄진 1차원 배열로 저장한다. • False로 설정하면 1×28×28의 3차원 배열로 저장한다.
Returns		• (훈련 이미지, 훈련 레이블), (시험 이미지, 시험 레이블)

③ **그림 12-3**의 load_mnist( ) 함수에서 데이터 세트를 받을 경우 인터넷에서 다운하는 형식으로 코드가 작성되어 있어서 인터넷이 연결된 상태에서 동작하며 처음에만 다운로드 시간 때문에 시간이 좀 걸린다. 두 번째부터 불러올 때는 로컬에 저장된 파일(pickle file)을 읽기 때문에 시간이 많이 절약된다.

tip

- **피클(pickle)** : 파이썬에 있는 기능으로 프로그램 실행 중에 특정 객체를 파일로 저장하는 기능이다. 저장해 둔 pickle 파일을 로드하면 실행 당시의 객체를 즉시 복원할 수 있다.

프로그램 1-1 : dataset/mnist_data_download.py

```
# coding: utf-8
try:
    import urllib.request
except ImportError:
    raise ImportError('You should use Python 3.x')
import os.path
import gzip
import pickle
import os
import numpy as np

class cMnist_Data_Download :
    def __init__(self):
        self.url_base = 'http://yann.lecun.com/exdb/mnist/'
        self.key_file = {
            'train_img':'train-images-idx3-ubyte.gz',
            'train_label':'train-labels-idx1-ubyte.gz',
            'test_img':'t10k-images-idx3-ubyte.gz',
            'test_label':'t10k-labels-idx1-ubyte.gz'
        }

        self.dataset_dir = os.path.dirname(os.path.abspath(__file__))
        self.save_file = self.dataset_dir + "./mnist.pkl"

        self.train_num = 60000
        self.test_num  = 10000
        self.img_dim   = (1, 28, 28)
        self.img_size  = 784

    def _download(self, file_name):
        file_path = self.dataset_dir + "/" + file_name

        if os.path.exists(file_path):
            return

        print("Downloading " + file_name + " ... ")
        urllib.request.urlretrieve(self.url_base + file_name, file_path)
        print("Done")

    def download_mnist(self):
        for v in self.key_file.values():
           self._download(v)

    def _load_label(self, file_name):
        file_path = self.dataset_dir + "/" + file_name

        print("Converting " + file_name + " to NumPy Array ...")
        with gzip.open(file_path, 'rb') as f:
                labels = np.frombuffer(f.read(), np.uint8, offset=8)
        print("Done")

        return labels
```

그림 12-2

프로그램 1-2 : dataset/mnist_data_download.py

```
def _load_img(self, file_name):
    file_path = self.dataset_dir + "/" + file_name

    print("Converting " + file_name + " to NumPy Array ...")
    with gzip.open(file_path, 'rb') as f:
            data = np.frombuffer(f.read(), np.uint8, offset=16)
    data = data.reshape(-1, self.img_size)
    print("Done")

    return data

def _convert_numpy(self):
    dataset = {}
    dataset['train_img'] =  self._load_img(self.key_file['train_img'])
    dataset['train_label'] = self._load_label(self.key_file['train_label'])
    dataset['test_img'] = self._load_img(self.key_file['test_img'])
    dataset['test_label'] = self._load_label(self.key_file['test_label'])

    return dataset
def init_mnist(self):
    self.download_mnist()
    dataset = self._convert_numpy()
    print("Creating pickle file ...")
    with open(self.save_file, 'wb') as f:
        pickle.dump(dataset, f, -1)
    print("Done!")

def _change_one_hot_label(self, X):
    T = np.zeros((X.size, 10))
    for idx, row in enumerate(T):
        row[X[idx]] = 1

    return T

def load_mnist(self, normalize=True, flatten=True, one_hot_label=False):
    if not os.path.exists(self.save_file):
        self.init_mnist()

    with open(self.save_file, 'rb') as f:
        dataset = pickle.load(f)

    if normalize:
        for key in ('train_img', 'test_img'):
            dataset[key] = dataset[key].astype(np.float32)
            dataset[key] /= 255.0

    if one_hot_label:
        dataset['train_label'] = self._change_one_hot_label(dataset['train_label'])
        dataset['test_label'] = self._change_one_hot_label(dataset['test_label'])

    if not flatten:
         for key in ('train_img', 'test_img'):
            dataset[key] = dataset[key].reshape(-1, 1, 28, 28)
```

그림 12-3

프로그램 1-3 : dataset/mnist_data_download.py

```
        return (dataset['train_img'], dataset['train_label']), \
               (dataset['test_img'], dataset['test_label'])

if __name__ == '__main__':
    cMnist = cMnist_Data_Download()
    cMnist.init_mnist()
```

그림 12-4

[단계 2] 부모 디텍토리의 파일을 가져올 수 있도록 설정하고 dataset/mnist.py(경로는 개발자에 의해 달라질 수 있음)의 load_mnist 함수를 불러온다(import).

[단계 3] load_mnist 함수로 MNIST 데이터 세트를 읽는다.

① 주의 사항으로 flatten = true로 설정해 읽어 들인 이미지는 1차원 numpy 배열로 정장되어 있다. 그래서 이미지를 표시할 때는 원래 형상인 28×28 크기로 다시 변형해야 한다. 크기 변형은 reshape( ) 메소드에 원하는 형상을 인수로 지정하면 numpy 배열의 형상을 바꿀 수 있다. 또한, numpy로 저장된 이미지 데이터를 PIL용 데이터 객체로 변환해야 하며, 이 변환은 image.fromarray( )가 수행한다. image.fromarray( ) 함수는 numpy 배열을 image 객체로 바꿀 때 사용하는 함수이다. image.fromarray(np.uint8(img))에서 uint8는 numpy 배열의 자료형이다. uint8은 양수만 표현 가능하며 (0~255)만큼 표현이 가능하다. 이미지의 픽셀이 0~255라서 그에 맞는 자료형으로 img 변수를 받아준 것이다. 아래 프로그램은 다운로드한 데이터를 확인할 수 있는 코드이며 라벨 정보도 확인 가능하다.

② **그림 12-6**의 __init( )__ 함수에서는 훈련 이미지(training image)와 시험 이미지(test image)의 크기를 확인할 수 있다. 그리고 load_mnist( )함수를 호출하면 MNIST 데이터를 '(훈련 이미지, 훈련 레이블), (시험 이미지, 시험 레이블)' 형식으로 반환한다. 훈련이미지의 행렬이 행은 60000개, 열을 784개로 이뤄져 있는데, 여기서 60000개는 서로 다른 이미지 샘플들의 수를 의미하는 것이다. 그리고 784는 load_mnist( ) 함수에서 이미지 데이터 28×28=784를 1차원으로 펴준 상태에서 불러와서 784가 된 것이다.

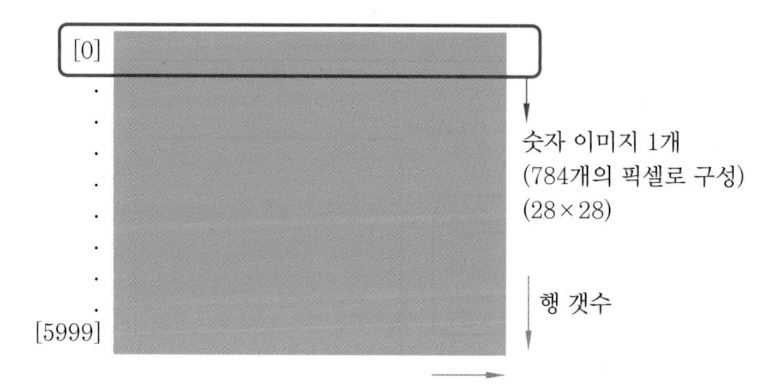

그림 12-5 x_train 행렬 구성

프로그램 2 : mnist_show.py

```
# coding: utf-8
import sys, os
sys.path.append(os.pardir)  # 부모 디렉터리의 파일을 가져올 수 있도록 설정
import numpy as np
from dataset.mnist_data_download import cMnist_Data_Download
from PIL import Image

class cMnist_Data_Show(cMnist_Data_Download) :
    def __init__(self):
        cMnist_Data_Download.__init__(self)
        (self.x_train, self.t_train), (self.x_test, self.t_test) \
            = cMnist_Data_Download.load_mnist(self, flatten=True, normalize=False)

        print("x_train.shape :", self.x_train.shape)   #(60000, 784)
        print("t_train.shape :", self.t_train.shape)   #(60000,)
        print("x_test.shape :", self.x_test.shape)     #(10000, 784)
        print("x_test.shape :", self.x_test.shape)     #(10000, 784)

    def _img_show(self, img):
        pil_img = Image.fromarray(np.uint8(img))
        pil_img.show()

    def algo(self):
        img = self.x_train[0]
        label = self.t_train[0]
        print("label(t_train[0]) :", label)              # 5

        print("img.shape :", img.shape)                  # (784,)
        img = img.reshape(28, 28)  # 형상을 원래 이미지의 크기로 변형
        print("img.shape after img.reshape :", img.shape)  # (28, 28)

        self._img_show(img)

if __name__ == '__main__':
    cMnistShow = cMnist_Data_Show()
    cMnistShow.algo()
```

그림 12-6

[단계 4] 신경망을 이용한 추론 처리 진행

① MNIST 데이터 세트를 가지고 추론(분류)을 수행하는 신경망은 입력층 뉴런이 784개, 출력층 뉴런은 10개로 구성되어 있다(이미지 크기가 28×28=784이고 출력은 0~9까지 숫자를 구분). 은닉층은 총 2개로 첫 번째 은닉층은 뉴런 50개, 두 번째 은닉층은 뉴런 100개를 배치한다(위에서 설명했던 것처럼, 본 프로그램에서는 가중치가 이미 학습된 객체를 가져와서 추론만 할 수 있도록 구성했다). 이미 학습된 객체는 "sample_weight.pkl"이다. 파이썬은 보통 객체를 저장할 때 '.pkl'이라는 확장자로 저장한다. 'sample_weight.pkl'은 아래 코드가 저장된 파일에 같이 넣어주어야 가중치와 바이어스 값을 받아서 사용할 수 있다.

tip **'sample_weight.pkl' 다운로드 경로** : https://github.com/oreilly-japan/deep-learning-from-scratch/blob/01dd7a0ad931a034d0dfb6dd8284af5706ad01e4/ch03/sample_weight.pkl

② getData( ) 함수는 load_mnist( ) 함수를 호출하는 함수로 시험 이미지와 시험 레이블의 데이터를 반환하는 함수이다.

③ init_network( ) 함수는 가중치와 바이어스의 값이 모두 정해진 "sample_weight.pkl"의 객체를 불러온다.

④ predict( ) 함수는 가중치의 값을 변수에 저장시키고 입력 데이터를 신경망에 대입하여 출력층의 결과를 소프트맥스 함수 형태로 반환한다.

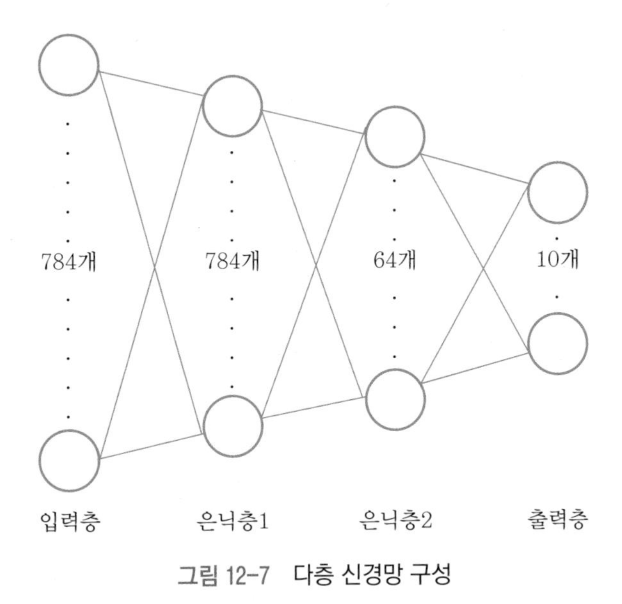

그림 12-7 다층 신경망 구성

프로그램 3-1 : mnist_prediction.py

```
# coding: utf-8
import sys, os
sys.path.append(os.pardir)  # 부모 디렉터리의 파일을 가져올 수 있도록 설정
import numpy as np
import pickle
from dataset.mnist_data_download import cMnist_Data_Download

class cNeuralnetMnist(cMnist_Data_Download) :
    def __init__(self):
        pass

    def relu(self, x):
        return np.maximum(0, x)

    def softmax(self, x):
        if x.ndim == 2:
            x = x.T
            x = x - np.max(x, axis=0)
            y = np.exp(x) / np.sum(np.exp(x), axis=0)
            return y.T

        x = x - np.max(x)  # 오버플로 대책
        return np.exp(x) / np.sum(np.exp(x))

    def getData(self):
        cMnist_Data_Download.__init__(self)
        (x_train, t_train), (x_test, t_test) \
            = cMnist_Data_Download.load_mnist(self, flatten=True, normalize=False)

        return x_test, t_test

    def init_network(self):
        with open("sample_weight.pkl", 'rb') as f:
            network = pickle.load(f)
        return network

    def predict(self, network, x):
        W1, W2, W3 = network['W1'], network['W2'], network['W3']
        b1, b2, b3 = network['b1'], network['b2'], network['b3']

        a1 = np.dot(x, W1) + b1
        z1 = self.relu(a1)
        a2 = np.dot(z1, W2) + b2
        z2 = self.relu(a2)
        a3 = np.dot(z2, W3) + b3
        y = self.softmax(a3)

        return y
```

그림 12-8

프로그램 3-2 : mnist_prediction.py

```
    def algo(self):
        x, t = self.getData()
        network = self.init_network()
        accuracy_cnt = 0
        for i in range(len(x)):
            y = self.predict(network, x[i])
            p = np.argmax(y)  # 확률이 가장 높은 원소의 인덱스를 얻는다.
            if p == t[i]:
                accuracy_cnt += 1

        print("Accuracy:" + str(float(accuracy_cnt) / len(x)))

if __name__ == '__main__':
    cNeuralnetMnist = cNeuralnetMnist()
    cNeuralnetMnist.algo()
```

그림 12-9

⑤ 그림 12-10은 입력 데이터를 하나로 묶어서 처리하는 과정이다. 이 방법을 배치(batch) 처리라고 한다. 즉, 배치는 원하는 수만큼 묶어서 한 번에 입력층에 넣어서 묶어진 수만큼 출력층에서 출력값을 한 번에 받는다. 배치 처리를 하게 되면 이미지 1장당 처리 시간을 대폭 줄여주기 때문에 데이터를 학습하거나 추론할 때 큰 이점을 준다. 즉, 배치 처리를 수행함으로써 큰 배열로 이뤄진 계산을 하게 되는데, 컴퓨터에서 큰 배열을 한꺼번에 계산하는 것이 분할된 작은 배열을 여러 번 계산하는 것보다 빠르다. 하지만 메모리를 많이 사용하기 때문에 개발자가 사용하는 컴퓨터나 디바이스의 스펙을 잘 확인하고 배치 사이즈를 조절하며 사용해야 한다.

프로그램 3-3 : mnist_prediction.py(Batch 처리)

```
    def algo(self):
        x, t = self.getData()
        network = self.init_network()

        ########################################################
        # 배치 처리
        batch_size = 100  # 배치 크기
        accuracy_cnt = 0

        for i in range(0, len(x), batch_size):
            x_batch = x[i:i + batch_size]
            y_batch = self.predict(network, x_batch)
            p = np.argmax(y_batch, axis=1)
            accuracy_cnt += np.sum(p == t[i:i + batch_size])
        ########################################################
        print("Accuracy:" + str(float(accuracy_cnt) / len(x)))
```

그림 12-10

[단계 5] ConvNet 구성을 통한 데이터 학습 및 결과 추론

단계 4까지는 준비되어진 가중치와 바이어스를 이용하여 숫자를 예측하는 과정을 수행하였다. 단계 5에서는 ConvNet을 활용하여 데이터를 학습하고 학습 과정에서 발생하는 Loss와 Acc 등을 살펴보고 데이터 학습 과정을 실습해 볼 것이다. 본 단계의 프로그램은 클래스로 구성되어 있으며 크게 8개의 함수로 구성되어 있으며 **표 12-3**과 같은 기능을 수행한다.

표 12-3 cMnist training 클래스의 내부 함수의 기능

구분	내용
__init__()	• 생성자
_DataSet_Preparation( )	• 데이터 준비 및 슬라이싱(training data, validation data, test data)
_build_model( )	• ConvNet 구성
_train_model( )	• 학습 모델 생성
_display_result( )	• 학습 과정에서 생성된 Loss, Accuracy 가시화
_evaluate_model( )	• 테스트 데이터로 학습 모델 평가 함수
_prediction( )	• 사용자 지정 이미지를 사용한 결과 예측
run_algo( )	• mnist 데이터 학습, 가시화, 평가 과정의 함수를 호출

[단계 5-1] 데이터 세트 준비 및 슬라이싱 단계(_DataSet_Preparation( ) function)

① mnist 데이터 세트는 package에서 제공해주는 데이터를 사용한다. 따라서 아래의 코드는 package에서 mnist 데이터를 읽어서 training 데이터와 validation 데이터, test 데이터로 슬라이싱 해주는 과정이다.

② 학습에 사용되는 데이터는 총 60,000개로 28×28의 shape을 가지고 있다. 그리고, 컬러 데이터는 3채널 구성되어있는데, 본 과정에서 사용되는 데이터는 흑백 이미지로 1채널만 존재한다. 본 코드에서는 50,000개는 학습 과정에서 사용하고 나머지 10,000개는 validation에 사용하였다.

③ 본 학습 모델에서는 Conv2D와 MaxPool2D를 사용해서 layer를 구성하기 때문에, channel을 나타내는 dimension을 추가해주어야 한다. 그리고 255로 나누어 normailzation도 함께 진행한다. 그리고 training dataset 50,000개, validation dataset 10,000개로 슬라이싱한다.

프로그램 4-1 : 데이터 세트 준비 및 슬라이싱

```
# coding: utf-8
try:
    import tensorflow as tf      # pip3 install --user --upgrade tensorflow
except ImportError:
    raise ImportError('You should use Python 3.x')

import numpy as np
import matplotlib.pyplot as plt
import time
from tensorflow.python.client import device_lib

class cMnistTraining() :
    def __init__(self):
        pass

    def _DataSet_Preparation(self):      #데이터 준비 함수
        (x_train_orig, y_train_orig), (x_test_orig, y_test_orig) = tf.keras.datasets.mnist.load_data()
        print(f'input shape :  {x_train_orig.shape}')
        print(f'output shape : {y_train_orig.shape}')

        x_train = x_train_orig[..., tf.newaxis]
```

수행 결과

```
input shape :  (60000, 28, 28)
output shape : (60000,)
```

그림 12-11

[단계 5-2] ConvNet 구성(_build_model( ) function)

ConvNet의 network 구성은 다음과 같다.

[Conv2D → MaxPool2D → Conv2D → MaxPool2D → flatten → dense]

Conv layer는 합성곱을 말하며 MaxPool layer는 앞장에서 설명한 MaxPooling 과정이다. 또한, flatten layer는 CNN에서 convolution layer와 pooling layer를 반복적으로 수행하면서 주요 특징을 추출하게 된다.

```
_________________________________________________________________
Layer (type)                 Output Shape              Param #
=================================================================
conv2d (Conv2D)              (None, 28, 28, 32)        320
_________________________________________________________________
max_pooling2d (MaxPooling2D) (None, 14, 14, 32)        0
_________________________________________________________________
conv2d_1 (Conv2D)            (None, 14, 14, 16)        2064
_________________________________________________________________
max_pooling2d_1 (MaxPooling2 (None, 7, 7, 16)          0
_________________________________________________________________
flatten (Flatten)            (None, 784)               0
_________________________________________________________________
dense (Dense)                (None, 10)                7850
=================================================================
Total params: 10,234
Trainable params: 10,234
Non-trainable params: 0
```

그림 12-12

이 추출된 주요 특징은 2차원 데이터로 이루어져 있기 때문에 dense layer와 같이 분류를 위한 학습 레이어에서는 1차원 데이터로 바꾸어 학습되어야 한다. 따라서 1차원 데이터로 바꾸기 위하여 flatten layer를 적용하게 된다. dense layer는 입력과 출력을 모두 연결해 줄 때 사용되는 layer이다. 즉, 입력 뉴런 수에 상관없이 출력 뉴런 수를 자유롭게 설정할 수 있기 때문에 출력층으로 많이 사용되는 layer이다.

프로그램 4-2 : ConvNet 구성

```
def _build_model(self):                  #ConvNet 구성 함수
    tf.random.set_seed(2)
    model = tf.keras.models.Sequential([
        tf.keras.layers.Conv2D(filters=32, kernel_size=(3,3), strides=(1,1), padding='same',
                               activation='relu', input_shape=(28, 28, 1)),
        tf.keras.layers.MaxPool2D(pool_size=(2,2), strides=(2,2), padding='same'),
        tf.keras.layers.Conv2D(filters=16, kernel_size=(2,2), strides=(1,1), padding='same',
                               activation='relu'),
        tf.keras.layers.MaxPool2D(pool_size=(2,2), strides=(2,2), padding='same'),
        tf.keras.layers.Flatten(),
        tf.keras.layers.Dense(10, activation='softmax')
    ])
    model.compile(optimizer='adam', loss='sparse_categorical_crossentropy', metrics=['acc'])

    return model
```

그림 12-13

[단계 5-3] 학습 모델 생성 및 학습 과정 진행

그림 12-14와 그림 12-15의 결과들을 살펴 볼 때, training accuracy : 98.28%, validation accuracy : 97.90으로 결가가 도출되었으며, overfitting 없이 학습이 잘된 것으로 판단된다.

프로그램 4-3 : Model 학습

```
def _train_model(self, x_train, x_val, y_train, y_val): # 학습 모델 생성 함수
    model = self._build_model()
    model.summary()
    start_time = time.time()
    model_hist = model.fit(x_train, y_train, batch_size=200, epochs=10, validation_data=(x_val, y_val)
    print(f"--- time : {time.time() - start_time} sec ---")

    y_vloss = model_hist.history['val_loss']
    y_loss  = model_hist.history['loss']

    y_vacc = model_hist.history['val_acc']
    y_acc  = model_hist.history['acc']

    return model, y_vloss, y_loss, y_vacc, y_acc
```

그림 12-14

```
Epoch 1/10
250/250 [==============================] - 12s 46ms/step - loss: 0.5999 - acc: 0.8293 - val_loss: 0.2328 - val_acc: 0.9325
Epoch 2/10
250/250 [==============================] - 13s 51ms/step - loss: 0.1760 - acc: 0.9495 - val_loss: 0.1427 - val_acc: 0.9568
Epoch 3/10
250/250 [==============================] - 12s 49ms/step - loss: 0.1208 - acc: 0.9635 - val_loss: 0.1083 - val_acc: 0.9689
Epoch 4/10
250/250 [==============================] - 12s 49ms/step - loss: 0.0973 - acc: 0.9711 - val_loss: 0.0981 - val_acc: 0.9721
Epoch 5/10
250/250 [==============================] - 12s 48ms/step - loss: 0.0851 - acc: 0.9746 - val_loss: 0.0888 - val_acc: 0.9737
Epoch 6/10
250/250 [==============================] - 12s 48ms/step - loss: 0.0757 - acc: 0.9767 - val_loss: 0.0793 - val_acc: 0.9778
Epoch 7/10
250/250 [==============================] - 12s 48ms/step - loss: 0.0690 - acc: 0.9792 - val_loss: 0.0756 - val_acc: 0.9780
Epoch 8/10
250/250 [==============================] - 12s 48ms/step - loss: 0.0636 - acc: 0.9801 - val_loss: 0.0759 - val_acc: 0.9774
Epoch 9/10
250/250 [==============================] - 12s 48ms/step - loss: 0.0595 - acc: 0.9819 - val_loss: 0.0793 - val_acc: 0.9785
Epoch 10/10
250/250 [==============================] - 12s 48ms/step - loss: 0.0562 - acc: 0.9828 - val_loss: 0.0708 - val_acc: 0.9790
--- time : 121.60982871055603 sec ---
```

그림 12-15

[단계 5-4] 학습 과정에서 생성된 loss와 accuracy 데이터에 대한 가시화

데이터 가시화를 통해 학습 과정에서의 overfitting 문제 없이 학습이 잘된 것을 시각적으로 확인할 수 있다. 학습 과정에서 overfitting이 발생했는지 판단하기 위해 가장 많이 확인하는 그래프가 loss 그래프이다.

프로그램 4-4 : 데이터 가시화

```
def _display_result(self, y_vloss, y_loss, y_vacc, y_acc):  # 학습과정에서 생성된 Loss, Accuracy
    x_len = np.arange(len(y_loss))

    plt.subplot(121)
    plt.plot(x_len, y_vloss, marker='.', c='red', label="Validation-set Loss")
    plt.plot(x_len, y_loss, marker='.', c='blue', label="Train-set Loss")

    plt.legend(loc='upper right')
    plt.grid()
    plt.xlabel('Epochs')
    plt.ylabel('Loss')
    plt.title('Loss of Model')

    plt.subplot(122)
    plt.plot(x_len, y_vacc, marker='.', c='red', label="Validation-set acc")
    plt.plot(x_len, y_acc, marker='.', c='blue', label="Train-set acc")

    plt.legend(loc='lower right')
    plt.grid()
    plt.xlabel('Epochs')
    plt.ylabel('%')
    plt.title('Acc of Model')

    plt.show()
```

그림 12-16

수행 결과

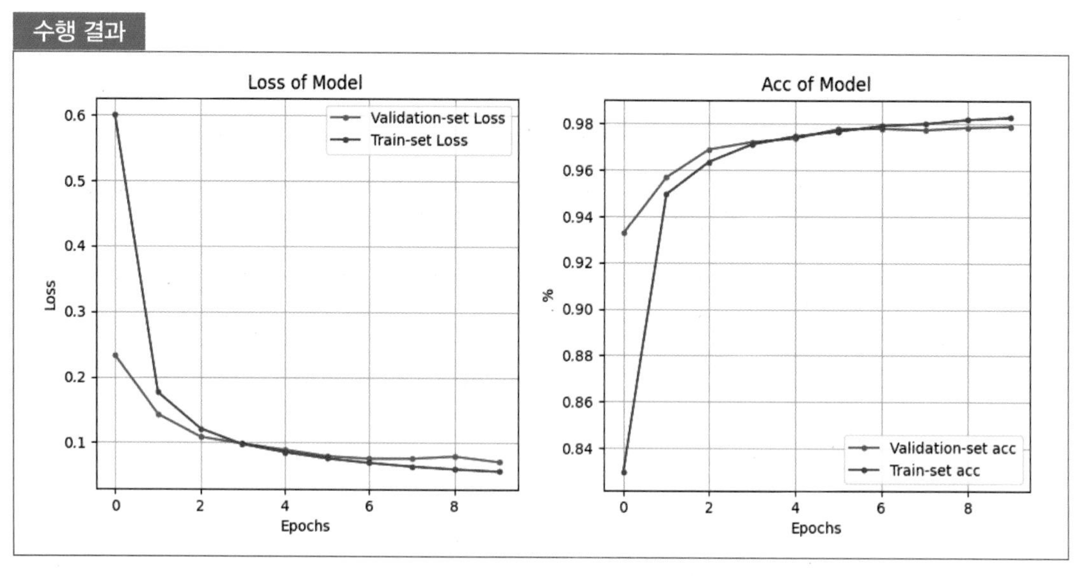

그림 12-17

[단계 5-5] test set으로 학습 모델 평가(_evaluate_model( ) function)

test dataset를 이용하여 학습시킨 모델의 정확도를 측정하는 부분이다. accuracy가 98.31%가 나온 것으로 봐서 학습 모델의 정확도가 상당히 높은 것으로 보인다.

프로그램 4-5 : 학습 모델 평가

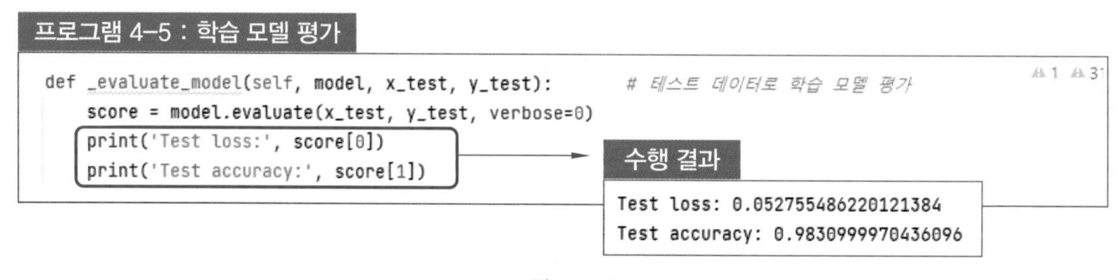

```
def _evaluate_model(self, model, x_test, y_test):        # 테스트 데이터로 학습 모델 평가
    score = model.evaluate(x_test, y_test, verbose=0)
    print('Test loss:', score[0])
    print('Test accuracy:', score[1])
```

수행 결과

```
Test loss: 0.052755486220121384
Test accuracy: 0.9830999970436096
```

그림 12-18

[단계 5-6] 학습된 모델을 사용하여 결과 예측(_prediction( ) function)

본 함수에서는 결과를 예측하기 위해서 test data의 x_test[1]을 입력 데이터로 사용했다. x_test[1]의 입력 데이터는 그림 12-19에서 보는 것과 같이, '2'라는 이미지 데이터이다. 학습된 모델을 사용하여 입력 이미지에 대한 예측된 결과를 확인해 본 결과 아래 결과에서 확인할 수 있듯이 예측 결과가 '2'라는 값을 도출되었다. 여러분은 다른 숫자 이미지를 넣어서 결과를 확인해 보면 좋을 것이다.

프로그램 4-6 : 숫자 예측

```
def _prediction(self, model, x_test):    #사용자 지정 이미지를 이용한 결과 예측 함수
    n = 1
    plt.imshow(x_test[n].reshape(28, 28), cmap='Greys', interpolation='nearest')
    plt.show()

    print('The Answer is ', np.argmax(model.predict(x_test[n].reshape((1, 28, 28, 1)))))
```

수행 결과 : 입력이미지

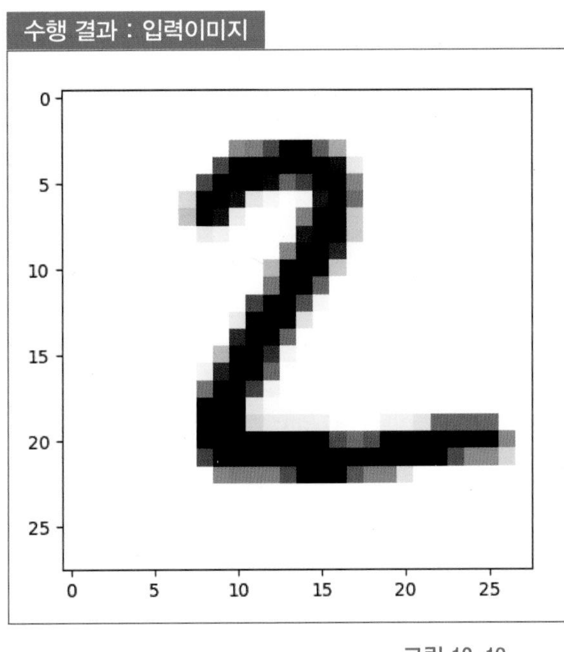

수행 결과 : 예측 결과

```
The Answer is  2
```

그림 12-19

[단계 5-7] 전체 코드는 다음과 같다.

프로그램 4-7(1) : 전체 수행 코드

```
# coding: utf-8
try:
    import tensorflow as tf     # pip3 install --user --upgrade tensorflow
except ImportError:
    raise ImportError('You should use Python 3.x')

import numpy as np
import matplotlib.pyplot as plt
import time
from tensorflow.python.client import device_lib

class cMnistTraining() :
    def __init__(self):
        pass
```

프로그램 4-7(2) : 전체 수행 코드

```
def _DataSet_Preparation(self):      #데이터 준비 함수
    (x_train_orig, y_train_orig), (x_test_orig, y_test_orig) = tf.keras.datasets.mnist.load_data()
    print(f'input shape :  {x_train_orig.shape}')
    print(f'output shape : {y_train_orig.shape}')

    x_train = x_train_orig[..., tf.newaxis]
    x_test  = x_test_orig[..., tf.newaxis]

    x_train, x_test = x_train / 255.0, x_test / 255.0
    x_val   = x_train[:10000]
    x_train = x_train[10000:]
    y_val   = y_train_orig[:10000]
    y_train = y_train_orig[10000:]
    y_test  = y_test_orig

    return x_train, x_val, x_test, y_train, y_val, y_test

def _build_model(self):              #ConvNet 구성 함수
    tf.random.set_seed(2)
    model = tf.keras.models.Sequential([
        tf.keras.layers.Conv2D(filters=32, kernel_size=(3,3), strides=(1,1), padding='same',
                               activation='relu', input_shape=(28, 28, 1)),
        tf.keras.layers.MaxPool2D(pool_size=(2,2), strides=(2,2), padding='same'),
        tf.keras.layers.Conv2D(filters=16, kernel_size=(2,2), strides=(1,1), padding='same',
                               activation='relu'),
        tf.keras.layers.MaxPool2D(pool_size=(2,2), strides=(2,2), padding='same'),
        tf.keras.layers.Flatten(),
        tf.keras.layers.Dense(10, activation='softmax')
    ])
    model.compile(optimizer='adam', loss='sparse_categorical_crossentropy', metrics=['acc'])

    return model

def _train_model(self, x_train, x_val, y_train, y_val): # 학습 모델 생성 함수
    model = self._build_model()
    model.summary()
    start_time = time.time()
    model_hist = model.fit(x_train, y_train, batch_size=200, epochs=10, validation_data=(x_val, y_val))
    print(f"--- time : {time.time() - start_time} sec ---")

    y_vloss = model_hist.history['val_loss']
    y_loss  = model_hist.history['loss']

    y_vacc = model_hist.history['val_acc']
    y_acc  = model_hist.history['acc']

    return model, y_vloss, y_loss, y_vacc, y_acc

def _display_result(self, y_vloss, y_loss, y_vacc, y_acc):  # 학습과정에서 생성된 Loss, Accuracy 확인 함수
    x_len = np.arange(len(y_loss))

    plt.subplot(121)
    plt.plot(x_len, y_vloss, marker='.', c='red', label="Validation-set Loss")
    plt.plot(x_len, y_loss, marker='.', c='blue', label="Train-set Loss")
```

프로그램 4-7(3) : 전체 수행 코드

```
        plt.legend(loc='upper right')
        plt.grid()
        plt.xlabel('Epochs')
        plt.ylabel('Loss')
        plt.title('Loss of Model')

        plt.subplot(122)
        plt.plot(x_len, y_vacc, marker='.', c='red', label="Validation-set acc")
        plt.plot(x_len, y_acc, marker='.', c='blue', label="Train-set acc")

        plt.legend(loc='lower right')
        plt.grid()
        plt.xlabel('Epochs')
        plt.ylabel('%')
        plt.title('Acc of Model')

        plt.show()

    def _evaluate_model(self, model, x_test, y_test):       # 테스트 데이터로 학습 모델 평가
        score = model.evaluate(x_test, y_test, verbose=0)
        print('Test loss:', score[0])
        print('Test accuracy:', score[1])

    def _prediction(self, model, x_test):   #사용자 지정 이미지를 이용한 결과 예측 함수
        n = 1
        plt.imshow(x_test[n].reshape(28, 28), cmap='Greys', interpolation='nearest')
        plt.show()

        print('The Answer is ', np.argmax(model.predict(x_test[n].reshape((1, 28, 28, 1)))))
        #print('The Answer is ', model.predict_classes(x_test[n].reshape((1, 28, 28, 1))))

    def run_algo(self):      # mnist 데이터 학습, 가시화, 평가 과정의 함수 호출 함수
        x_train, x_val, x_test, y_train, y_val, y_test = self._DataSet_Preparation()
        model, y_vloss, y_loss, y_vacc, y_acc = self._train_model(x_train, x_val, y_train, y_val)
        self._display_result(y_vloss, y_loss, y_vacc, y_acc)
        self._evaluate_model(model, x_test, y_test)
        self._prediction(model, x_test)

__name__ == '__main__':
    cMnistTraining = cMnistTraining()
    cMnistTraining.run_algo()
```

그림 12-20

12-2 예측 결과 수치화 방법 및 표현

예측 모델을 생성한 후, 생성된 모델의 성능 평가는 개발 제품에 모델을 적용하기 전 필수 요소이다. 모델의 성능 평가 방법은 다양하게 존재하지만 가장 많이 사용하는 방법으로는 confusion matrix로 결과를 표현하고, 정밀도, 재현율, 정확도, F1 score로 결과를 수치화하는 것이다. 패턴 인식과 정보 검색 분야에서 정밀도는 검색된 결과들 중 관련 있는 것으로 분류된 결과물의 비율이고, 재현율은 관련 있는 것으로 분류된 항목들 중 실제 검색된 항목들의 비율이다. 따라서 정밀도와 재현율 모두 관련도(relevance)의 측정 기준 및 지식을 토대로 하고 있다. 표 12-4에서 True Positive(맞은 개수)는 실제 정답과 실험 결과가 동일할 때의 개수이다. 그리고 False Positive(오탐 개수)은 실제 정답과 실험 결과가 다른 경우의 개수이다. False Negative(미탐 개수)는 실제 정답은 존재하는데, 실험 결과에서는 검출되지 않은 상황의 개수이다.

표 12-4

		실제 정답	
		Positive	Negative
실험 결과	Positive	True Positive (TP, 맞은 개수)	False Positive (FP, 오탐 개수)
	Negative	False Negative (FN, 미탐 개수)	True Negative (TN)

(1) 정밀도(precision)

① 정보 검색 분야에서 정밀도(precision)는 검색된 문서들 중 관련 있는 문서들의 비율이다. 정밀도는 Positive Predictive Value(PPV)로 불리기도 한다.

② 정밀도의 표현 예 : 예측한 것 중에 정답의 비율은?

$$\text{Precision} = \frac{TP}{TP+FP}$$

(2) 재현율(recall)

① 정보 검색 분야에서 재현율(recall)은 관련 있는 문서들 중 실제로 검색된 문서들의 비율이다. 재현율은 sensitivity로 불리기도 한다.

② 재현율의 표현 예 : 찾아야 할 것 중에 실제로 찾은 비율은?

$$\text{Recall} = \frac{TP}{TP+FN}$$

(3) true negative rate(specificity)와 정확도(accuracy)

① 특이도와 정확도는 오탐, 미탐, 맞은 개수 등을 활용하여 계산된다.

② 정확도의 표현 예 : 예측이 정답과 얼마나 정확한가?

$$\text{True Negative Rate} = \frac{TN}{TN+FP}$$

$$\text{Accuracy} = \frac{TP+TN}{TP+TN+FP+FN}$$

(4) F1 Score

① 정밀도와 재현율의 조화 평균이다. 즉, F1 score 값이 높으면 성능이 높다고 할 수 있다. 정확도, 정밀도, 재현율은 하나만 높다고 성능이 좋은 것은 아니다.

② F1 score의 표현 예 : 정밀도와 재현율의 평균

$$\text{F1 Score} = 2 \times \frac{1}{\frac{1}{\text{Recall}} + \frac{1}{\text{Precision}}} = 2 \times \frac{\text{Precision} \times \text{Recall}}{\text{Precision} \times \text{Recall}}$$

(5) 예측 결과에 대한 수치화 방법 예제

sklearn 모듈을 사용하면 정밀도, 재현율, 정확도, F1 score를 쉽게 구할 수 있다.

예제 프로그램

```
import numpy as np
import sklearn.metrics as metrics

y = np.array([1,1,1,1,0,0])
p = np.array([1,1,0,0,0,0])

accuracy = np.mean(np.equal(y,p))
right = np.sum(y*p == 1)
precision = right / np.sum(p)
recall = right / np.sum(y)
f1 = 2 * precision * recall / (precision + recall)

print('accuracy', accuracy)
print('precision', precision)
print('recall', recall)
print('f1 score', f1)

# sklearn을 이용하면 전부 계산해준다.
print('accuracy', metrics.accuracy_score(y, p))
print('precision', metrics.precision_score(y, p))
print('recall', metrics.recall_score(y, p))
print('f1 score', metrics.f1_score(y, p))
print(metrics.classification_report(y, p))
print(metrics.confusion_matrix(y, p))
```

수행 결과

```
accuracy 0.6666666666666666
precision 1.0
recall 0.5
f1 score 0.6666666666666666
accuracy 0.6666666666666666
precision 1.0
recall 0.5
f1 score 0.6666666666666666
              precision    recall  f1-score   support

           0       0.50      1.00      0.67         2
           1       1.00      0.50      0.67         4

    accuracy                           0.67         6
   macro avg       0.75      0.75      0.67         6
weighted avg       0.83      0.67      0.67         6

[[2 0]
 [2 2]]
```

그림 12-21

참고 문헌 및 웹 사이트

참고 문헌

- A. Krizhevsky, et al., ImageNet Classification with Deep Convolutional Neural Networks, Advances in Neural Information Processing Systems, 2012
- Q. Le, et al., Building High-level Features Using Large Scale Unsupervised Learning, ICML 2012
- G. Hinton, et al., A fast learning algorithm for deep belief nets, Neural Computation, 2006
- IBM DeepBlue(세계 체스 챔피언 카스파로프와 체스 대결 승리, 1997), IBM Watson(제퍼디 퀴즈쇼 인간과 대결 승리, 2011)
- 조선비즈(2018.08.23), "기계가 인간 뛰어넘는 특이점, 2035년이면 온다"
- LG경제연구원(2017), 최근 인공 지능 개발 트렌드와 미래의 진화 방향
- KISTEP 기술동향브리프, 인공 지능(SW), 2018-16호
- LG경제연구원(2017, 이승훈), Artificial Intelligence 최근 인공 지능 개발 트렌드와 미래의 진화 방향
- "인공 지능 기술 청사진 2030", 정보통신기획평가원(2020.12)
- "스스로 학습하는 인공 지능, 자기 지도 학습(self-supervised learning)의 최신 연구 동향", 손진희(2020)
- 『나의 첫 머신 러닝/딥 러닝』, 허민석, 위키북스(2019)

웹 사이트

- 조선비즈(https://biz.chosun.com/)
- LG경제연구원(http://www.lgeri.com/index.do)
- 한국과학기술기획평가원(https://www.kistep.re.kr/)
- 정보통신기획평가원(https://www.iitp.kr/main.it)
- 경남신문(https://www.knnews.co.kr/autoi/index.html)
- 싱귤래리티대학(https://su.org/)
- TCPSCHOOL(http://www.tcpschool.com/deep2018/intro)
- 독일 인공 지능연구센터(https://www.dfki.de/web/)

- 한국 BEMS 협회(http://www.bems.or.kr/)
- 인터내셔널 데이터 코퍼레이션 코리아(https://www.idc.com/kr)
- 인더스트리뉴스(http://www.industrynews.co.kr/)
- MathWorks(https://www.mathworks.com/)
- LG CNS(https://www.lgcns.co.kr/)

사진 및 자료 출처

- 7쪽 : Live LG https://live.lge.co.kr/curation-live-with-ai/
- 10쪽 : 그림 1-1/https://khanarchive.khan.kr/entry/인공 지능의-역사 향이네 DB
- 11쪽 : 그림 1-2/최근 인공 지능 개발 트렌드와 미래의 진화 방향/http://www.lgeri.com/report/view.do?idx=19584, LG경제연구원(2017)
- 13쪽 : 표 1-1/인공 지능(SW), 2018-16호/https://www.kistep.re.kr/board.es?mid=a10306010000&bid=0031&b_list=10&act=view&list_no=34956&nPage=18&keyField=&orderby= KISTEP 기술동향브리프
- 13쪽 : 그림 1-3/http://www.tcpschool.com/deep2018/intro tcpschool
- 17쪽 : 그림 1-5/Artificial Intelligence 최근 인공 지능 개발 트렌드와 미래의 진화 방향/http://www.lgeri.com/report/view.do?idx=19584 LG경제연구원(2017, 이승훈)
- 19쪽 : 그림 2-1/https://www.google.com/search?q==독일+인공 지능연구센터+DFKI,+한국+BEMS+협회&sxsrf=ALeKk00BpJzQLNG2R8PYW6QJeDFz9yK0Ag:1626938293154&source=lnms&tbm=isch&sa=X&ved=2ahUKEwjZm6O4kfbxAhULA94KHfYsDJgQ_AUoAnoECAEQBA&biw=958&bih=870#imgrc=-5JUPMVflLv_SM 독일 인공 지능연구센터 DFKI, 한국 BEMS 협회
- 20쪽 : 그림 2-2/국내 빅데이터 및 분석 시장 전망 2019-2023/https://www.idc.com/kr 한국 IDC
- 22쪽 : 그림 2-3/LG CNC/딥 러닝, 데이터로 세상을 파악하다(1)/https://blog.lgcns.com/2212
- 26쪽 : 그림 2-6/[2021 스마트팩토리 시장전망] 스마트제조 지능화 솔루션에 주목하라/https://www.industrynews.co.kr/news/articleView.html?idxno=40837 인더스트리뉴스
- 26쪽 : 그림 2-7/매스웍스, 성공적인 AI 도입을 위한 엔지니어링 플랫폼 집중한다/https://icnweb.kr/2020/43331/ MathWorks

- 28쪽 : 그림 2-8/https://www.iitp.kr/kr/1/knowledge/openReference/view.it?ArticleIdx=5248&count=true 정보통신기획평가원(2020.12)
- 29쪽 : 그림 2-9/스스로 학습하는 인공 지능, 자기 지도 학습(Self-supervised Learning)의 최신 연구 동향/https://charstring.tistory.com/500 손진희(2020)
- 30쪽 : 그림 2-10/인공 지능 기술 청사진 2030/https://www.iitp.kr/kr/1/knowledge/openReference/view.it?ArticleIdx=5248&count=true 정보통신기획평가원(2020.12)
- 33쪽 : 한국경제신문/https://www.hankyung.com/news/article/2019061481501
- 36쪽 : 그림 3-1, 그림 3-2/티처블 머신 플랫폼/https://teachablemachine.withgoogle.com/
- 37쪽 : 그림 3-3/오렌지3 플랫폼/https://orangedatamining.com/
- 39, 40쪽 : 그림 3-5, 그림 3-6/KAMP 플랫폼/https://www.kamp-ai.kr/front/main/MAIN.01.01.jsp
- 40, 41쪽 : 그림 3-7, 그림 3-8/코뎀 플랫폼/https://codap.concord.org/
- 42, 43쪽 : 그림 3-9, 그림 3-10/Brightics Studio 플랫폼/https://www.brightics.ai/kr
- 44쪽 : 그림 3-11/래피드마이너 플랫폼/https://www.rapidminer.co.kr/
- 45쪽 : 그림 3-12/엔트리 플랫폼/https://playentry.org/
- 46쪽 : 그림 3-13/ML4KIDS 플랫폼/자료 : https://machinelearningforkids.co.uk/
- 47, 48쪽 : 그림 3-14, 그림 3-15/카미봇AI 플랫폼/http://www.kamibot.com/ko/index.php
- 48, 49쪽 : 그림 3-16, 그림 3-17/엠블럭 플랫폼/ttps://mblock.makeblock.com/en-us/
- 53쪽 : 2026 년까지 1 차 및 2 차 연구 보고서 분석을 통한 중국 인공 지능 소프트웨어 시장 미래 동향/ http://www.dgpost.kr/2021/05/28/2026-년까지-1-차-및-2-차-연구-보고서-분석을-통한-중국-인공/
- 61쪽 : 그림 4-8/[인공 지능의 분류] 포로와 딥테이너/https://samstory.coolschool.co.kr/zone/story/modi/streams/76601 SamStory
- 66쪽 : 그림 4-11/[인공 지능] 지도학습, 비지도학습, 강화학습/https://ebbnflow.tistory.com/165 Dev Log
- 68쪽 : 그림 4-12/ARGONET/인공신경망(ANN)과 Word2Vec/https://argonet.co.kr/인공신경망ann과-word2vec/

- 69쪽 : 그림 4-13/해시넷/합성곱 신경망/https://wiki.hash.kr/index.php/합성곱_신경망
- 78쪽 : 그림 4-21/Machine Learning 스터디 (3) Overfitting/http://sanghyukchun.github.io/59/
- 101쪽 : python/https://velog.io/@yeonu/파이썬-세트
- 201쪽 : LG CNS/https://blog.lgcns.com/2306
- 237쪽 : 머니투데이/https://news.mt.co.kr/mtview.php?no=2020061917121588428

파이썬으로 구현하는
AI 이해와 활용

2022년 3월 10일 인쇄
2022년 3월 15일 발행

저자 : 박상배 · 변선준 · 김상원 · 임호
펴낸이 : 이정일

펴낸곳 : 도서출판 **일진사**
www.iljinsa.com
04317 서울시 용산구 효창원로 64길 6
대표전화 : 704-1616, 팩스 : 715-3536
등록번호 : 제1979-000009호(1979.4.2)

값 22 ,000원

ISBN : 978-89-429-1696-2